高职高专机电类专业系列教材

U0653172

西门子 S7-1200 PLC 技术项目教程

XIMENZI S7-1200 PLC JISHU XIANGMUJIAOCHENG

主　编　傅　康　兰佳琪　明小波

副主编　宋　磊　易　杰　王　俊

胡志荣　张炜鑫

西安电子科技大学出版社

内 容 简 介

  本书是高职机电一体化技术等专业核心课程 PLC 技术对应的教材,主要内容包括西门子 S7-1200 PLC 概述、农业种植类项目实战、农料装运类项目实战、乡村经营类项目实战、农企生产控制类项目实战等五个模块(共 10 个项目)。全书以"工控赋农"为主题,对拓展高职机电一体化技术专业学科发展方向、提升教师教研实践水平、产出工控赋农文化价值、助力以乡村振兴为目标的农业技术经济发展等方面有积极的作用。

  本书可作为机电一体化技术、机械、电气等专业学生的教材,也可供相关行业的技术人员参考阅读。

图书在版编目(CIP)数据

西门子 S7-1200 PLC 技术项目教程 / 傅康, 兰佳琪, 明小波主编.
西安 : 西安电子科技大学出版社, 2025. 7. -- ISBN 978-7-5606-7693-7

Ⅰ. TM571.61

中国国家版本馆 CIP 数据核字第 202553EZ82 号

策　　划	李鹏飞	
责任编辑	郑一锋	
出版发行	西安电子科技大学出版社(西安市太白南路 2 号)	
电　　话	(029)88202421　88201467	邮　　编　710071
网　　址	www.xduph.com	电子邮箱　xdupfxb001@163.com
经　　销	新华书店	
印刷单位	陕西日报印务有限公司	
版　　次	2025 年 7 月第 1 版	2025 年 7 月第 1 次印刷
开　　本	787 毫米×1092 毫米　1/16	印　　张　14.5
字　　数	339 千字	
定　　价	40.00 元	

ISBN 978-7-5606-7693-7

XDUP 7994001-1

*** 如有印装问题可调换 ***

前 言

PREFACE

PLC 是现代自动化控制领域的重要控制器。西门子 S7-1200 型 PLC 已广泛应用在工业生产、智能制造、农业自动化控制等领域，对提升自动化控制水平产生了积极的作用。

本书基于高职机电一体化技术等专业核心课程 PLC 技术的教学和人才培养需求，以"工控赋农"为主题，选取农业自动化生产、乡村经营、农企管理等场景中的实际问题设计教学项目，挖掘西门子 S7-1200 型 PLC 技术对实际农业种植、农料装运、乡村经营、农企生产控制的价值，具有很强的时代性。

本书由 5 个模块共 10 个项目组成，较为全面地介绍了 S7-1200 型 PLC 编程软件的使用、硬件的安装及组态、软件编程及相关应用等。各模块内容具体安排如下：

模块 1 介绍了西门子 S7-1200 型 PLC 的基本知识、博途编程软件的使用等内容。

模块 2 以农业种植类项目为主题，介绍了 S7-1200 型 PLC 基本指令的使用、顺序控制程序的基本概念和设计方法、硬件组态与接线方法、程序的调试技巧等内容。

模块 3 以农料装运类项目为主题，介绍了定时器与计数器指令的使用、PLC 编程注意事项和技巧等内容。

模块 4 以乡村经营类项目为主题，介绍了数据处理指令、运算指令、程序控制指令的概念及应用，以及函数、函数块、数据块的概念和使用方法等内容。

模块 5 以农企生产控制类项目为主题，介绍了模拟量的概念和应用、S7-1200 型 PLC 通信类型和应用等内容。

本书各章节融入了课程思政元素，可帮助学习者建构 PLC 技术应用与乡村振兴的关联意识，认识中国自动化技术助力乡村振兴的深刻意义。

本书由上饶职业技术学院电子与自动化学院的傅康、兰佳琪、明小波担任主编。江西新能源科技职业学院的胡志荣老师以及晶科能源股份有限公司的张炜鑫高级工程师为本书的编写提供了很多帮助和建议，在此一并表示衷心的感谢。

由于编者水平有限，书中难免有疏漏之处，敬请广大读者批评指正。

编 者
2025 年 4 月

微课视频

微课资源列表

知识点名称	二维码图形	知识点名称	二维码图形
1-PLC 编程语言		15-比较指令	
2-触点线圈指令		16-移位指令	
3-置位复位指令		17-组织块的概念	
4-边沿指令		18-循环中断组织块	
5-顺序控制系统的结构		19-诊断错误组织块和时间错误组织块	
6-顺序功能图		20-延时中断组织块	
7-脉冲定时器 TP		21-程序循环组织块	
8-接通延时定时器 TON		22-函数	
9-关断延时定时器 TOF		23-函数块	
10-保持型接通延时定时器 TONR		24-模拟量模块	
11-加计数器		25-通信的概念及组态	
12-减计数器		26-自由口通信	
13-加减计数器		27-以太网通信	
14-移动指令		28-通信应用举例	

目 录

CONTENTS

模块一 西门子 S7-1200 PLC 概述

模块二 农业种植类项目实战

模块三 农料装运类项目实战

模块四 乡村经营类项目实战

模块五 农企生产控制类项目实战

模块一 西门子 S7-1200 PLC 概述

▶ 项目 1　初识 S7-1200 PLC

理论知识目标

1. 了解 PLC 的定义、应用和发展情况。
2. 掌握 PLC 的功能和工作原理。
3. 掌握 PLC 的硬件组成与结构。

实操技能目标

1. 根据任务要求,能搭建简单 PLC 控制系统的硬件结构。
2. 了解硬件模块,能正确组装 PLC。

思政素养目标

1. 培养认真仔细、精益求精的工作态度。
2. 保持对 PLC 的学习热情,提升专业技能。

1.1　S7-1200 PLC 整体介绍

1.1.1　PLC 的产生及定义

1. PLC 的产生

20 世纪 60 年代,当时的工业控制主要以继电器-接触器组成的控制系统为主,但是传统的继电器硬件设备多,接线复杂,设备体积过大,通用性和灵活性较差,不具备现代工业控制所需要的数据通信、运动控制和网络控制等功能。

1968 年,美国通用汽车制造公司为了适应汽车型号的不断更新和生产工艺的不断变化,同时实现小批量、多品种生产的愿望,试图寻找一种新型的工业控制器,以期实现减少重新设计和解决频繁更换继电器控制系统及接线等问题,达到降低成本的要求。因此,人们设想是否能把计算机与继电器结合起来,制成一种适用于工业环境的通用控制装置,并把计算机的编程方法和程序输入方式加以简化,使不熟悉计算机编程的人也能方便地使用这种控制装置。

1969 年,第一台可编程控制器,也称可编程序逻辑控制器(Programmable Logic Controller,

PLC)由美国数字设备公司成功研制出来，并成功应用在美国通用汽车制造公司的生产线上，从而开创了工业控制新局面。

2. PLC 的定义

国际电工委员会(IEC)曾先后于 1982 年 11 月、1985 年 1 月和 1987 年 2 月发布了可编程控制器标准草案的第一、二、三稿。在第三稿中，IEC 对 PLC 作了如下定义："可编程控制器是一种数字运算操作的电子系统，专为在工业环境下应用而设计。它作为可编程序的存储器，用来在其内部存储并执行逻辑运算、顺序控制、定时、计数和算术运算等操作指令，并通过数字式和模拟式的输入与输出，控制各种类型的机械或生产过程。可编程控制器及其有关的外围设备都应按易于与工业控制系统形成一个整体、易于扩充其功能的原则设计。"

随着电子技术、计算机技术、通信技术和控制技术的迅速发展，可编程控制器的功能已经远远超过逻辑控制的范围，应被称为可编程序控制器(Programmable Controller, PC)，但是为了与个人计算机(Personal Computer, PC)相区别，故仍沿用 PLC 这个简称。常见的 PLC 品牌有西门子、施耐德、欧姆龙、三菱等，常见的 PLC 外形图如图 1-1 所示。

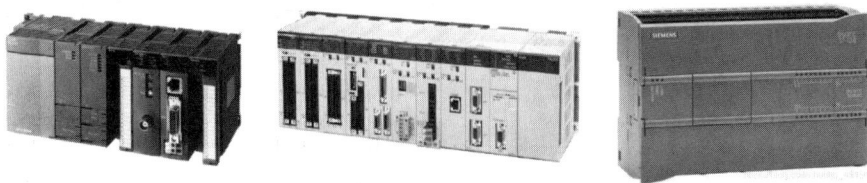

图 1-1　常见的 PLC 外形图

1.1.2　PLC 的结构

PLC 主要由中央处理器(Central Processing Unit, CPU)、存储器、输入/输出模块、电源模块等部分构成，并且每个部分都有着不同的作用。PLC 的结构组成框图如图 1-2 所示。

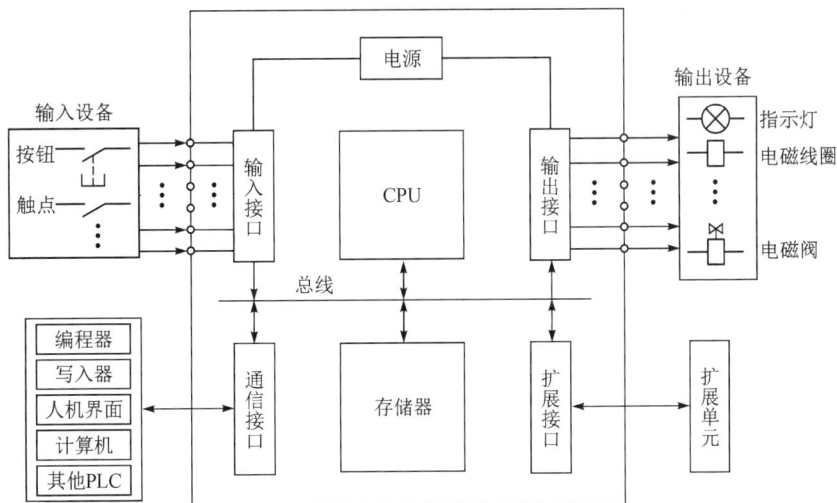

图 1-2　PLC 的结构组成框图

1. CPU

CPU 作为整个 PLC 的核心部分，起着总指挥的作用。CPU 一般由控制电路、运算器和寄存器组成，这些电路通常都被封装在一个集成电路的芯片上。CPU 通过地址总线、数据总线、控制总线与存储单元、输入/输出接口电路连接。CPU 的主要功能是从寄存器中读取指令、执行指令和处理中断等。

2. 存储器

PLC 中存在两种存储器，分别是系统程序存储器和用户程序存储器。

系统程序存储器的作用是存放系统的管理和监控程序，并用于编译用户编写的程序、监控 I/O 接口状态、对 PLC 进行自诊断、扫描 PLC 中的用户程序等。系统程序已由生产厂家编写好，并固化在只读存储器(ROM)内，用户不能直接更改。

用户程序存储器是用来存放用户的应用程序、各种暂存数据以及中间结果的，其主要包括 I/O 状态存储器和数据存储器。由于用户程序需要经常改动、调试，故用户程序存储器属于可随时读写的随机存储器(RAM)。由于 RAM 掉电会丢失数据，因此使用 RAM 作为用户程序存储器的 PLC 都有后备电池保护，以防止电源掉电时丢失用户程序。目前大多数 PLC 采用快闪存储器(Flash)作为用户程序存储器，快闪存储器可以随时读写，并且掉电时数据不会丢失，不需要后备电池保护。

3. 输入/输出模块

PLC 通过输入/输出模块与工业生产现场设备相连。输入接口接收操作指令和现场状态信息，常见的输入模块包括开关、按钮、传感器、继电器触点等，通过输入模块可将输入信号转换为数字信号，并传递给 CPU 进行数据处理。输出接口将 PLC 输出的数字信号转换为可用于控制外部设备的电信号，以驱动指示灯、电磁阀、电磁线圈等执行元件，通过控制外部设备实现 PLC 的逻辑控制。

4. 电源模块

电源模块为 PLC 提供稳定的电源供应，该模块通常具有过载保护、短路保护等功能，保证 PLC 能够稳定正常运行。现代 PLC 一般配有开关式稳压电源供内部电路使用，与普通电源相比，开关电源具有输入电压范围宽、体积小、重量轻、效率高、抗干扰能力强等优点。

1.1.3　PLC 的分类

PLC 种类繁多，在功能、存储容量、控制规模、外观等方面差异较大。因此，PLC 的分类并没有严格统一的标准，可以从不同的角度进行分类。

1. 按 I/O 点数分类

I/O 点数是指输入/输出(Input/Output)点数，是衡量 PLC 与外部设备或系统之间进行信息交互能力的量化指标。按 I/O 点数分类可将 PLC 分为小型、中型和大型三种类型。

小型 PLC 的 I/O 点数一般在 256 点以下，除数字量 I/O 接口外，一般都有模拟量控制功能和高速控制功能。

中型 PLC 的 I/O 点数一般超过 256 点但在 2048 点以下，具有双 CPU，指令系统更丰富，通信能力更强，内存容量更大，用户存储器容量为 2～8 KB。

大型 PLC 的 I/O 点数一般大于 2048 点，具有多 CPU 及 16 位或 32 位处理器，用户存储器容量为 8～16 KB，软、硬件功能极强，运算和控制功能丰富，具有多种自诊断功能。

2. 按组成结构分类

按组成结构分类可将 PLC 分为整体式和模块式两种类型。

整体式 PLC 将 CPU、存储器、I/O 接口、电源等部件都装在一个机箱内，具有结构紧凑、体积小、价格低和安装简单等优点，多见于微型和小型 PLC。

模块式 PLC 是将各个部分分成若干个独立模块，例如将 CPU 和存储器组成主控模块、电源组成电源模块、输入/输出点分别组成输入/输出模块等。模块式 PLC 具有配置灵活多样，便于扩展及维修等优点，常见于中、大型 PLC。

3. 按功能分类

按功能分类可将 PLC 分为低档、中档和高档三种类型。

低档 PLC 具有基本的逻辑运算、定时、计数等功能，工作速度比较低，可配置的输入/输出模块数量和种类较少，主要用于逻辑控制、顺序控制和少量模拟控制的单机控制系统。

中档 PLC 除具有低档 PLC 的功能外，还具有较强的模拟输入/输出、数据传送、通信联网等功能，不仅能完成一般的逻辑运算，也能完成较为复杂的数据运算。

高档 PLC 具有强大的控制功能和数据运算能力，还增加了带符号算术运算、矩阵运算、位逻辑运算、平方根运算、特殊功能函数的运算、制表及表格传送等功能。高档 PLC 可用于大规模过程控制系统和分布式网络控制系统，进而实现工厂自动化。

1.1.4　PLC 功能及应用领域

PLC 是以微处理器为核心，综合了计算机技术、自动控制技术和通信技术发展起来的一种通用的工业自动控制装置，具有可靠性高、体积小、功能强、程序设计简单、灵活通用及维护方便等一系列的优点，因而在冶金、能源、化工、交通、电力等领域中有着广泛的应用，成为现代工业控制的三大支柱(PLC、机器人和 CAD/CAM)之一。根据 PLC 的特点，可以将其功能形式归纳为以下几种类型。

1. 开关量逻辑控制

PLC 具有强大的逻辑运算能力，可以实现各种简单和复杂的逻辑控制，例如使用"与、或、非"等逻辑控制指令来实现触点和电路的串、并联，这是 PLC 最基本和最广泛的应用领域，取代了传统的继电器-接触器组成的控制系统。PLC 不仅可以用于单个设备的控制，还可以用于多机群控和自动化生产线，如注塑机、印刷机、订书机、组合机床、磨床、包装生产线和电镀流水线等。

2. 模拟量控制

PLC 中配置有 A/D 和 D/A 转换模块。A/D 模块能将现场的温度、压力、流量、速度等模拟量转换为数字量，再经 PLC 中的微处理器对数据进行计算分析(微处理器处理的只能是数字量)，再对外部设备进行控制；或者将数字量信号经 D/A 模块转换后变成模拟量，再控制外部设备，从而实现 PLC 对模拟量输入和输出的控制。

3. 过程控制

过程控制是指 PLC 对温度、压力、流量等模拟量的闭环控制，广泛应用于冶金、化工、热处理、锅炉控制等场合。当控制过程中某一个变量出现偏差时，PLC 能按照 PID 算法计算出正确的输出，进而控制、调整生产过程，把变量保持在整定值上。PID 调节是闭环控制系统中广泛使用的调节方法，目前，很多大、中、小型 PLC 都有 PID 模块。

4. 定时和计数控制

PLC 具有很强的定时和计数功能，它可以为用户提供几十甚至上百、上千个定时器和计数器。其计时的时间和计数值可以由用户在编写用户程序时任意设定，也可以由操作人员在工业现场通过编程器进行设定，进而实现定时和计数作用。

5. 数据处理

现代 PLC 不仅具有数学运算(包括矩阵运算、函数运算和逻辑运算)、数据传输、数据转换、排序、查表和位运算等功能，而且还能进行数据比较、数据转换、数据通信、数据显示和打印等操作。PLC 可以对收集的数据与存储在存储器中的参考值进行比较，从而完成某些控制操作；也可以使用通信功能将数据传输到其他智能设备，打印并制成表格。数据处理一般用于大型控制系统，如无人柔性制造系统，也可用于过程控制系统，如造纸、冶金和食品工业中的一些大型控制系统。

6. 通信和联网

现代 PLC 大多数都采用了通信、网络技术，有 RS-232 接口、RS-485 接口、FROFINET 接口等，可进行远程 I/O 控制。多台 PLC 彼此间可以联网、通信，外部设备与一台或多台 PLC 的信号处理单元之间可以实现程序和数据交换，如程序转移、数据文档转移、监视和诊断。

1.1.5　PLC 的工作过程

PLC 有两种工作状态，分别是运行状态(RUN)和停止状态(STOP)，PLC 在运行状态下执行用户程序，一般在停止状态下用户可编写和修改程序。PLC 是以循环扫描方式对用户程序进行扫描的，每个扫描周期可分为三个阶段：输入采样阶段、程序执行阶段和输出刷新阶段，如图 1-3 所示。

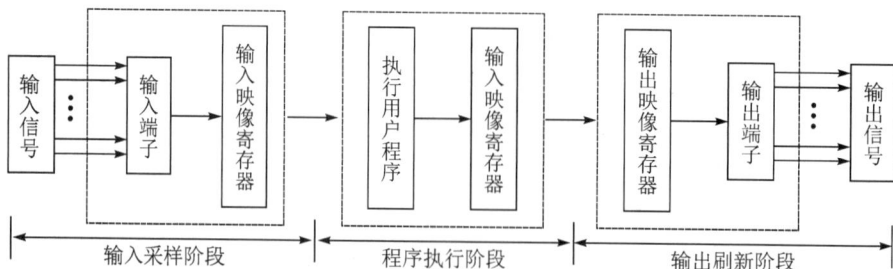

图 1-3　PLC 的工作过程

1. 输入采样阶段

PLC 以扫描的方式读入所有输入端子上的输入信号，并将各输入状态存入对应的输入映像寄存器，输入映像寄存器被刷断，这一过程称为采样。在程序执行阶段和输出刷新阶段，输入映像寄存器与外界隔离，其内容保持不变，直至下一个扫描周期的输入扫描阶段，才会被重新读入的输入信号刷新。可见，PLC 在执行程序和处理数据时，不是直接使用现场当时的输入信号，而是使用本次采样时输入到输入映像寄存器中的数据。一般来说，输入信号的宽度要大于一个扫描周期，否则可能造成信号丢失。

2. 程序执行阶段

在执行用户程序的过程中，PLC 依据梯形图程序扫描原则，按照从左至右、从上到下的步骤逐个执行程序。但若遇到程序跳转指令，则根据跳转条件是否满足来决定程序跳转地址。程序执行过程中，当指令中涉及输入、输出状态时，PLC 就从输入映像寄存器中"读入"对应输入端子状态，从输出映像寄存器"读入"对应元件("软继电器")的当前状态，再进行相应的数据运算和处理，并将运算结果存入输出映像寄存器中。

3. 输出刷新阶段

程序执行阶段的运算结果被存入输出映像寄存器中，而不能直接送到输出端口上。在输出刷新阶段，PLC 将输出映像寄存器中的输出变量送入输出锁存器，然后由锁存器通过输出模块进行输出。如果内部输出继电器的状态为"1"，则输出继电器触点闭合，经过输出端子驱动外部负载。

PLC 重复执行上述 3 个阶段，每重复一次的时间称为一个扫描周期。PLC 在一个工作周期中，输入采样阶段和输出刷新阶段的时间一般为毫秒级，而程序执行时间则因用户程序的长度而不同，一般容量为 1 KB 的程序的扫描时间为 10 ms 左右。

1.2　S7-1200 PLC 硬件介绍

西门子 S7-1200 型 PLC(简称 S7-1200 PLC)是西门子公司的新一代小型可编程控制器，它将微处理器、集成电源、输入和输出电路组合到一个设计紧凑的外壳中。S7-1200 PLC 具有强大的工艺集成性和灵活的可扩展性，能够为各种小型设备提供简单的通信和有效的解决方案。

1.2.1　CPU 模块

打开 S7-1200 PLC 的编程软件，可见其目前有 8 种型号的 CPU 模块，分别为 CPU 1211C、CPU 1212C、CPU 1214C、CPU 1215C、CPU 1217C、CPU 1212FC、CPU 1214FC、CPU 1215FC，并且每个型号的 CPU 根据电源信号、输入信号、输出信号的类型又有不同种类，包括 DC/DC/DC、DC/DC/Rly、AC/DC/Rly，其中 DC 表示直流电，AC 表示交流电，Rly 表示继电器。CPU 模块类型(型号)如图 1-4 所示。

S7-1200 PLC CPU 模块的外形及结构如图 1-5 所示(已拆卸上、下两盖板)，其中①是 3 个指示 CPU 运行状态的 LED(发光二极管)，②是信号板安装处(安装时拆除盖板)，③是存储器插槽(上部保护盖下面)，④是可拆卸的用户接线端子板(保护盖下面)，⑤是集成 I/O(输入/输出)的状态 LED，⑥是 PROFINET 以太网接口的 RJ-45 连接器(CPU 底部)。

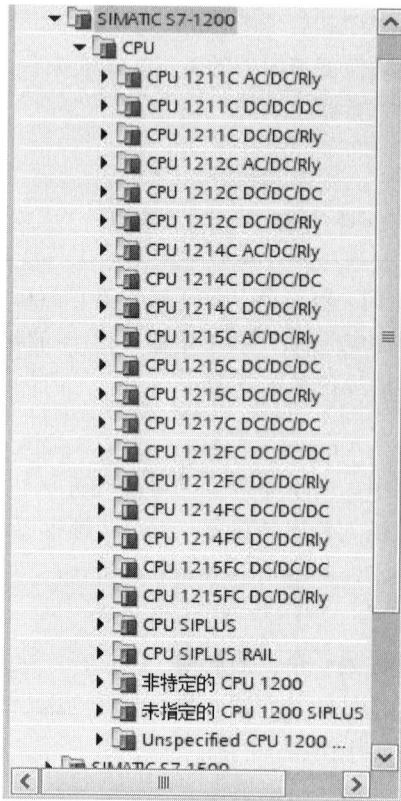

图 1-4　CPU 型号

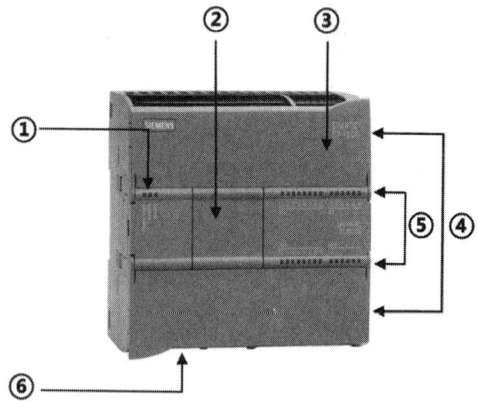

图 1-5　S7-1200 PLC CPU 的模块外形与结构

1. CPU 运行状态指示灯

1) STOP/RUN 指示灯

CPU 处于停止模式时 STOP/RUN 指示灯显示纯橙色，处于运行模式时显示纯绿色，绿色和橙色交替闪烁表示 CPU 正在启动。

2) ERROR 指示灯

CPU ERROR 指示灯处于红色闪烁状态时表示出现错误，如 CPU 内部运行错误、存储卡错误或组态错误等，而出现纯红色模式时则表示硬件出现了故障。

3) MAINT 指示灯

MAINT 指示灯在每次插入存储卡时闪烁。

CPU 模块上的 I/O 状态指示灯用来指示各数字量输入/输出的信号状态。

CPU 模块上提供了一个以太网通信接口用于实现以太网通信，还提供了两个可指示以太网通信状态的指示灯。其中"Link"(绿色)点亮表示连接成功，"Rx/Tx"(黄色)点亮表示正在进行传输活动。

2. 不同型号 CPU 性能对比

S7-1200 PLC 是西门子公司 2009 年推出的面向离散自动化系统和独立自动化系统的紧凑型自动化产品，定位在原有的 S7-200 PLC 和 S7-300 PLC 产品之间。表 1-1 给出了目前 S7-1200 PLC 系列不同型号 CPU 的性能指标。

表 1-1　S7-1200 PLC 系列 CPU 参数性能指标

性能指标	CPU 型号			
	CPU 1211C	CPU 1212C	CPU 1214C	CPU 1215C
物理尺寸 /mm×mm×mm	90×100×75		110×100×75	130×100×75
集成数字量 I/O 集成模拟量 I/O	6 路输入/4 路输出 2 路输入	8 路输入/6 路输出 2 路输入	14 路输入/10 路输出 2 路输入	14 路输入/10 路输出 2 路输入/2 路输出
最大本地 I/O 数量 (数字量)/个	14	82	284	
最大本地 I/O 数量 (模拟量)/个	3	19	67	69
工作存储器容量/KB 装载存储器容量/MB 保持性存储器容量/KB	50 1 10	75 1 10	100 4 10	125 4 10
过程映像存储器容量/B	1024(输入)和 1024(输出)			
位存储器(M)容量/B	4096		8129	
信号扩展模块数量/个	无	2	8	
通信模块数量/个	3(左侧扩展)			
高速计数器	3 路	5 路	6 路	6 路
单相高速计数器	3 个，100 kHz	3 个，100 kHz 1 个，30 kHz	3 个，100 kHz 3 个，30 kHz	3 个，100 kHz 3 个，30 kHz
正交相位高速计数器	3 个，80 kHz	3 个，80 kHz 1 个，20 kHz	3 个，80 kHz 3 个，20 kHz	3 个，80 kHz 3 个，20 kHz
脉冲输出	最多 4 路，CPU 可输出 100 kHz，信号板可输出 200 kHz			
脉冲同步输入	6	8	14	14
延时/循环中断	总计 4 个，分辨率 1 ms			
边沿触发式中断	6×上升沿和 6×下降沿	8×上升沿和 8×下降沿	12×上升沿和 12×下降沿	12×上升沿和 12×下降沿
PROFINET 接口	1 个以太网接口			2 个以太网接口
数学运算执行速度	2.3 μs/指令			
布尔运算执行速度	0.08 μs/指令			

1.2.2　信号板与信号模块

S7-1200 PLC 提供多种 I/O 信号板和信号模块，用于扩展 CPU 能力，各种 CPU 的正面都可以增加一块信号板，信号模块连接在 CPU 的右侧。

1. 信号板

在需要附加少量 I/O，又不增加硬件的安装空间的情况下可以使用信号板，如图 1-6 所示。安装时，信号板直接插入 S7-1200 CPU 正面的槽内，如图 1-7 所示，信号板有可拆卸的端子，因此可以容易地更换。

图 1-6　信号板

图 1-7　信号板安装

2. 信号模块

信号模块如图 1-8 所示，可以为 CPU 系统扩展更多的 I/O 点数，包括数字量输入模块、数字量输出模块、数字量输入/输出模块、模拟量输入模块、模拟量输出模块、模拟量输入/输出模块等，其参数如表 1-2 所示。

各数字量信号模块还提供了指示模块状态的诊断指示灯。指示灯显示绿色时表示信号模块处于运行状态，显示红色时表示信号模块有故障或处于非运行状态。

图 1-8　信号模块

表 1-2　S7-1200 PLC 信号模块

信 号 模 块	SM 1221 DC
数字量输入	DI 8 × 24 V DC
	DI 16 × 24 V DC
信号模块	SM 1222 DC
数字量输出	DQ 8 × 24 V DC 0.5 A
	DQ 16 × 24 V DC 0.5 A
信号模块	SM 1223 DC/DC
数字量输入/输出	DI 8×24 V DC/DQ 8 × 24 V DC 0.5 A
信号模块	SM 1231 AI
模拟量输入	AI 4×13 bit ± 10 V DC/0～20 mA
信号模块	SM 1232 AQ
模拟量输出	AQ 2 × 14 bit ± 10 V DC/0～20 mA
信号模块	SM 1234 AI/AQ
模拟量输入/输出	AI 4 × 13 bit ± 10 V DC/0～20 mA
	AQ 2 × 14 bit ± 10 V DC/0～20 mA

　　各模拟量信号模块为各路模拟量输入和输出提供了 I/O 状态指示灯,指示灯显示绿色时表示通道已组态且处于激活状态,显示红色时表示个别模拟量输入或输出处于错误状态。此外,各模拟量信号模块还提供了指示模块状态的诊断指示灯,指示灯显示绿色时表示模块处于运行状态,而显示红色时表示模块有故障或处于非运行状态。

1.2.3　集成的通信接口与通信模块

1. 集成的 PROFINET 接口

　　工业以太网是现场总线发展的趋势,已经占有现场总线的半壁江山,PROFINET 是基于工业以太网的现场总线,是开放式的工业以太网标准,它使得工业以太网的应用扩展到了控制网络最底层的现场设备。

　　通过以太网通信协议 TCP/IP,PLC 提供的集成 PROFINET 接口可用于编程软件 STEP7

通信、SIMATIC HMI 精简系列面板通信或与其他 PLC 的通信。此外，它还通过开放的以太网通信协议 TCP/IP 和 ISO-on-TCP 支持与第三方设备通信。该接口的 RJ-45 连接器具有自动交叉网线功能，数据传输速率为 10 Mb/s 或 100 Mb/s，支持最多 16 个以太网连接。

2. 通信模块

CSM 1277 是一个 4 端口的紧凑型交换机，如图 1-9 所示，用户可以通过它使 S7-1200 PLC 连接到最多 3 个附加设备。除此之外，如果将 S7-1200 和 SIMATIC NET 工业无线局域网组件一起使用，还可以构建一个全新的网络。

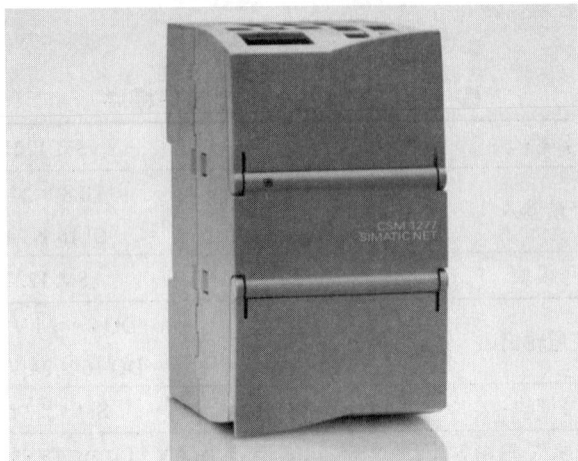

图 1-9　CSM 1277 交换机

S7-1200 PLC 最多可以再增加 3 个通信模块，如 CM1241 RS232、CM1241 RS485、CP1241 RS232、CP1241 RS485、CB1241 RS485，通信模块安装在 CPU 模块的左边，如图 1-10 所示。

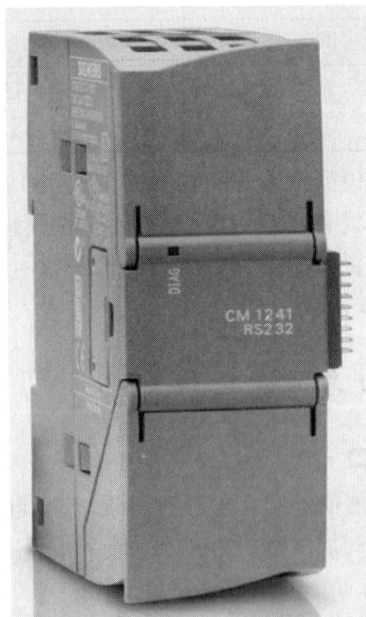

图 1-10　通信模块

RS-485 和 RS-232 通信模块为点对点的串行通信提供连接。STEP 7 工程组态系统提供了扩展指令或库功能、USS 驱动协议、Modbus RTU 主站协议和 Modbus RTU 从站协议，用于串行通信的组态和编程。

1.3　PLC 农业自动化控制技能型人才培养

1.3.1　PLC 应用技术的岗位需求

PLC 应用技术作为现代工业自动化三大支柱的核心技术之一，综合了计算机控制技术、自动控制技术和网络通信技术，因此 PLC 应用技术的岗位需求主要集中在工业自动化、制造业、电力、能源、交通灯等多个领域。随着农业自动化水平的不断提高，PLC 作为农业自动化控制系统的核心部件，其市场需求也在持续增长，尤其是我国作为农业大国，对农业自动化技术的需求尤为旺盛，为 PLC 市场的发展提供了广阔的空间。西门子 PLC 在技术创新方面一直走在前列。随着技术的不断进步，西门子 PLC 逐渐实现了微型化、模块化和高性能化。S7 系列 PLC 是西门子 PLC 发展的重要里程碑，该系列 PLC 以其体积小、速度快、标准化和网络通信能力强等特点，在农业自动化领域得到了广泛应用。因此，PLC 行业具有非常广阔的就业前景，从业者需要不断学习和提升技能与知识，以适应农业自动化和智能化水平不断提高的需求。同时，他们也需要关注新技术的发展和应用，以拓展自己的职业发展空间。

1.3.2　PLC 应用技术的岗位能力

PLC 在农业自动化控制中的应用日益广泛，对于技能型人才的培养也显得尤为重要。因此，PLC 应用技术工作人员要具有以下几方面的能力。

(1) 编程能力。编程能力是 PLC 应用技术岗位最基础也是最核心的能力，要求从业者能够熟练掌握 PLC 的编程语言，并能根据实际需求编写、修改和优化 PLC 程序。

(2) 系统设计能力。系统设计能力是指能够根据生产工艺或控制需求，设计整个 PLC 控制系统，例如选择合适的 PLC 型号、配置 I/O 模块、设计控制逻辑、绘制电气图纸等。

(3) 调试与测试能力。在系统设计完成后，需要能够对 PLC 系统进行调试和测试，确保系统能够按照预期工作，包括模拟实际工况、检查程序逻辑、调整系统参数等。

(4) 维护与故障排查能力。维护与故障排查能力是指能够快速定位并解决问题，保证系统的正常运行，熟悉 PLC 的工作原理，了解常见的故障类型和排查方法。

(5) 学习能力。随着技术的不断发展和更新，PLC 应用技术也在不断进步。从业者需要保持对新技术的敏感性和学习热情，不断学习和掌握新的知识和技能，以适应岗位的需求和挑战。

(6) 安全意识。在农业自动化领域，安全始终是最重要的。PLC 应用技术岗位的从业者需要具备较强的安全意识，能够识别和评估系统存在的安全风险，并采取相应的措施进行防范和应对。

思考与练习

1. 美国数字设备公司于_____年研制出世界上第一台 PLC。

2. PLC 主要由_____、_____、_____、_____等组成。

3. PLC 的常用语言包括_____、_____、_____、_____、_____等。

4. PLC 是通过周期扫描工作方式来完成控制的，每个周期包括_____、_____、_____。

5. 输出指令(对应于梯形图中的线圈)不能用于过程映像_____寄存器。

项目 2　TIA 博途 V17 软件介绍

理论知识目标

1. 掌握博途软件的安装方法。
2. 掌握使用博途软件进行编程的步骤。

实操技能目标

1. 能够正确安装博途软件。
2. 能够完成简单案例的编写和调试。

思政素养目标

1. 培养严谨认真的工作态度，建立安全第一的意识。
2. 不断学习新技术，提高创新能力和实操水平。

2.1　TIA 博途软件安装

　　博途(Portal)是西门子工业自动化集团开发的全集成自动化软件平台(Totally Integrated Automation, TIA)，它提供了一个统一的工程组态和软件项目环境，适用于各种自动化应用，可以实现对从单台机器到大规模制造过程的控制。博途软件的设计兼顾高效性和易用性，它包含多个工程，并集成在一个软件平台中，如控制器编程、人机界面设计、网络配置和诊断工具等，提供直观的、可定制的工作区，使用者可以灵活地组织和访问需要的工具和资源。

　　打开软件安装文件夹 TIA portal V17，双击文件夹中的"TIA_Portal_STEP7_Pro_Safety_WinCC_Prof_V17"应用程序，开始安装软件。(注意：如果系统提示是否重新启动计算机，选择"否"，如图 2-1 所示，然后按下快捷键 Windows + R 弹出运行窗口，在窗口中间的输入框中输入 regedit，按回车键后进入注册表编辑器\HKEY_LOCAL_MACHINE\SYSTEM\ControlSet001\Control\Session Manager，选中 Pending File Rename Operations，然后删除即可。)

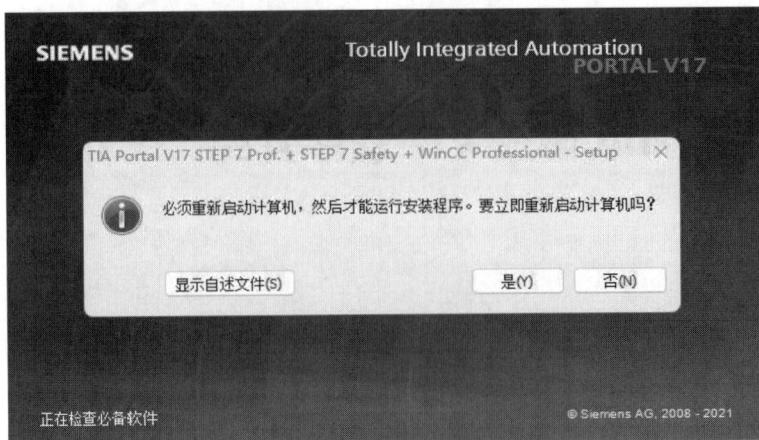

图 2-1　初始化窗口

　　最初出现的是初始化视窗，告知用户初始化可能需要几分钟。在选择安装语言对话框中选择"简体中文"，单击"下一步"按钮。解压完压缩包后，在产品语言对话框中，选择"中文"，单击"下一步"按钮。在产品组态对话框中给出了 C 盘默认的安装路径。单击"浏览"按钮，可以设置安装软件的目标文件夹，选择安装路径，如图 2-2 所示。

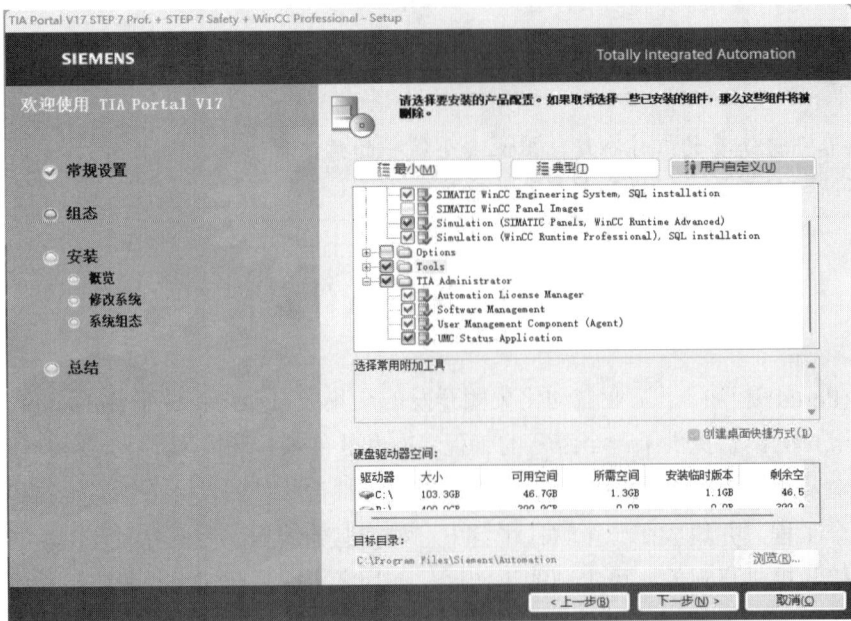

图 2-2　选择安装目录

　　在接受所有许可证条款对话框中，勾选"本人接受所列出的许可协议中的所有条款"和"本人特此确认，已阅读并理解了有关产品安全操作的安全信息"选项，然后单击"下一步"。在安全控制对话框中，勾选"接受此计算机上的安全和权限设置"选项，然后单击"下一步"按钮。在概览对话框中给出了前面设置的产品配置、产品语言和安装路径，然后单击"安装"按钮开始安装，安装过程窗口如图 2-3 所示。安装完成后，弹出是否重新启动计算机信息，默认的设置是立即重新启动计算机，单击"重新启动"按钮，重新启动计算机。

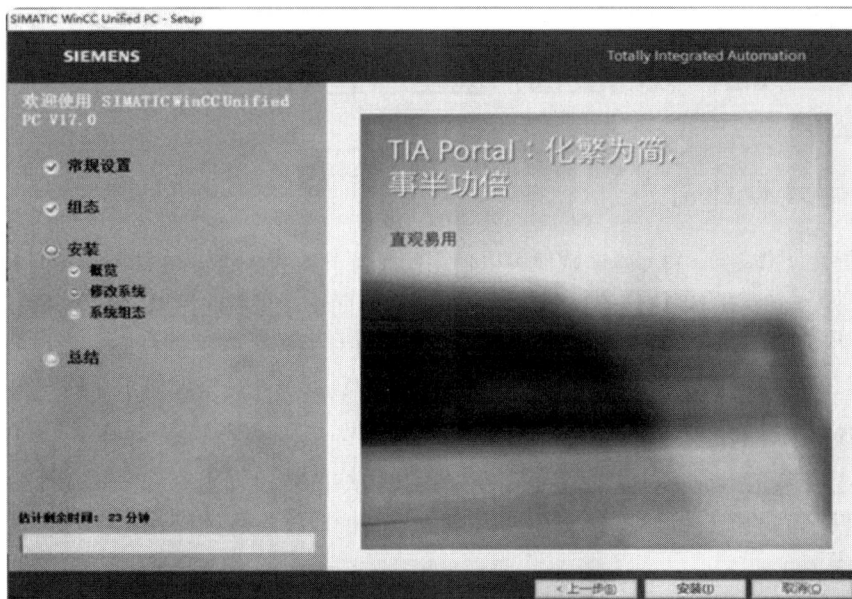

图 2-3　安装过程窗口

　　TIA_Portal_STEP7_Pro_Safety_WinCC_Prof_V17 安装完成后，会自动安装自动化许可证管理器和微软公司的 SQL 数据库服务器。接下来用户可以选择安装 Startdrive_Advanced_V17 和 SIMATIC_S7_PLCSIM_V17，安装步骤同上。

　　接着安装软件的密钥，否则上述安装的博途软件只能获得短期的试用。打开许可证密钥文件夹 Sim_EKB_Install_2021_08_20，双击打开应用程序。选中弹出窗口左侧 TIA Portal 文件夹下的 TIA Portal v17，如图 2-4 所示，然后在窗口右侧选择要安装的密钥，选择安装路径后，选中窗口中"优先安装"选项区域的"长密钥"即可。

图 2-4　安装密钥

2.2 入门实例：创建一个 TIA 工程项目

2.2.1 博途软件简介

为了提高工作效率，TIA 博途软件可以使用两个不同的视图：Portal 视图和项目视图。Portal 视图是一种面向任务的项目任务视图，使用起来较为简单、直观，可以快速地开始项目设计，访问项目的所有组件。项目视图是一种包含所有组件和相关工作区的视图，可以方便地访问设备和块，并且项目的层次化结构、编辑器、参数和数据等能够全部显示在该视图中。

1. Portal 视图

如图 2-5 所示，在 Portal 视图中，左边栏是启动选项，列出了安装的软件包所涵盖的功能，根据不同的选择，中间栏会自动出现相应的选项，右边的操作栏中会更详细地列出具体的操作项目。

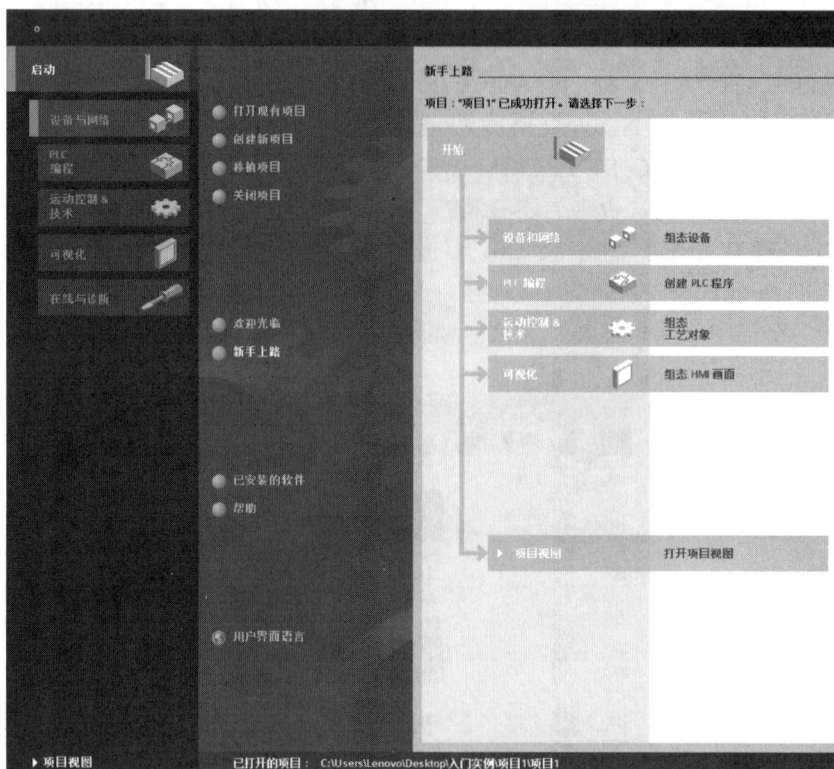

图 2-5 Portal 视图的布局

2. 项目视图

Portal 视图和项目视图可以通过窗口左下角的 "▶" 选项进行切换，项目视图中主要包括六个区域，分别是①菜单栏、②项目树、③详细视图、④工作区、⑤巡视窗口、⑥任务卡等，如图 2-6 所示。

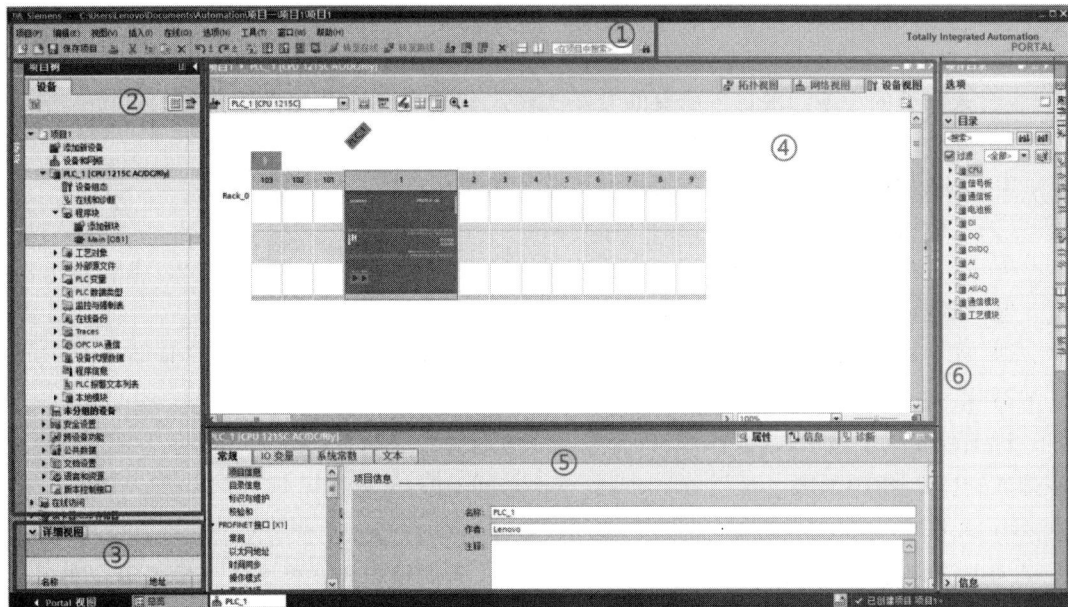

图 2-6　项目视图

1) 菜单栏

菜单栏包含工作所需的全部命令,如文件操作(新建、打开、保存、关闭等)、编辑功能(复制、粘贴、剪切、撤销等)、视图切换(项目视图、网络视图、设备视图等)、硬件组态等。

2) 项目树

如图 2-7 所示,在项目树中可以访问所有组件和项目的数据,并且能够展示和组织 PLC 项目结构。同时,通过项目树可以执行添加新设备、编辑已有组件、扫描和修改现有组件的属性等任务。

图 2-7　项目树

下面介绍项目树中各选项的功能(部分选项图中未显示):

① 添加新设备:在同一个项目中,可以添加不同的设备。

② 设备和网络:浏览项目的拓扑视图、网络视图和设备视图。

③ 已生成的设备：对于已生成的设备，都会生成一个独立的文件夹，操作对象都排列在此文件夹中。

④ 未分组的设备：项目中所有的分布式输入/输出设备都在此文件夹中。

⑤ 安全设置：设置项目保护和密码策略。

⑥ 公共数据：包含多个设备使用的数据，如公共消息、日志和脚本。

⑦ 文档设置：指定项目文档的打印布局。

⑧ 语言和资源：指定项目和文本所使用的语言。

⑨ 在线访问：该文件包含 PG/PC 的所有接口。

⑩ 读卡器/USB 存储器：用于管理连接到 PG/PC 的所有读卡器和 USB 存储器。

3) 详细视图

详细视图用于显示项目树中默认变量表或数据块对应的变量，并且可将其中的变量直接拖放到梯形图中使用。

4) 工作区

为进行编辑而打开的对象将在工作区内显示，例如编辑器、视图、变量表等。在工作区可以打开多个对象，但在正常情况下，工作区中只能看到其中一个对象，其余对象则以选项卡的形式显示在编辑器栏中。如果某个任务要求同时显示两个对象，则可以选择水平或垂直方式平铺工作区，如图 2-8 所示。

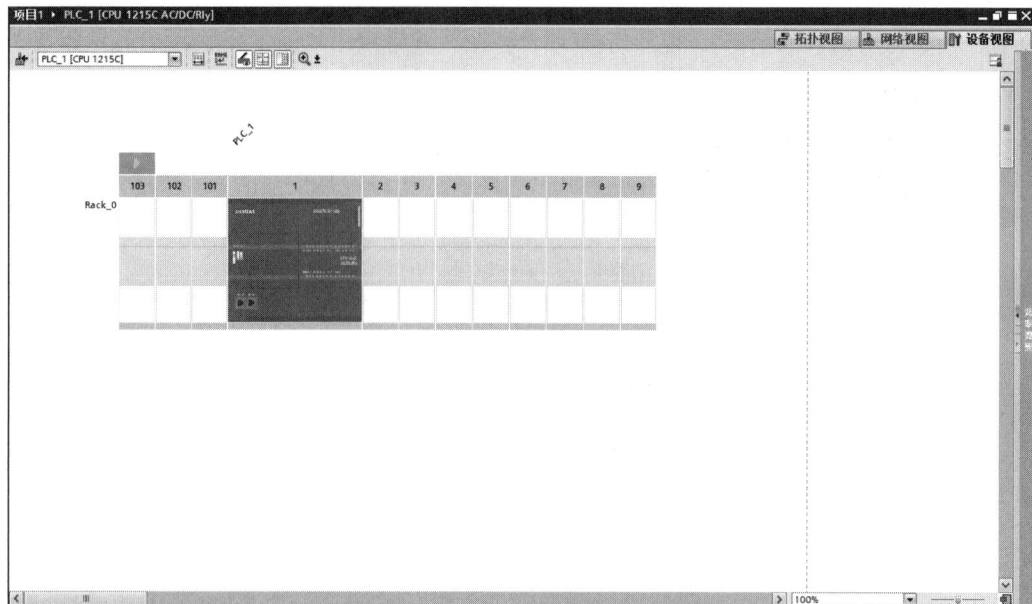

图 2-8　工作区内窗口

5) 巡视窗口

巡视窗口用于显示与被选定对象或已执行操作等有关的附加信息，如图 2-9 所示。

① "属性"选项卡：用于显示被选定对象的属性，并且可以更改允许编辑的属性。

② "信息"选项卡：用于显示被选定对象的其他信息及已执行动作有关的信息。

③ "诊断"选项卡：用于提供与系统诊断事件和已组态报警事件等有关的信息。

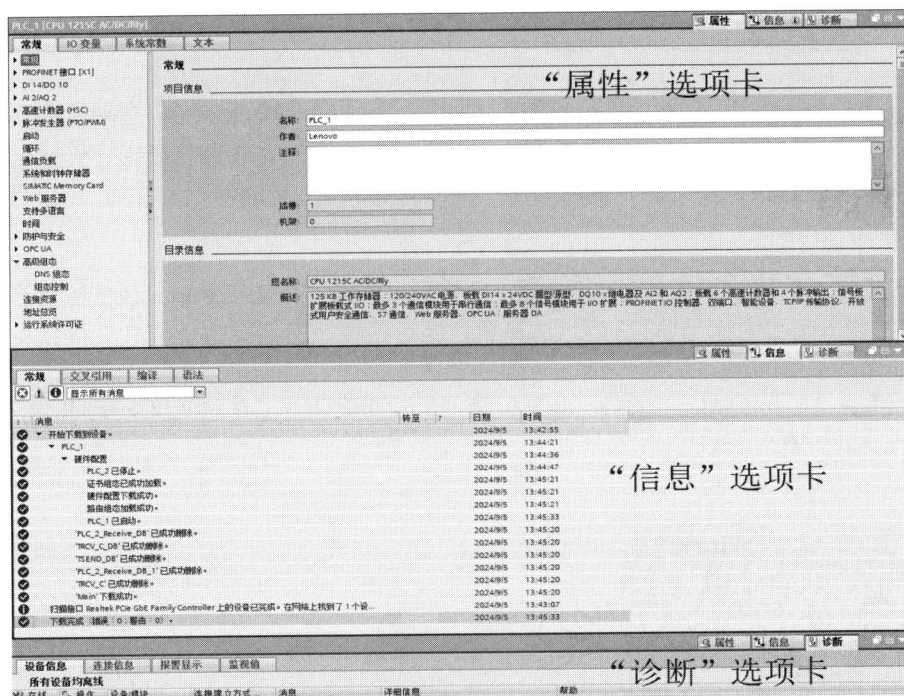

图 2-9　巡视窗口的组成

6) 任务卡

任务卡位于项目视图右侧的工具栏中，如图 2-10 所示，根据工作区被编辑或选择对象的不同，可以使用任务卡执行附加的操作。这些操作包括从库或硬件目录中选择对象、查找和替换项目中的内容、移动预定对象到工作区等。

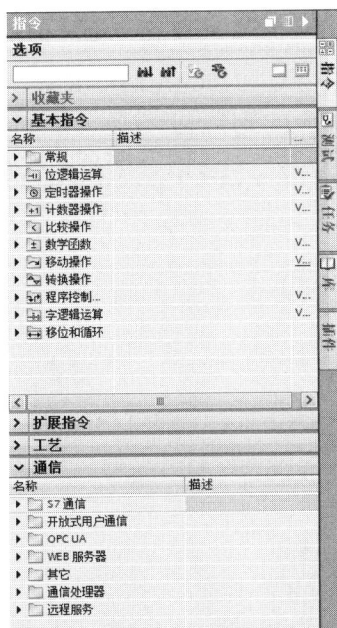

图 2-10　任务卡

2.2.2 入门实例

编写一个简单的电动机启—保—停控制程序：按下启动按钮 I0.0，电动机启动运行并保持；按下停止按钮 I0.1，电动机停止运行。采用博途软件完成项目要求，设计项目实施步骤包括生成项目、设备组态、编写程序、下载程序和调试程序。

1. 生成项目

双击桌面上的博途编程软件图标，打开编程软件。首先在 Portal 视图中选择"创建新项目"，输入项目名称"项目 1"，选择项目保存路径，然后单击"创建"按钮完成项目创建，如图 2-11 所示。

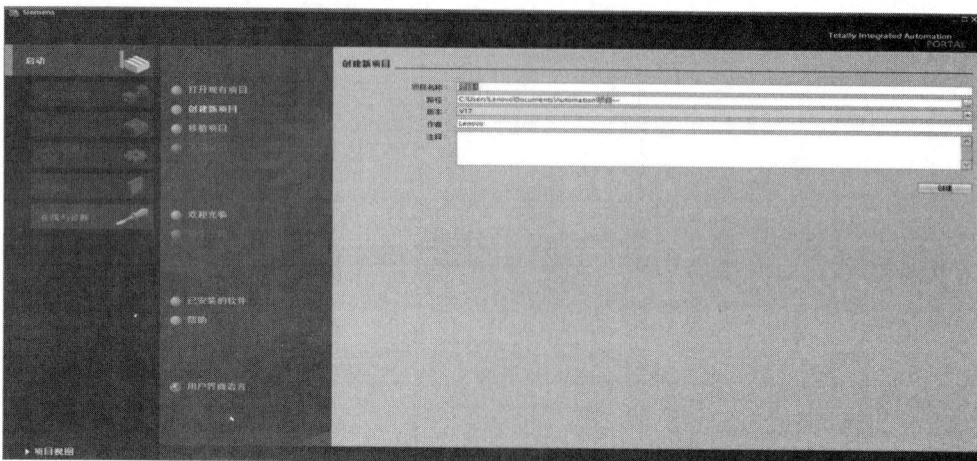

图 2-11 创建新项目

2. 设备组态

选择"设备组态"选项，单击"添加新设备"，在"控制器"中选择与实验台设备一致的 CPU 型号和版本号(本书选择 CPU 1215C AC/DC/Rly)，如图 2-12 所示，再双击选中的 CPU 型号或单击左下角的"添加"按钮添加新设备，并弹出编程窗口。

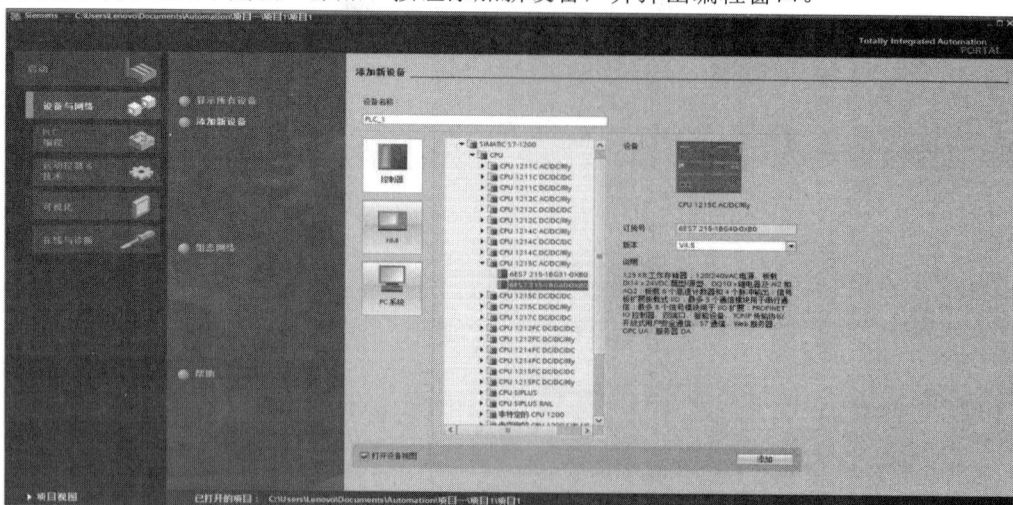

图 2-12 添加新设备

3. 编写程序

在 Portal 视图下，双击项目树下程序块文件夹下的组织块"Main[OB1]"，进入 OB1 的编辑界面，在编辑界面内编写好相应的程序，如图 2-13 所示。

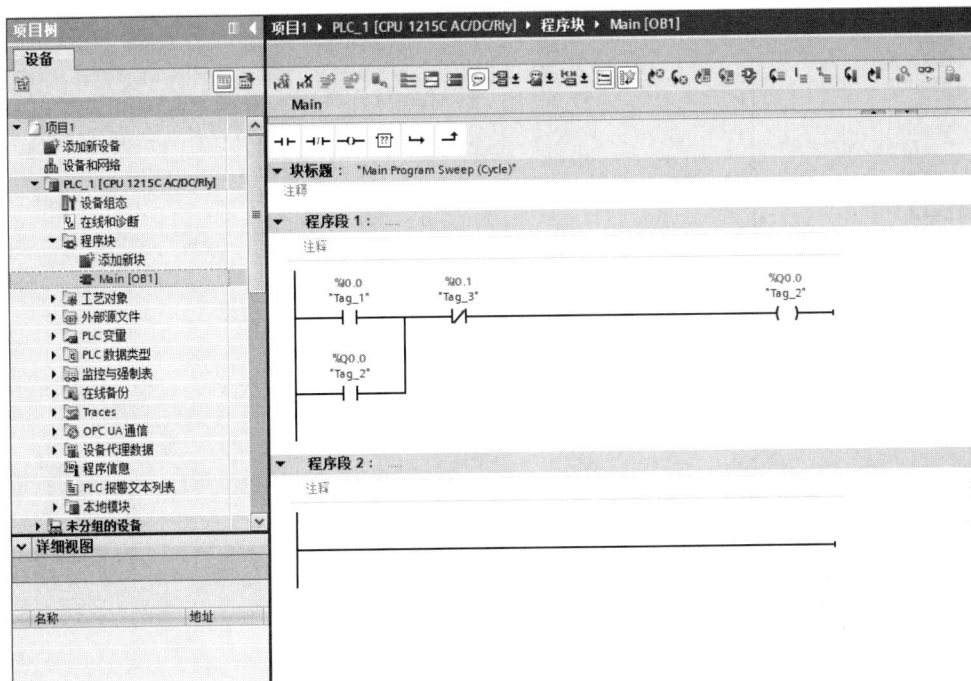

图 2-13　OB1 程序编辑界面

4. 下载程序

编写完程序后，点击菜单栏中的下载按钮，将程序下载到 PLC 中，如图 2-14 所示。

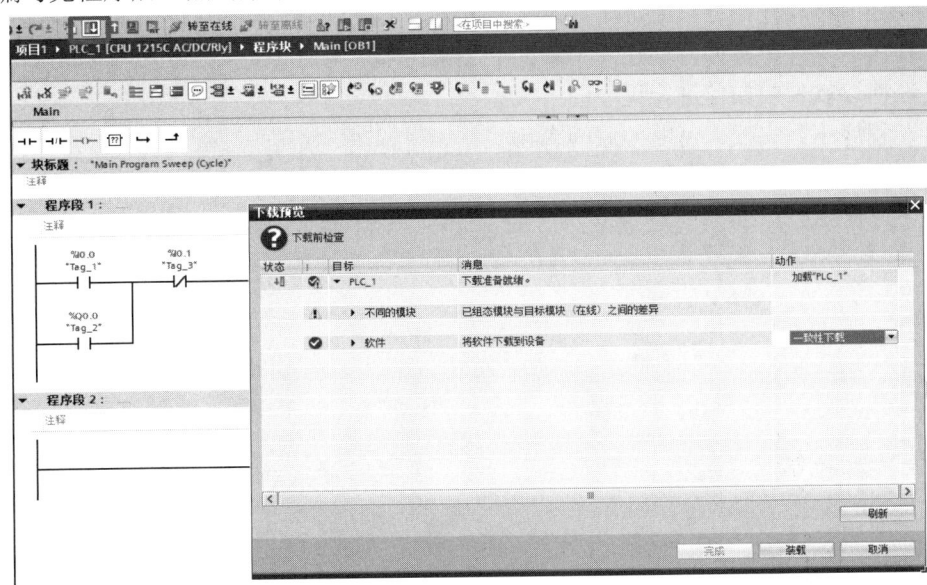

图 2-14　下载程序

5. 调试程序

程序下载成功后，单击工具栏中的"转到在线"按钮和"启用/禁用监视"按钮，通过修改变量对程序运行状态进行监控，如图 2-15 所示。按下启动按钮 I0.0 后，常开触点 I0.0 闭合，有电流流过 Q0.0 线圈，Q0.0 得电状态变为 1。

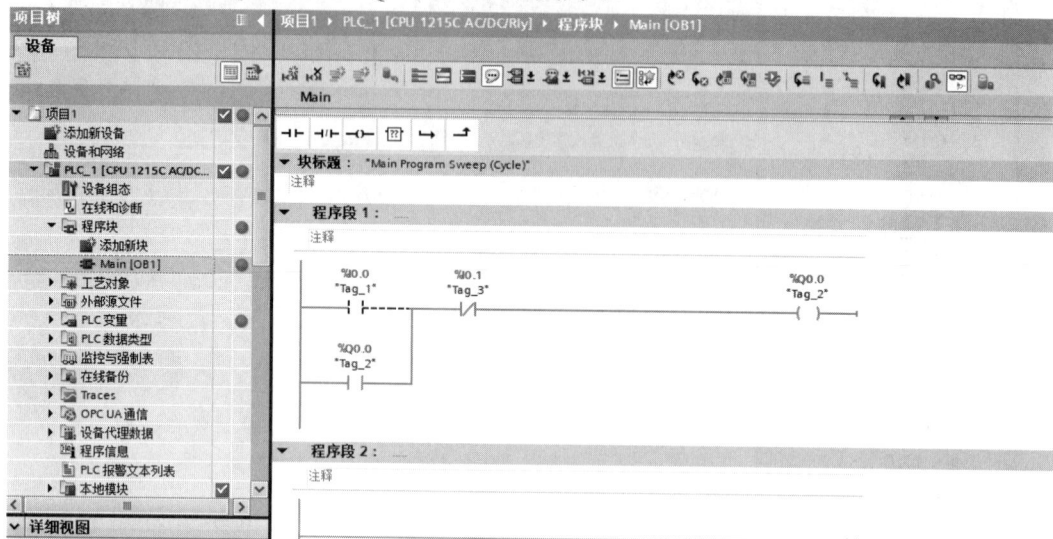

图 2-15　程序运行监视

思考与练习

1. 博途软件主要有哪些功能模块？这些模块分别有什么作用？
2. 简述博途软件在 PLC 编程中的独特优势。
3. 在博途软件中，如何创建一个新的 PLC 项目？
4. 在博途软件中如何进行程序的下载？
5. 若程序下载失败，可能的原因有哪些？如何解决？

模块二　农业种植类项目实战

▶ 项目 3　微调式农药喷淋装置设计与实现

理论知识目标

1. 理解 PLC 系统存储器的概念和作用。
2. 理解 PLC 数据类型的概念和分类。
3. 掌握基本位逻辑指令。

实操技能目标

1. 掌握 S7-1200 PLC 硬件组态与接线方法。
2. 学习 TIA 博途软件的使用和程序调试方法。
3. 掌握项目模拟仿真和实操技巧。

思政素养目标

1. 建构 PLC 技术应用与乡村振兴的关联意识。
2. 认识中国自动化技术助力乡村振兴的意义。

3.1　项 目 导 入

　　农药喷淋是农作物种植中至关重要的作业环节，对降低农作物病虫害发生率、提升单位面积农田产量有重要促进作用。传统作业模式下，农药喷淋作业大多依靠人力手工操作，需要农民身背农药喷淋罐，深入田间地头实施喷淋作业，存在效率低下、喷淋覆盖不彻底、劳作辛苦等弊端，且难以根据农民自身喷淋意愿实现微调作业控制。基于此，设计出一款自动化程度更高、作业覆盖更全面、能够实现微调控制的农药喷淋装置，有利于提升农业种植作业效率，体现出工控自动化技术助力乡村振兴的价值。

　　本项目基于西门子 S7-1200 PLC 设计微调式农药喷淋装置，SB0 为微调喷淋控制按钮，KM1 为喷淋电机驱动线圈。当按下 SB0 按钮后，KM1 驱动线圈得电，安装在农田各个喷淋点的喷淋电机工作，向农田里的农作物均匀喷洒农药；松开 SB0 按钮时，KM1 驱动线圈断电，喷淋电机停止工作，结束农药喷洒作业。应用该装置，农民可根据自己的意愿控制农药喷淋作业的时间、范围，且能够实现远程微调式农药喷淋控制作业，具有一定的实用性。

3.2 项目分析

本项目致力于解决传统农药喷淋作业中遇到的自动化程度较低、难以实现微调精确控制等问题，整个装置的设计控制思想也比较简单：在农田中预先安装一定数量的农药喷淋头，喷淋头之间用管路连接起来，并统一汇总接至喷淋总管路出口，喷淋总管路再与喷淋驱动电机相连。需要进行农药喷淋作业时，操作人员只要按下喷淋启动开关 SB0，喷淋驱动电机线圈 KM1 得电启动，带动抽液泵将农药从农药池中抽取上来，并通过总管路出口分流到各连接管路，最后通过喷淋头向农田各点位喷洒农药；操作过程中，只要松开喷淋启动开关 SB0，喷淋作业即可结束，实现了即时微调控制。整个装置的设计框架如图 3-1 所示。

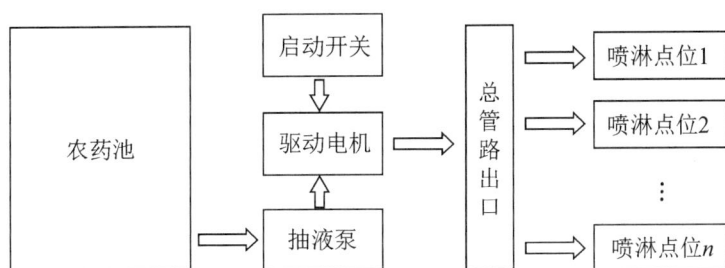

图 3-1 微调式农药喷淋 PLC 装置整体框架

3.3 配套知识点

3.3.1 PLC 编程语言

在 PLC 中有多种程序设计语言，包括梯形图、语句表、顺序功能流程图、功能块图、结构化控制语言等。梯形图和语句表是基本程序设计语言，通常由一系列指令组成，用这些指令可以完成大多数简单的控制功能，例如代替继电器、计数器、计时器完成顺序控制和逻辑控制等，通过扩展或增强指令集，它们也能执行其他的基本操作。

1. 梯形图(Ladder Diagram)程序设计语言

梯形图程序设计语言是最常用的一种程序设计语言，它来源于继电器逻辑控制系统的描述。在工业过程控制领域，电气技术人员对继电器逻辑控制技术较为熟悉，因此，由这种逻辑控制技术发展而来的梯形图受到了欢迎，并得到了广泛的应用。梯形图与操作原理图相对应，具有直观性和对应性，但与原有的继电器逻辑控制技术的不同之处在于，梯形图中的能流不是实际意义的电流，内部的继电器也不是实际存在的继电器，因此，应用时需与原有继电器逻辑控制技术的有关概念区别对待。

如图 3-2 所示，典型的梯形图程序结构由触点、线圈或指令框组成，触点和线圈组成的电路称为程序段(Network 网络)，可以为程序段添加标题和注释，可显示或者关闭注释。利用能流这一概念，可以借用继电器电路的术语和分析方法，帮助我们更好地理解和分析梯形图，能流只能从左往右流动。

程序段1:

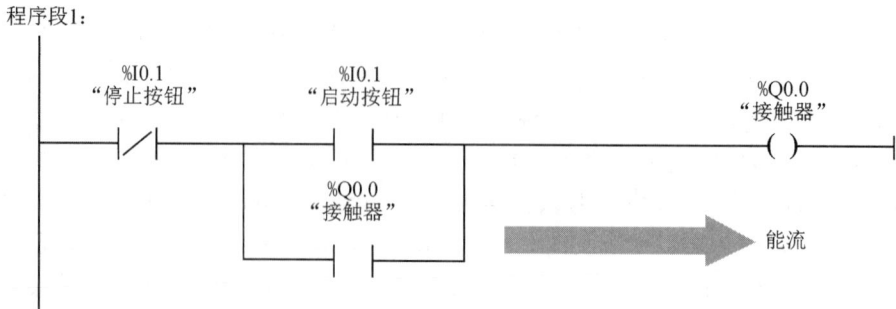

图 3-2 梯形图程序设计语言

2. 语句表(Statement List)程序设计语言

语句表程序设计语言是用布尔助记符来描述程序的一种程序设计语言，如图 3-3 所示。语句表程序设计语言与计算机中的汇编语言非常相似。语句表设计语言是由助记符和操作数构成的，助记符用来表示操作功能，操作数是指定的存储器的地址。用编程软件可以将语句表与梯形图相互转换。

```
网络1
LD      10. 0
O       Q0.0
AN      T37
=       Q0.0
TON     T37.+50
网络2
LD      10.2
=       Q0.1
```

图 3-3 语句表程序设计语言

3. 顺序功能流程图(Sepuential Function Chart)

顺序功能流程图是近年来发展起来的一种程序设计语言。采用顺序功能流程图的描述，控制系统被分为若干个子系统，从功能入手，使系统的操作具有明确的含义，便于设计人员和操作人员设计思想的沟通，以及程序的分工设计和检查调试。顺序功能流程图的主要元素是步、转移、转移条件和动作。顺序功能流程图程序设计的特点如下：

(1) 以功能为主线，条理清楚，便于对程序操作的理解和沟通。

(2) 对大型程序，可分工设计，采用较为灵活的程序结构，可节省程序设计时间和调试时间。

(3) 常用于系统的规模较大、程序关系较复杂的场合。

(4) 只有在活动步的命令和操作被执行后，才对活动步后的转换进行扫描，因此，整个程序的扫描时间大大缩短。

典型的顺序功能流程图为单序列顺序功能流程图，如图 3-4 所示。

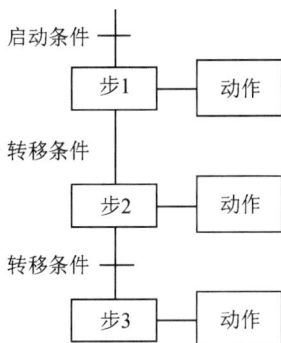

图 3-4　单序列顺序功能流程图

4. 功能块图(Function Block Diagram, FBD)程序设计语言

功能块图程序设计语言 FBD 是采用逻辑门电路的编程语言，有数字电路基础的人很容易掌握，如图 3-5 所示。功能块图指令由输入段、输出段及逻辑关系函数组成。一般来说，功能块图使用类似于数字电路的图形逻辑符号来表示控制逻辑。德国的 PLC 编程课程往往先学 FBD，而国内则很少使用。

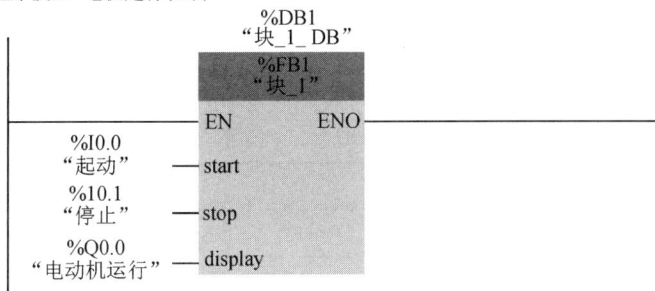

图 3-5　功能块图程序设计语言

5. 结构化控制语言(Structured Control Language, SCL)

结构化控制语言 SCL 是一种基于 PASCAL 的高级编程语言，特别适用于数据管理、过程优化、配方管理和数学计算、统计任务等功能，如图 3-6 所示。

图 3-6　结构化控制语言

博途软件提供了不同编程语言的切换功能，用户只需要用鼠标右键单击项目树中的某个代码块，选中快捷菜单中的"切换编程语言"，便可在各主流编程语言之间进行切换，如图 3-7 所示。

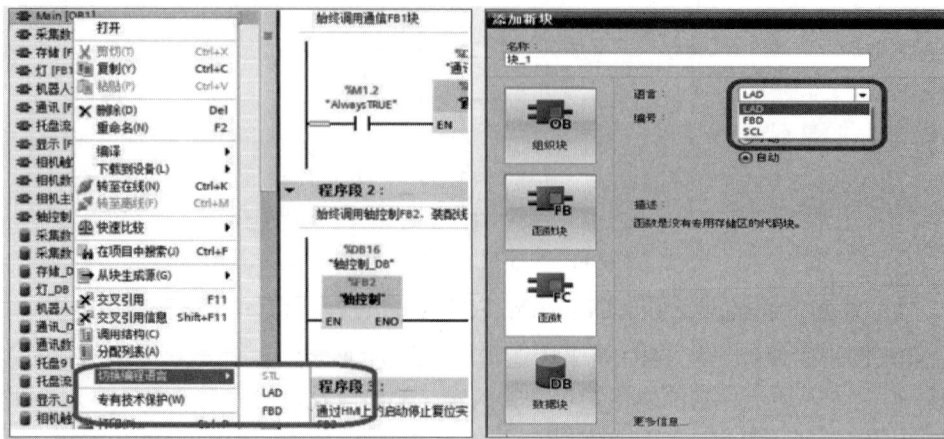

图 3-7 编程语言的切换

3.3.2 数据类型

数据长度和属性用数据类型来进行描述，表 3-1 列举了 S7-1200 PLC 的基本数据类型。

表 3-1 S7-1200 PLC 基本数据类型

数据类型	位数	取值范围	实 例
位(Bool)	1	0～1	0，1 或 FALSE，TRUE
字节(Byte)	8	16#00～16#FF	16#34，16#AB
字(Word)	16	16#0000～16#FFFF	16#3456，16#ABCD
双字(DWord)	32	16#00000000～16#FFFFFFFF	16#01234567
字符(Char)	8	16#00～16#FF	'C'，'A'
有符号短整数(Sint)	8	−128～127	−123，122
整数(Int)	16	−32 768～32 767	−10000，11111
双整数(Dint)	32	−2 147 483 648～2 147 483 647	−32 767，32 768
无符号短整数(USInt)	8	0～255	124，212
无符号整数(Uint)	16	0～65 535	114，3134
无符号双整数(UDInt)	32	0～4 294 967 295	212，456
浮点数(Real)	32	$\pm1.175\,495\times10^{-38}\sim\pm3.402\,823\times10^{+38}$	12.45，−3.9，−2.8
双精度浮点数(Lreal)	64	$\pm2.225\,073\,858\,507\,202\,0\times10^{-308}\sim$ $\pm1.797\,693\,134\,862\,315\,7\times10^{+308}$	12 345.123 456 789，−1.2E + 40
时间(Time)	32	T#−24d20h31m23s648ms～ T#24d20h31m23s647ms	T#10d20h30m20s640ms

1. 有符号数和无符号数

由表 3-1 可看出，字节、字和双字都是无符号数。8 位、16 位和 32 位整数是有符号数，整数的最高位是符号位，最高位为 0 时表示正数，最高位为 1 时表示负数。整数用补码表示，正数的补码就是它本身，将一个正数对应的二进制数的各位求反码后加 1，就可以得到绝对值和它相等的负数的补码。8 位、16 位和 32 位无符号整数只取正值，使用时要根据情况选用正确的数据类型。

2. 浮点数

32 位浮点数又称为实数(Real)，最高位(第 31 位)为浮点数的符号位，正数时符号位为 0，负数时符号位为 1。规定尾数的整数部分总是为 1，第 0～22 位为尾数的小数部分。8 位指数加上偏移量 127 后(0～255)，放在第 23～30 位。此外，浮点数可表示为 $1.m \times 2E$，指数 E 是有符号数，$E = e - 127$(其中 e 是二进制整数形式的指数，取值范围为 0～255)。范围为 $\pm 1.175\ 495 \times 10^{-38} \sim \pm 3.402\ 823 \times 10^{38}$。

3. 时间

时间型数据为 32 位数据，其格式为 T#多少天(day)多少小时(hour)多少分钟(minute)多少秒(second)多少毫秒。Time 数据类型以表示毫秒时间的有符号双精度整数形式存储。在具体使用时，不需要指定全部时间单位，如 T#6h12s 和 T#600h 均是有效数值，所有指定单位值的组合值不允许超过以毫秒表示的时间数据类型的下限数值(2 147 483 647 ms)。

3.3.3 存储器

S7-1200 PLC 提供了用于存储用户程序、数据和组态的存储器，主要包含物理存储器、装载存储器、工作存储器、系统存储器、保持存储器和存储卡等。

1. 物理存储器

S7-1200 PLC 提供的物理存储器包括只读存储器、随机存储器、快闪存储器等。

(1) 只读存储器(ROM)。只读存储器只能读出数据，不能写入，断电后储存信息不会丢失。一般来说，只读存储器用来存放 PLC 操作系统运行所需的关键数据。

(2) 随机存储器(RAM)。随机存储器可读可写，其工作速度快、价格便宜、改写方便，但断电后储存的信息会丢失。

(3) 快闪存储器(Flash EPROM)，简称为 FEPROM，可电擦除可编程的只读存储器简称为 EEPROM。快闪存储器工作速度相对不快，写入数据的时间比 RAM 长，通常用来存储用户程序及断电时需要特别保护的重要数据。

2. 装载存储器

装载存储器用于非易失性地存储用户程序、数据和组态。项目被下载到 CPU 后，首先存储在装载存储器中。每个 CPU 都具有内部装载存储器。该内部装载存储器的大小取决于所使用的 CPU。该内部装载存储器可以用外部存储卡替代。如果未插入存储卡，CPU 将使用内部装载存储器；如果插入了存储卡，CPU 将使用该存储卡作为装载存储器。

3. 工作存储器

工作存储器是易失性存储器，用于在执行用户程序时存储用户项目的某些内容。工作存储器一般是集成在 CPU 中的 RAM，为了提高运行速度，CPU 会将用户程序中与程序执行有关的项目内容从装载存储器复制到工作存储器。CPU 断电时，工作存储器中的内容将会丢失。工作存储器类似于计算机的内存。

4. 系统存储器

系统存储器是 CPU 为用户程序提供的存储器组件，被划分为若干个地址区域，如表 3-2 所示。

表 3-2　系统存储器的存储区域

存储区名称	描　　述	强制	保持
物理输入(I_:P)	立即读取 CPU、SB 和 SM 上的物理输入点	有	无
物理输出(Q_:P)	立即写入 CPU、SB 和 SM 上的物理输出点	有	无
临时存储器(L)	存储块的临时数据，这些数据仅在该块的本地范围内有效	无	无
过程映像输入(I)	在扫描周期开始时从物理输入复制	无	无
过程映像输出(Q)	在扫描周期开始时复制到物理输出	无	无
位存储器(M)	用于存储用户程序的中间运算结果或标志位	无	支持(可选)

5. 保持存储器

保持存储器用来防止在 PLC 电源关闭时丢失数据，暖启动后其中的数据保持不变，存储器复位时其值被清除，常用于在断电时存储所选用户存储单元的值。发生掉电时，CPU 留出了足够的缓冲时间来保存几个有限的指定单元的值，这些值随后在上电时进行恢复。暖启动后保持存储器里的数据保持不变，冷启动后保持存储器里的数据则会被清除。

6. 存储卡

存储卡用于在断电时保存用户程序和某些数据，不能用普通读卡器格式化存储卡，可以将存储卡作为程序卡、传送卡或固件更新卡。S7-1200 PLC 的 CPU 仅支持已经预先格式化的存储卡。安装存储卡至 PLC 内部前，需先打开 CPU 顶盖，再将存储卡插入卡槽。存储卡作为程序卡使用时，可作为 CPU 内置存储器的替代物，所有 CPU 功能可由该程序卡进行控制，插入程序卡便会擦除 CPU 内置存储器中的所有数据，之后 PLC 的 CPU 便会执行程序卡中的用户程序。若要取出程序卡，则必须将 CPU 切换到 STOP 工作模式。

3.3.4　位逻辑指令

位逻辑指令是 S7-1200 PLC 项目编程中最常用的一类指令，常用于二进制数的逻辑运算，运算结果简称为 RL0。S7-1200 PLC 的位逻辑指令主要包含触点和线圈指令、置位输出和复位输出指令及边沿检测指令，具体见表 3-3。

表 3-3　常用位逻辑指令名称及功能描述

梯形图符号	名　称	功　能　描　述
┤├	常开触点指令	在赋的位值为 1 时,常开触点将闭合(ON); 在赋的位值为 0 时,常开触点将断开(OFF)
┤/├	常闭触点指令	在赋的位值为 0 时,常闭触点将闭合(ON); 在赋的位值为 1 时,常闭触点将断开(OFF)
┤NOT├	取反指令	如果没有能流流入 NOT 触点,则会有能流流出; 如果有能流流入 NOT 触点,则没有能流流出
┤( )├	输出线圈指令	如果有能流通过输出线圈,则输出位设置为 1; 如果没有能流通过输出线圈,则输出位设置为 0
┤(/)├	反向输出线圈指令	如果有能流通过反向输出线圈,则输出位设置为 0; 如果没有能流通过反向输出线圈,则输出位设置为 1
┤(S)├	置位指令	S(置位)激活时,OUT 地址处的数据值设置为 1; S 不激活时,OUT 不变
┤(R)├	复位指令	R(复位)激活时,OUT 地址处的数据值设置为 0; R 不激活时,OUT 不变
┤(SET_BF)├	多点置位指令	SET_BF 激活时,为从地址 OUT 处开始的"n"位分配数据值 1;SET_BF 不激活时,OUT 不变
┤(RESET_BF)├	多点复位指令	RESET_BF 为从地址 OUT 处开始的"n"位写入数据值 0;RESET_BF 不激活时,OUT 不变
┤P├	边沿(上升沿)检测触点指令	在分配的"IN"位上检测到正跳变(关到开)时,该触点的状态为 TRUE。该触点逻辑状态随后与能流输入状态组合以设置能流输出状态。P 触点可以放置在程序段中除分支、结尾外的任何位置
┤N├	边沿(下降沿)检测触点指令	在分配的输入位上检测到负跳变(开到关)时,该触点的状态为 TRUE。该触点逻辑状态随后与能流输入状态组合以设置能流输出状态。N 触点可以放置在程序段中除分支、结尾外的任何位置
┤(P)├	边沿(上升沿)检测线圈指令	在进入线圈的能流中检测到正跳变(关到开)时,分配的位"OUT"为 TRUE。能流输入状态总是通过线圈后变为能流输出状态。P 线圈可以放置在程序段中的任何位置
┤(N)├	边沿(下降沿)检测线圈指令	在进入线圈的能流中检测到负跳变(开到关)时,分配的位"OUT"为 TRUE。能流输入状态总是通过线圈后变为能流输出状态。N 线圈可以放置在程序段中的任何位置
RS R　　Q S1	置位优先锁存指令	RS 是置位优先锁存,其中置位优先。如果置位(S1)和复位®信号都为真,则输出地址 OUT 将为 1

梯形图符号	名　称	功　能　描　述
SR — S　　Q — …— R1	复位优先锁存指令	SR 是复位优先锁存，其中复位优先。如果置位(S)和复位(R1)信号都为真，则输出地址 OUT 将为 0
P_TRIG — CLK　　Q —	RLO 信号上升沿扫描指令	当 CLK 端检测到正跳变信号时，Q 输出能流或逻辑状态为 TRUE
N_TRIG — CLK　　Q —	RLO 信号下降沿扫描指令	当 CLK 端检测到负跳变信号时，Q 输出能流或逻辑状态为 TRUE

1. 触点线圈指令应用举例

与运算和或运算是触点线圈指令的典型应用。在图 3-8(a)中，%I0.0 常开触点与%I0.1 常开触点构成与关系，两者运算结果符合"有 0 出 0，全 1 出 1"的逻辑关系，即只有%I0.0 和%I0.1 触点全被置 1 时，%Q0.0 线圈上的输出结果才为高电平。在图 3-8(b)中，%I0.0 常开触点与%Q0.1 常开触点构成或关系，两者运算结果符合"有 1 出 1，全 0 出 0"的逻辑关系，即只有%I0.0 和%Q0.1 触点全被置 0 时，两者的输出结果才为低电平。

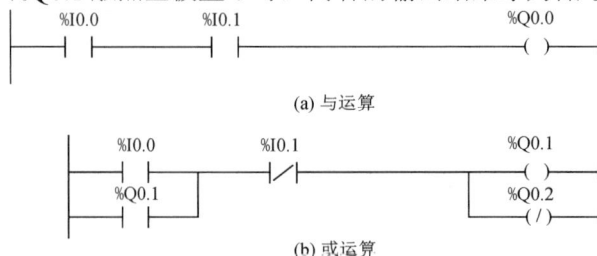

(a) 与运算

(b) 或运算

图 3-8　触点线圈指令与、或应用案例

注：使用 S7-1200 PLC 编程时，绝对地址前面的"%"符号是编程软件自动添加的，无须用户额外输入。

2. 置位和复位指令应用举例

置位和复位指令也是 S7-1200 PLC 中的经典应用指令，具有保持功能。图 3-9 中，若%I0.0 被置 1，%M0.0 被清 0，则%Q0.0 线圈被置高电平，此后，%I0.0 和%M0.0 触点的变化不会影响%Q0.0 线圈上高电平的输出状态；只有%I0.2 被置 1，%Q0.3 被清 0，%Q0.0 线圈才被复位清 0。

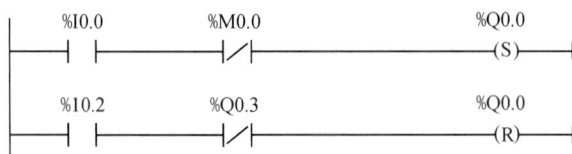

图 3-9　置位和复位指令应用案例

注：具有记忆和保持功能是置位和复位指令最重要的特征。

3. 多点置位和复位指令应用举例

多点置位和复位指令的功能与置位和复位指令类似，所不同的是，多点置位和复位指令可以实现一次性连续多点置位和复位功能。在图 3-10 中，若%I0.1 被置 1，则%Q0.3～%Q0.6

一起被置 1 并保持；若%M0.2 被置 1，则%Q0.3～%Q0.6 一起被清 0 并保持。

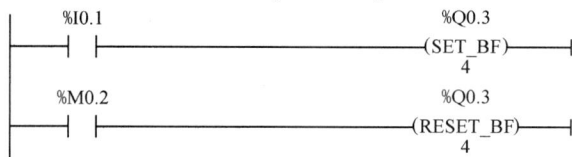

图 3-10　多点置位和复位指令应用案例

注：多点置位和多点复位指令线圈下方的 n = 1 时，功能等同于置位和复位指令。

4. 边沿检测触点指令应用举例

边沿检测触点指令主要检测触点上的信号跳变，并根据跳变情况输出相应的结果。在图 3-11 中，若%I0.0 被置 1，且%I0.1 检测到上升沿信号时，则%Q0.6 输出一个扫描周期的高电平信号。同样地，若%I0.2 检测到下降沿信号，则%Q1.0 输出一个扫描周期的高电平信号。

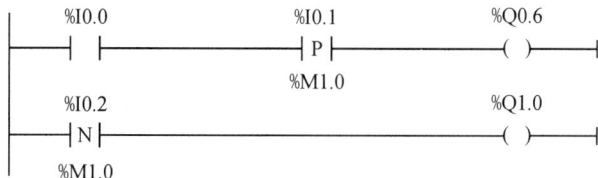

图 3-11　边沿检测触点指令应用案例

5. 边沿检测线圈指令应用举例

边沿检测线圈指令用于检测线圈上的信号跳变，并根据跳变情况输出相应的结果。在图 3-12 中，若%I0.0 上出现上升沿信号，则%Q0.0 输出一个扫描周期的高电平信号。而当%I0.1 被置 1，%M0.3 被清 0 时，%M0.2 上检测到下降沿信号，%Q0.2 被置 1。

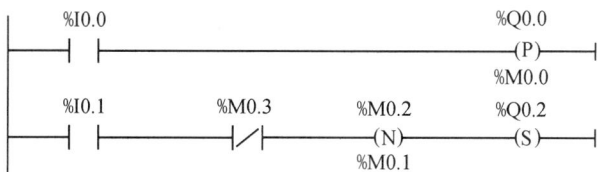

图 3-12　边沿检测线圈指令应用案例

6. TRIG 边沿检测指令应用举例

TRIG 边沿检测指令主要检测"CLK"输入端的信号，当"CLK"输入端出现上升沿或下降沿信号时，输出端接通一个扫描周期。在图 3-13 中，当%I0.0 和%M0.0 相与的结果出现一个上升沿信号时，%Q0.3 输出一个扫描周期的高电平信号。当%I1.2 触点上出现下降沿信号时，%M2.0 输出一个扫描周期的高电平信号。

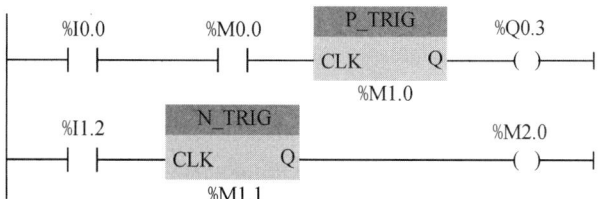

图 3-13　TRIG 边沿检测指令应用案例

注：编程时，TRIG 边沿检测指令不允许出现在电路的开始和结束处。

3.4　项　目　实　施

3.4.1　硬件设计

1. 硬件设备选型

根据微调式农药喷淋装置的设计需求，选择系统主要硬件元件和设备，如表 3-4 所示。

表 3-4　微调式农药喷淋装置主要硬件选型

序号	名　称	型　号	描　述
1	可编程控制器	西门子 S7-1200	CPU 1215 AC/DC/Rly
2	抽液泵	QDX10-12-0.55S	AC 220 V、功率 0.55 kW
3	驱动电机	SX-101	三相异步交流电机
4	喷灌软带	N33-100	五孔微喷带
5	喷淋头	LX-317	塑料三通雾化喷头
6	喷淋控制开关	ZSJY-1	触点压力型控制开关

2. 主电路及 I/O 接线图

根据本装置控制要求，微调式农药喷淋驱动电机为直接启动，装置的主电路如图 3-14 所示，装置的 PLC 控制电路及 I/O 接线图如图 3-15 所示。对于继电器输出型的 S7-1200 PLC 输出端子来说，允许加载的额定电压为 AC 5～250 V，或 DC 5～30 V，因此接触器的线圈额定电压应控制在 220 V 及以下。

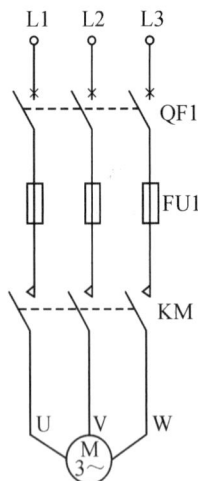

图 3-14　微调式农药喷淋装置主电路　　　　图 3-15　微调式农药喷淋装置 PLC 控制电路

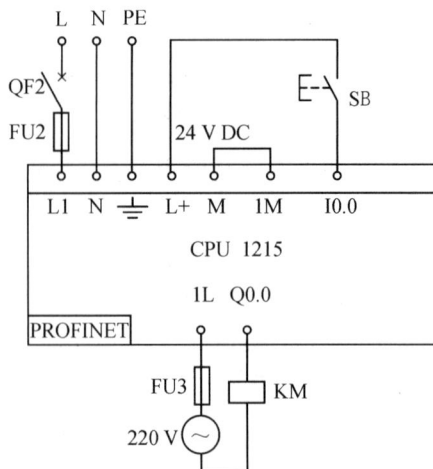

3. 硬件连接

1) 主电路连接

三相交流电输入后经过断路器 QF1 和熔断器 FU1，与交流接触器 KM 主触点的进线端对应端子连接，之后使用导线将交流接触器 KM 的主触点输出端与三相异步驱动电机 M 的电源输入端对应端子连接起来。根据所用驱动电机铭牌上的连接标注信息，驱动电机可按照三角形或星形接法进行连接。

2) 控制电路连接

在断开 PLC 外部电源的前提下，进行装置控制电路连接，主要包含 PLC 输入端和输出端两部分电路连接。

(1) PLC 输入端外部电路连接：将 S7-1200 PLC 自带的 DC 24 V 电源负极性端子 M 与其相邻的端子 1M 用导线连接起来，并将 S7-1200 PLC 自带的 DC 24 V 电源正极性端子 L+ 与喷淋控制开关 SB 进线端连接起来，最后将喷淋控制开关 SB 的出线端与 S7-1200 PLC 的输入端 I0.0 连接起来。

(2) PLC 输出端外部电路连接：将交流电源 220 V 的火线端 L 经熔断器 FU3 连接至 S7-1200 PLC 输出点内部电路公共端 1L，再将交流电源 220 V 零线端 N 连接至交流接触器 KM 线圈的出线端，最后将交流接触器 KM 线圈的进线端与 S7-1200 PLC 的输出端 Q0.0 连接起来。

3.4.2　软件设计

1. 输入/输出地址分配

输入/输出地址分配也称为 I/O 地址分配，用于对项目设计中用到的 PLC 外部输入和输出地址进行选用分配，是 PLC 项目软件设计中的重要环节。依据硬件主电路和 I/O 接线图，设计微调式农药喷淋装置的输入/输出地址分配表如表 3-5 所示。

表 3-5　微调式农药喷淋装置输入/输出地址分配表

输　　入		输　　出	
输入地址	元器件标号及功能	输出地址	元器件标号及功能
I0.0	启动按钮 SB	Q0.0	驱动电机交流接触器线圈 KM

2. 梯形图程序设计

微调式农药喷淋装置的梯形图如图 3-16 所示，主要应用了位逻辑指令中的触点和线圈指令编译。实现逻辑为：当 I0.0 常开触点不导通时，能流无法到达 Q0.0 输出线圈，Q0.0 = 0；当 I0.0 常开触点导通时，能流到达 Q0.0 输出线圈，Q0.0 = 1。该程序符合"点动"逻辑，由于 PLC 的 I0.0 触点外接农药喷淋启动按钮 SB，Q0.0 线圈外接农药喷淋驱动电机，根据本程序的逻辑理念，用户只要长按启动按钮 SB，即可实现农药喷淋作业，若想结束喷淋作业，只需要松开启动按钮 SB 即可，喷淋的时间、流量可根据自己的意愿即时调整，达到了微调作业的目的。

　　注："点动"编程逻辑是 S7-1200 PLC 编程中最常见，也是应用频度很高的编程逻辑思路，具有程序结构简单，应用范围很广等特点，希望读者能够重点掌握。

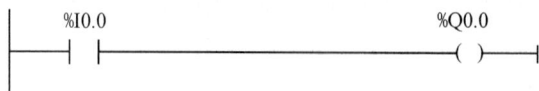

```
        %I0.0                              %Q0.0
   ┤ ├───┤ ├──────────────────────────────( )──┤
```

图 3-16　微调式农药喷淋装置梯形图

3.4.3　程序调试

　　设计完本装置的梯形图程序后，可在博途编程软件中编写项目程序，并进行程序调试。适用于 S7-1200 PLC 程序调试的方法主要有程序状态监控法和监控表法两种。程序状态监控法能够及时显示梯形图程序操作数的数值和逻辑运算的结构，有利于在程序调试过程中及时发现程序运算和逻辑错误，故本项目采用程序状态监控法进行程序运行过程和状态的监控。具体的程序调试过程分为以下几步。

1. 创建项目程序

　　双击桌面上的博途编程软件图标，打开编程软件，在 Portal 视图中选择"创建新项目"，输入项目名称"微调式喷淋装置"，选择项目保存路径，然后单击"创建"按钮完成项目创建，如图 3-17 所示。

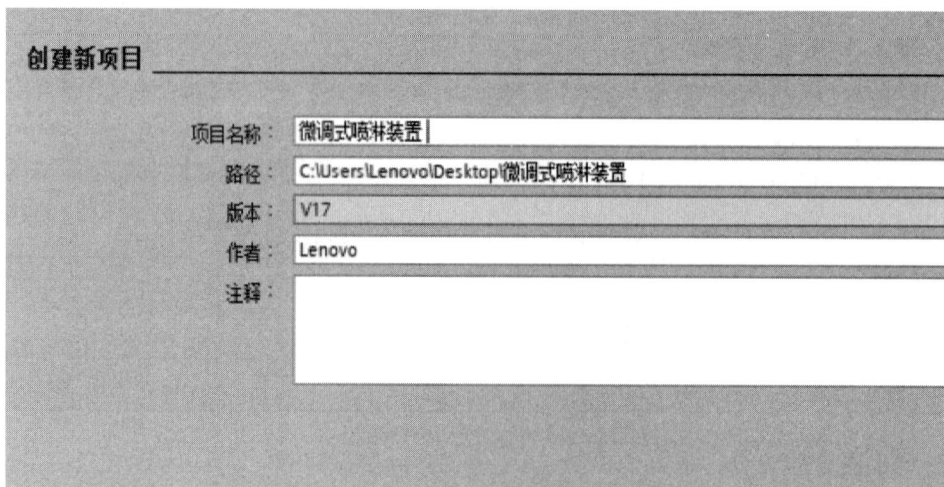

图 3-17　创建项目程序

2. 进行硬件组态

　　选择"设备组态"选项，单击"添加新设备"，在"控制器"中选择与现场硬件一致的 CPU 型号和版本号(此处选择 CPU 1215C AC/DC/Rly)，双击选中的 CPU 型号或单击左下角的"添加"按钮，添加新设备成功，并弹出编程窗口，如图 3-18 所示。

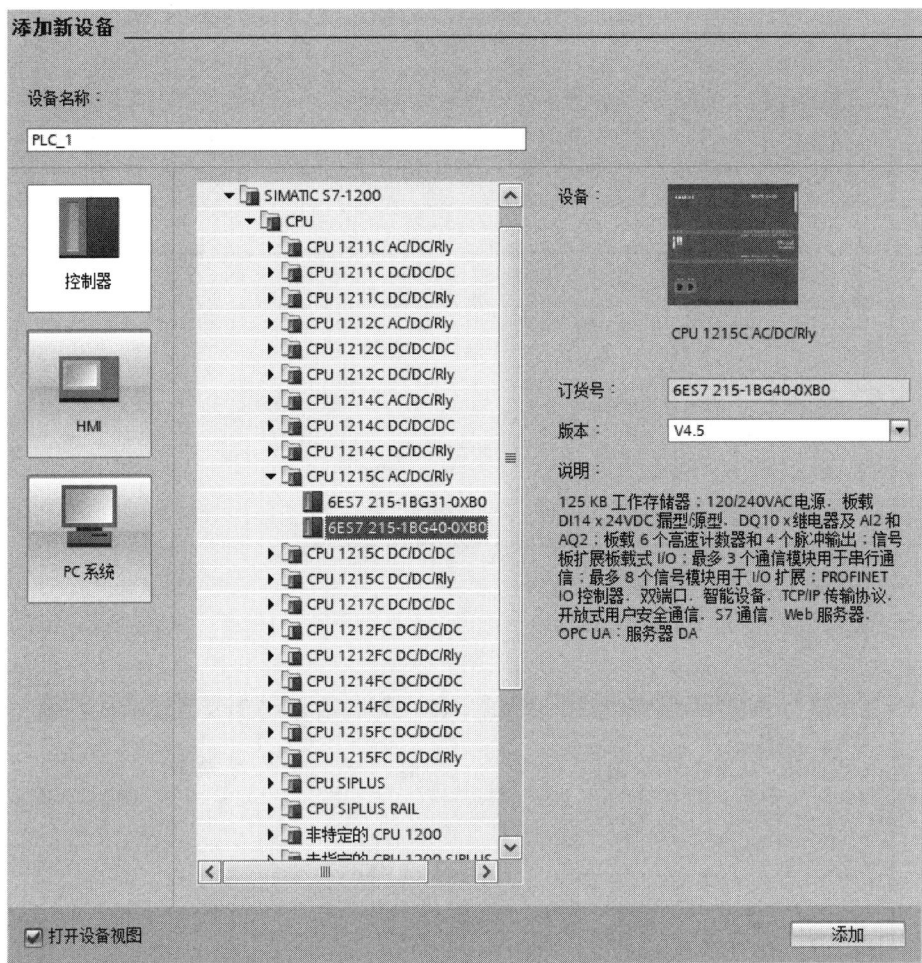

图 3-18　进行硬件组态

3. 编写项目程序

单击项目树下的"程序块",打开"程序块"文件夹,双击主程序块 Main[OB1],在项目树的右侧,即编程窗口中显示程序编辑器窗口。打开程序编辑器时,自动选择程序段 1,如图 3-19(a)所示。

单击程序编辑器工具栏中的常开触点指令图标,拖动到项目程序中,可见"程序段 1"的最左边出现一个常开触点,触点上方的<??.?>表示地址未赋值。继续单击程序编辑器工具栏中的输出线圈指令图标,拖动到项目程序中,可见"程序段 1"的最右边出现一个输出线圈,如图 3-19(b)所示。

单击程序中常开触点上方的<??.?>,显示出输入方框,输入地址位 I0.0(无须区分大小写),输入完成后,按下 Enter 键,常开触点位地址输入完毕。继续单击程序中输出线圈上方的<??.?>,显示出输入方框,输入地址位 Q0.0,完成项目程序的地址分配和编写。之后对 I0.0 触点进行注释"按钮 SB",并对 Q0.0 输出线圈进行注释"交流接触器 KM 线圈",编写完成的项目程序如图 3-19(c)所示。

注：用户可将常用的编程元件拖动至指令列表的"收藏夹"文件夹中，以便下次编程时直接调用。

(a)

(b)

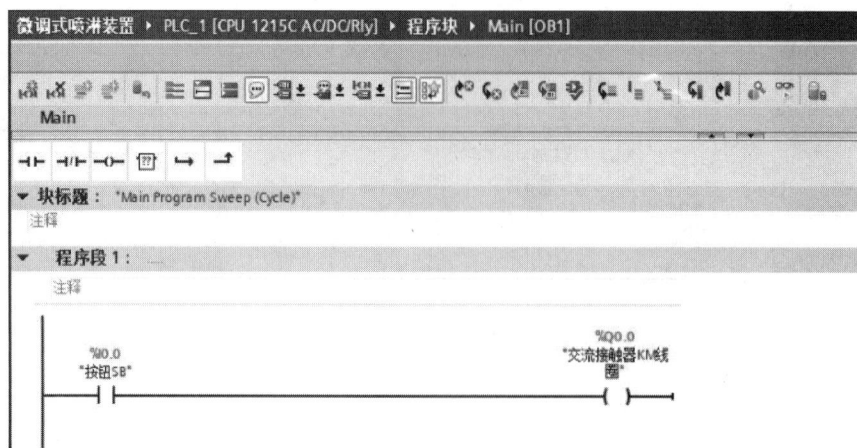

(c)

图 3-19　编写项目程序

4. 下载项目程序

编写完项目程序后，选中项目树中的设备名称"PLC_1"，单击工具栏上的下载按钮，打开"扩展下载到设备"对话框，在"PG/PC 接口的类型"下拉菜单中找到"PN/IE"选项并选择，并在"PG/PC 接口"下拉菜单中选择电脑实际使用的网卡，如图 3-20(a)所示。

选中复选框"显示所有兼容的设备"，单击"开始搜索"按钮，软件会自动搜索设备类型所对应的网络下载地址，搜索完毕后，在"选择目标设备"列表中，会出现外接好的 S7-1200 PLC 的 CPU 及对应的以太网地址，电脑与 PLC 之间建立起通信联系。S7-1200 PLC 的 CPU 所在方框的背景色呈现实心橙色，表明 CPU 已进入在线状态，"装载"按钮会被点亮，即有效工作状态，如图 3-20(b)所示。

继续选中列表中的 S7-1200 PLC，单击"扩展下载到设备"对话框右下角的"下载"按钮，博途软件会首先对项目程序进行编译和装载前检查，假如检查有问题，可单击"无动作"选项框后的下拉菜单，选择"全部停止"，此时"装载"按钮会再次点亮，用户可单击"装载"按钮，博途软件便开始装载组态，组态装载完成后，单击"完成"按钮，便完成了项目程序的下载，如图 3-20(c)所示。

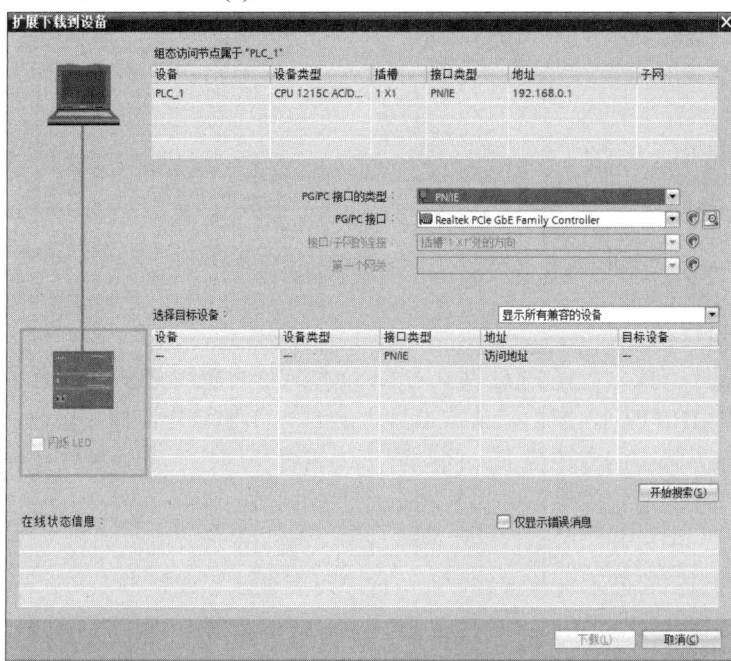

(a)

(b)

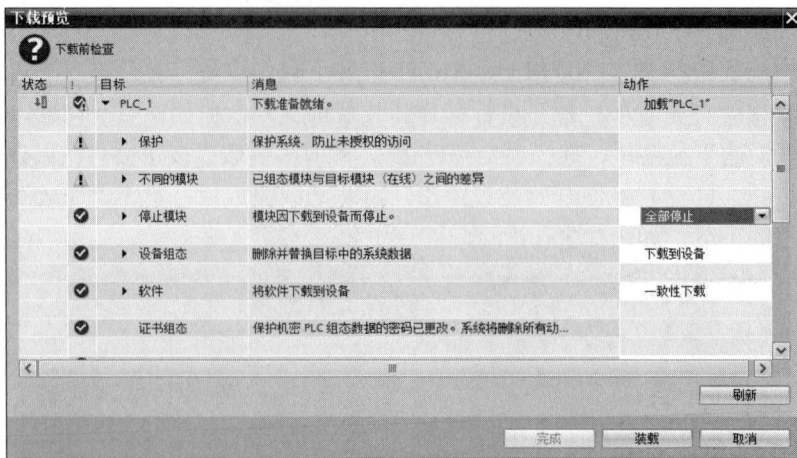

(c)

图 3-20　下载项目程序

5. 调试运行程序

完成项目程序下载后，将 PLC 设置为 RUN 模式，可发现 PLC 运行指示灯变为绿色。此时，打开"MAIN[OB1]"窗口，单击工具栏上的"启用/禁止监控"按钮，博途软件即进入对项目程序运行状态的监控界面，同时程序编辑器标题栏会变为橙红色，用户可在监控界面观察项目程序的运行效果，并对程序运行进行调试。

实际调试过程中，若梯形图程序中显示绿色实线，表示有能流通过；若显示蓝色虚线，表示没有能流通过；若显示灰色实线，表示程序没有被执行或状态未知；若显示黑色实线，表示程序没有连接。启动程序运行状态监控之前，梯形图中所有元件和连线全部呈现黑色，启动程序状态监控之后，梯形图左侧的连线和能流线则会变为绿色实线。当程序中的常开触点闭合或常闭触点断开时，能流能够顺利流过，蓝色虚线会变为绿色实线。

本项目的程序状态监控界面如图 3-21 所示。在图 3-21(a)中，喷淋启动开关 SB 没有闭合，I0.0 常开触点断开，程序中没有能流通过，因此 I0.0 常开触点后面是蓝色虚线。在图 3-21(b)中，喷淋启动开关 SB 被按下，I0.0 常开触点闭合，程序中有能流通过，因此 I0.0 常开触点后面变成绿色实线。

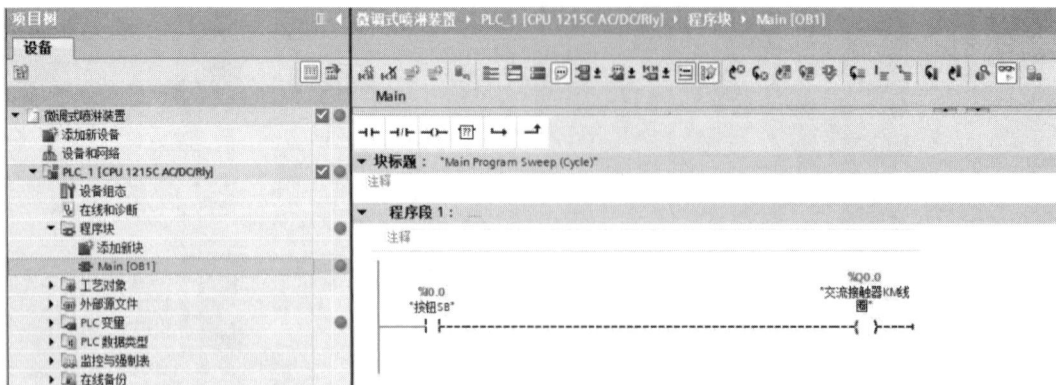

(a)

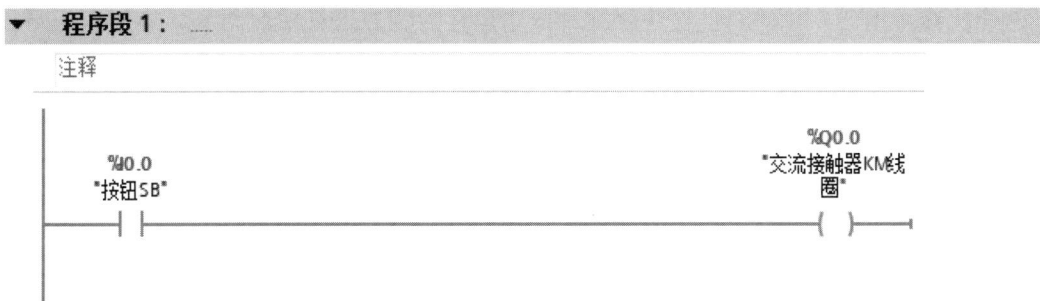

(b)

图 3-21 调试运行程序

在项目程序状态监控界面中还能修改变量的数值。例如：用鼠标右键单击程序中的某个变量，在弹出的快捷菜单中进行对应修改。如果选择的变量是位变量，则能够通过"修改"选项中的"修改为 1"或"修改为 0"子选项，将该位变量置 1 或清 0；如果选择的是其他数据类型的变量，则能够通过"修改"选项中的"修改操作数"子选项，对数据变量进行相应修改，如图 3-22 所示。

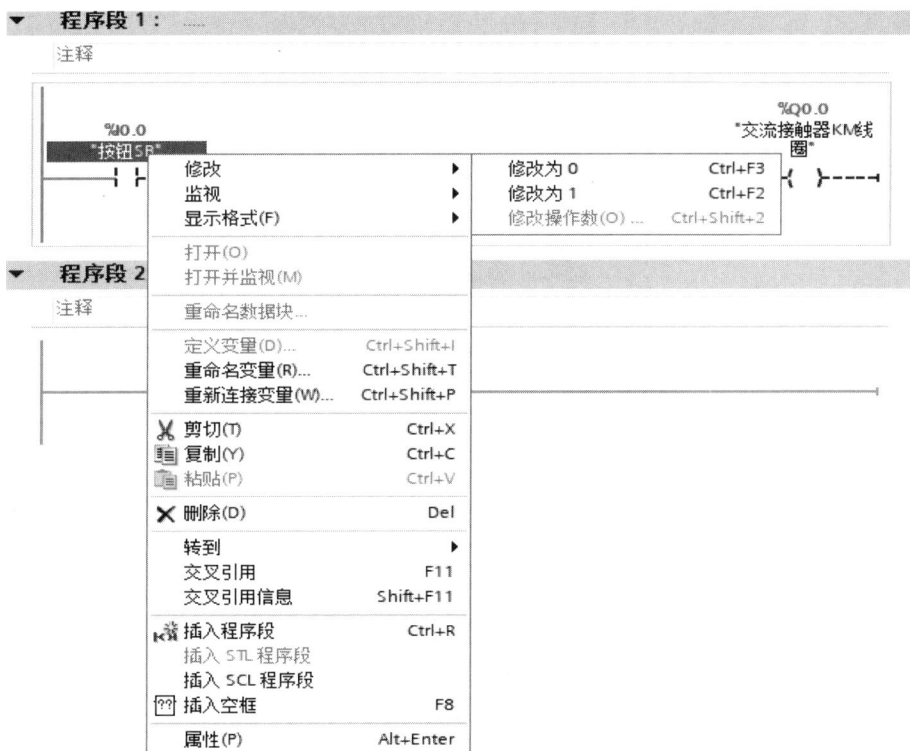

图 3-22 修改变量的数值

3.4.4 仿真实现

博途 S7-PLCSIM 软件 V13SP1 以上版本具有仿真功能，且 PLC 的固件版本为 V4.0 及以上，能够运用 S7-PLCSIM 软件对项目程序运行的状态进行实时仿真。本书采用博途 S7-PLCSIM 的 V17SP1 版本作为仿真软件，对项目程序运行情况进行模拟仿真。具体的仿真实现步骤如下。

1. 启动仿真

单击工具栏上的"启动仿真"按钮 █，启动项目程序仿真。此时会弹出"与设备建立连接"对话框，提示""PLC_1"可能不是一个可信任的设备"，如图 3-23(a)所示，点击该对话框中的"认为可信并建立连接"按钮，便会出现 S7-PLCSIM 的精简视图及"下载预览"对话框，如图 3-23(b)所示，单击"装载"按钮，弹出"下载结果"对话框，在启动模块的"动作"栏中选择"启动模块"，便可完成项目程序仿真下载，最后单击"完成"按钮，启动项目程序仿真。

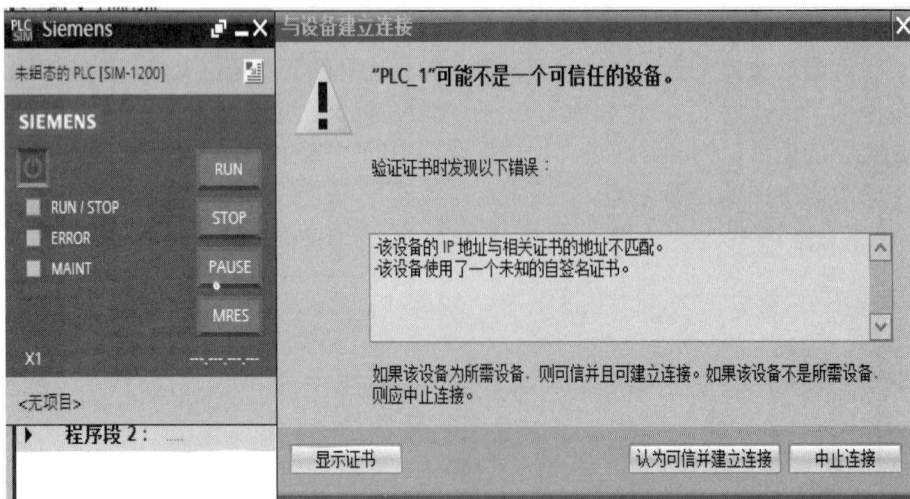

(a)

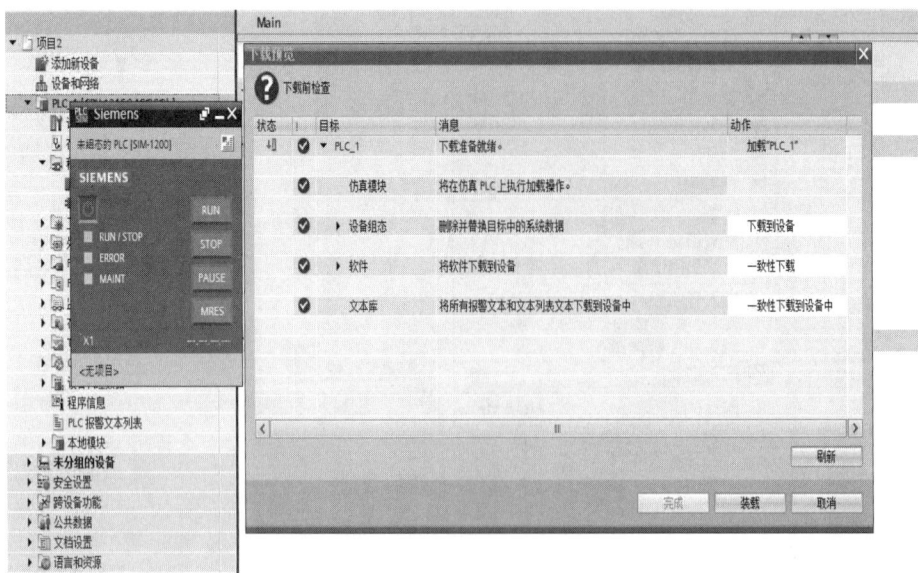

(b)

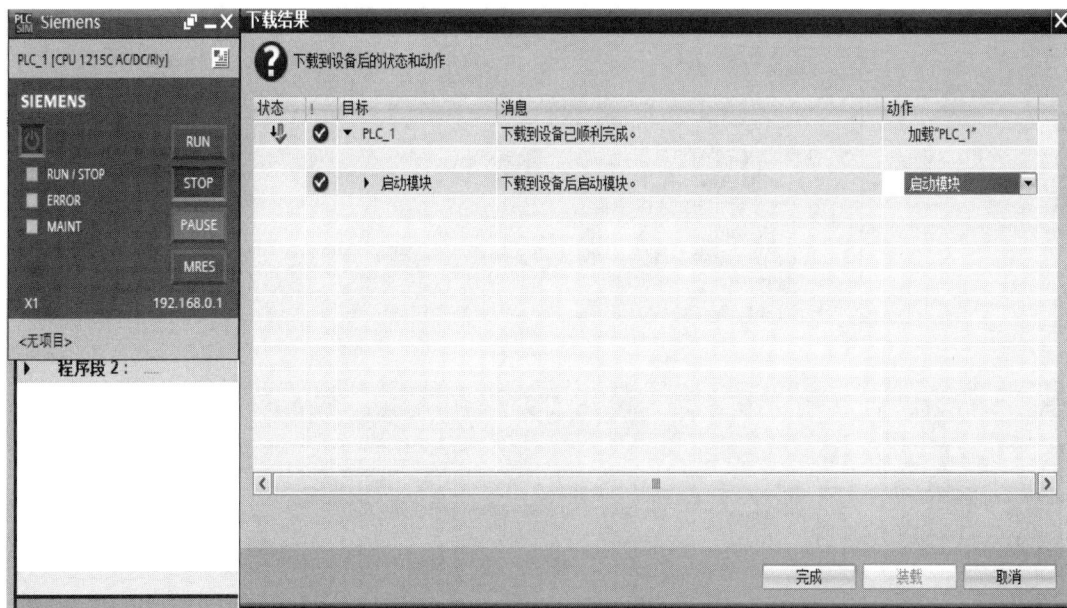

(c)

图 3-23 启动仿真

2. 创建仿真项目

单击 S7-PLCSIM 精简视图右上角的"切换到项目视图"按钮 ，切换至项目视图，继续单击项目视图工具栏左上角的"新项目"按钮 ，即可创建一个新的仿真项目，在弹出的"创建新项目"对话框中设置项目名称为"微调式农药喷淋装置"，单击"创建"按钮，完成仿真项目的创建，如图 3-24 所示。

图 3-24 设置仿真项目名称

3. 仿真调试与效果呈现

完成仿真项目创建后，可对项目进行仿真调试，呈现仿真效果。双击仿真项目视图中的"SIM 表格_1"，如图 3-25(a)所示，打开仿真表。在仿真表的"地址"栏中输入项目使用到的 PLC 绝对地址，其对应的变量名称便会自动添加至仿真表中，如图 3-25(b)所示。

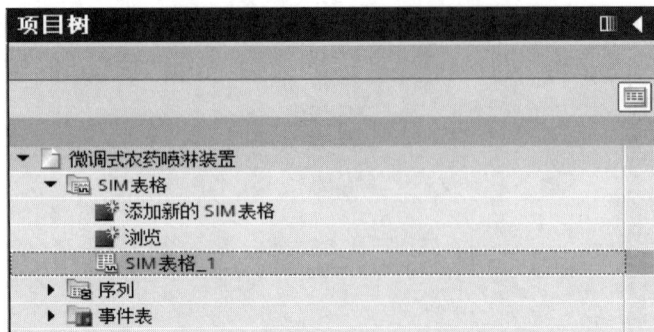

(a)

(b)

图 3-25　项目仿真调试

　　若本项目没有进行仿真运行，则仿真表中 I0.0 和 Q0.0 对应的"监视/修改值"均为"FALSE"，即低电位 0。单击仿真表中 I0.0 对应的位栏小方框，小方框中出现"√"，仿真表中 I0.0 的"监视/修改值"变为"TRUE"，即高电位 1，表明 I0.0 上有能流通过。此时可发现，仿真表中 Q0.0 的"监视/修改值"也变为"TRUE"，同时，Q0.0 对应的位栏小方框也出现"√"，表明 Q0.0 线圈得电。再次单击 I0.0 对应的位栏小方框，小方框中的"√"消失，仿真表中 I0.0 和 Q0.0 的"监视/修改值"同步变为"FALSE"，上述仿真效果呈现过程符合微调式农药喷淋装置设计的逻辑规律，说明本项目程序的仿真达到了预期设计要求。项目仿真效果呈现如图 3-26 所示。

图 3-26　项目仿真效果

3.4.5　模拟实操

　　本书基于天煌教仪的 QSPLC-SM1 实训设备进行项目模拟实操演示(也可结合实际情况选择其他通用型的 PLC 实训设备进行模拟实操，只要达到实操效果即可)。模拟实操步骤如下。

1. 连接各模块间导线

　　(1) PLC 模块接线。将实训设备上 S7-1200 PLC 模块数字量输入端的 1M 与电源输出模块的 DC +24 V 相连，再将数字量输出端的 1L 与电源输出模块的 0 V 相连。

　　(2) 指示模块接线。将逻辑电平指示模块的"24 V"端子与电源输出模块的 DC +24 V

相连，再将指示灯 L0 端子与 S7-1200 PLC 模块数字量输出端的 Q0.0 端子相连。

(3) 控制模块接线。将逻辑电平输出控制模块的"COM"端子与电源输出模块的 0 V 相连，再将控制开关 SA0 端子与 S7-1200 PLC 模块数字量输入端的 I0.0 端子相连。项目导线连接示意图如图 3-27 所示。

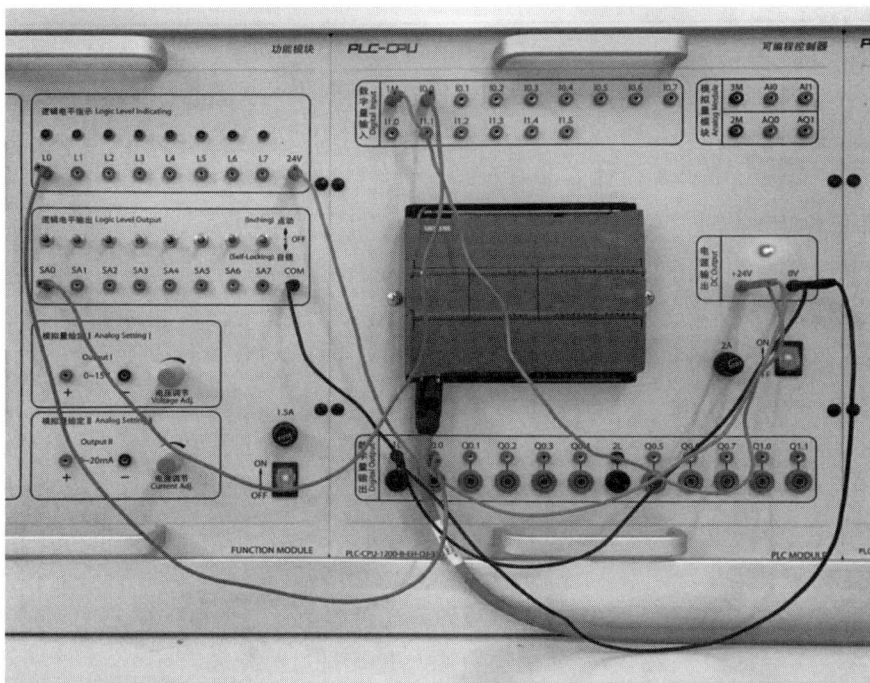

图 3-27　项目导线连接示意图

2. 开启电源进行实操

完成各模块间导线连接并检查无误后，点击博途软件工具栏上的"下载到设备"按钮![icon]，将编译好的程序下载到 PLC 中，之后开启电源开关进行实操。

保持控制开关 SA0 处于闭合状态，指示灯 L0 点亮，模拟微调喷淋开关 SB 按下，喷淋驱动电机 KM 线圈接通，装置进行农药微调喷淋作业；松开控制开关 SA0，指示灯 L0 熄灭，模拟微调喷淋开关 SB 断开，喷淋驱动电机 KM 线圈断电，停止农药微调喷淋作业。整个模拟实操过程操作比较简单，适合初学 S7-1200 PLC 技术应用的高职生进行编程和实操。

3. 观察现象并记录实操数据

在遵守实训操作安全的基础上，严格按照实训操作规范完成本项目模拟实操，细心观察实操现象，记录相关数据，并将实操结果填到表 3-6 中。

表 3-6　实操数据记录表

状　态	现象(亮或灭)	电压值/V	电流值/A
喷淋开关 SA0 断开	喷淋指示灯 L0:	$U_{I0.0} = \quad, U_{Q0.0} =$	$I_{I0.0} = \quad, I_{Q0.0} =$
喷淋开关 SA0 闭合	喷淋指示灯 L0:		

3.5 项 目 拓 展

3.5.1 任务拓展

现代农业种植的规模越来越大，运用微调式农药喷淋装置进行作业时，可能会涉及多块农田农药喷淋的多元化作业需求。现假设有 2 块农田(用 1 号农田和 2 号农田标识)需要进行农药喷淋作业，具体的设计需求如下。

1. 多样化喷淋作业功能

喷淋装置应有 SB1、SB2 和 SB3 三个喷淋作业模式控制开关。按下 SB1 开关，装置能够同时对 2 块农田进行农药喷淋作业；单独按下 SB2 开关，装置仅能对 1 号农田进行农药喷淋作业；单独按下 SB3 开关，装置仅能对 2 号农田进行农药喷淋作业。

2. 喷淋作业指示功能

装置应具有精准的喷淋作业指示功能。按下 SB1 开关，对 2 块农田同时进行农药喷淋作业时，绿色指示灯 HL1 点亮；单独按下 SB2 开关，对 1 号农田进行喷淋作业时，蓝色指示灯 HL2 点亮；单独按下 SB3 开关，对 2 号农田进行喷淋作业时，黄色指示灯 HL3 点亮。

根据上述设计需求分配输入/输出地址，如表 3-7 所示。拓展项目增加了 2 个控制开关，3 个工作指示灯，其内在编程逻辑并无本质差异，程序由学习者自行思考。

表 3-7 拓展项目输入/输出地址分配表

输　入		输　出	
输入地址	元器件标号及功能	输出地址	元器件标号及功能
I0.0	2 块农田同时喷淋启动按钮 SB1	Q0.0	2 块农田同时喷淋作业驱动电机交流接触器线圈 KM1
I0.1	1 号农田单独喷淋启动按钮 SB2	Q0.1	1 号农田喷淋作业驱动电机交流接触器线圈 KM2
I0.2	2 号农田单独喷淋启动按钮 SB3	Q0.2	2 号农田喷淋作业驱动电机交流接触器线圈 KM3
		Q0.3	2 块农田同时喷淋作业指示灯 HL1
		Q0.4	1 号农田单独喷淋作业指示灯 HL2
		Q0.5	2 号农田单独喷淋作业指示灯 HL3

3.5.2 思政拓展

习近平的小康故事 | "中国人的饭碗任何时候都要牢牢端在自己手上"

2020 年 7 月 22 日下午，习近平总书记来到吉林省四平市梨树县国家百万亩绿色食品原料(玉米)标准化生产基地核心示范区(如图 3-28 所示)进行视察。他凭栏远眺，玉米地一望无边、绿浪滚滚，看着眼前的玉米长势，听了情况汇报，习近平强调："粮食是基础啊！要加强病虫害防治，争取秋粮有好收成，为全年粮食丰收和经济社会发展奠定基础。"

坚持以我为主、立足国内、确保产能、适度进口、科技支撑，各地深入贯彻落实习近平总书记关于粮食生产的重要指示，抓早抓实各项举措，大国粮仓迎来了历史性的"十七连丰"。粮食问题是不是可以无忧了？"总体看，我国粮食安全基础仍不稳固，粮食安全形势依然严峻，什么时候都不能轻言粮食过关了。"习近平总书记指出，保障粮食安全，关键是要保粮食生产能力，确保需要时能产得出、供得上。他进一步指出，"现在讲粮食安全，实际上是食物安全。"

图 3-28　吉林省梨树县国家百万亩绿色食品原料(玉米)标准化生产基地核心示范区

一滴水里能映出太阳的光芒，一碗饭中也能品出丰富的味道。

因为扛过锄头挥汗如雨，所以知道粒粒辛苦；

因为饿过肚子，所以立志让大家过好日子。

中国粮食、中国饭碗在习近平总书记心里有着特殊的分量。

人们看到，一幅幅农业丰收、农民增收图景，折射出农业高质量发展带来的新气象，用中国工控技术赋农，用中国科学技术助农，通过中国本土的自动化控制技术助推农业种植生产，也必将会让粮食安全根基越筑越牢！

【思政拓展小任务】

同学们，在认真研读完思政拓展文章后，你对中国自动化技术助力农业种植生产有了新的认知和理解吗？请结合这篇文章，以及本项目的理论和技能学习内容，完成以下思政拓展任务：

(1) 以校内图书馆、网络资源库等作为载体，自主查询有关自动化技术在农药喷淋中的应用案例，汇总整理成图片、文字、视频素材库，在班上分组进行汇报。

(2) 班上同学自主组合成若干小组，走访校园周边的村镇及农业企业，了解中国自动化技术赋能农药喷淋的实际应用，或相关的技术产品，与农民或农企技术人员进行访谈交流，深入调研中国工控技术在农药喷淋灌溉领域应用所取得的经济效益、社会效益、技术效益，撰写一篇不少于 1500 字的调研报告。

(3) 结合本项目的学习，谈一谈你对中国自动化技术赋能农业种植的理解。

思考与练习

1. 触点指令包含哪几类？它们之间的功能区别是什么？

2. S7-1200 PLC 编程语言有哪几种？哪种编程语言最常用？

3. S7-1200 PLC 系统存储器有哪几种？随机存储器和只读存储器的区别是什么？

4. 边沿检测触点指令包含哪几类？它们之间的功能区别是什么？

5. 用 S7-1200 PLC 设计一个用两个按钮分别实现两台电动机点动运行的控制系统，请写出梯形图程序、输入/输出地址分配表，并画出电气原理图。

6. 用 S7-1200 PLC 设计一个电动机点动和连续运行的控制系统，要求用一个转换开关、一个启动按钮和一个停止按钮实现控制功能，请写出梯形图程序、输入/输出地址分配表，并画出电气原理图。

项目 4　果蔬自动采摘装置设计与实现

理论知识目标

1. 掌握顺序控制程序的基本概念和设计方法。
2. 理解顺序控制程序的梯形图程序设计。

实操技能目标

1. 掌握本项目果蔬采摘的硬件组态与接线方式。
2. 掌握本项目中顺序控制的设计过程和方法。

思政素养目标

1. 认识自动化技术在农业生产中的作用。
2. 认识 PLC 技术助力乡村振兴的价值。

4.1　项目导入

随着现代农业技术的不断发展，果蔬采摘作业对自动化、智能化的需求日益迫切。PLC
作为一种高效、可靠的工业自动化控制装置，在果蔬采摘领域的应用具有显著优势。本任
务旨在设计并实现基于 PLC 的果蔬采摘装置，实现果蔬采摘的自动化和智能化，提高采摘
效率；降低果蔬在采摘过程中的破损率，保证果蔬品质；适应不同种类和大小的果蔬采摘
需求，具有良好的通用性和可扩展性；设计合理的控制策略，确保采摘装置的稳定运行和
安全性。

本项目具体设计要求如下：设计一个机械手自动采摘果蔬装置，机械手运行状态为，
系统供电后，按下启动按钮 SB2，机械手装置启动；再按下机械手上行按钮 SB3，机械手
向上运动，当机械手到达上限位点 SQ2 后，机械手开始采摘果蔬，视觉传感器 SQ3 检测机
械手是否采摘成功，采摘成功后机械手向下运行，达到下限位点 SQ1 后(果蔬存放点)机械
手松开放下果蔬；无论何时按下停止按钮 SB1，机械手停止工作。

4.2　项目分析

本项目果蔬采摘 PLC 装置设计采用的是顺序控制设计方法,从运行、采摘、运输、存放四个步骤对整个果蔬采摘过程进行拆分,通过编写特定的控制程序,实现对采摘机械手的精确控制,包括抓取、移动、放置等动作,从而实现自动化的采摘过程,这种精确控制可以大大提高采摘的效率和质量。同时 PLC 可以与各种传感器进行集成,如位置传感器用于确定机械手的位置,光电传感器用于检测机械手是否抓取到果蔬等。这些传感器可以实时感知果蔬的状态和位置信息,为 PLC 提供决策依据,实现精准采摘。通过合理设计能源管理系统,如节能算法、休眠模式等,降低能源消耗,提高能源利用效率。还可以对采摘机械手进行安全保护设计,如设置急停开关、安全阀等安全设施,以确保在发生异常情况时能够迅速停机,保护操作人员和机械设备的安全。采用 PLC 进行果蔬采摘是一种结合了现代工业自动化技术的农业应用,不仅可以提高采摘的效率和质量,降低人工成本,还可以实现智能化的采摘操作。随着技术的不断发展和进步,PLC 在果蔬采摘领域的应用将会越来越广泛。机械手采摘果蔬示意图如图 4-1 所示。

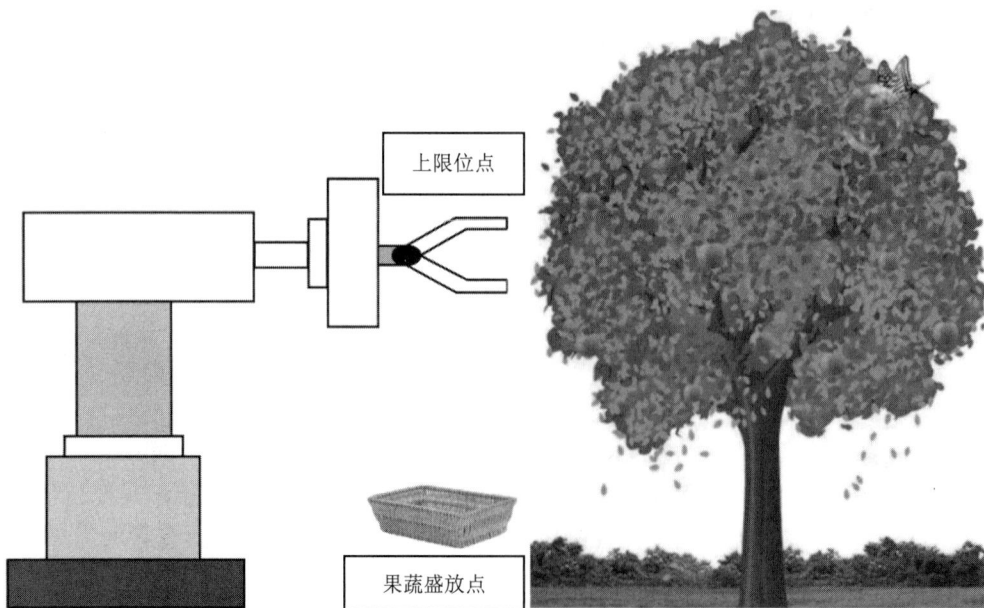

图 4-1　机械手采摘果蔬示意图

4.3　配套知识点

4.3.1　顺序控制系统

在生产实践中经常可见顺序控制的运动规律,如搬运机械手的运动控制、包装生产线的控制、交通信号灯的控制等。顺序控制设计法是指按照生产工艺预先规定的顺序，在各个输入信号的作用下，根据内部状态和时间的顺序，在生产过程中各个执行机构自动、有序地进行操作的设计方法。采用顺序控制设计法，首先要根据系统工艺过程和运动规律画出顺序功能图，再根据顺序功能图编写程序。顺序控制方法能够保障各个步骤或阶段能够按照预定的顺序进行，从而保证生产过程的稳定性和效率。

4.3.2　顺序控制系统的结构

一个完整的顺序控制系统由 4 个部分组成：方式选择、顺控器、命令输出、故障及运行信号，如图 4-2 所示。

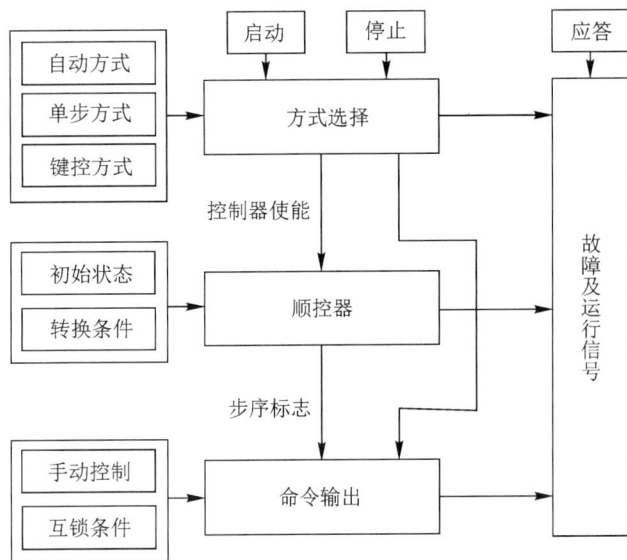

图 4-2　顺序控制系统结构图

1. 方式选择

方式选择部分主要用于处理各种运行方式的条件和封锁信号。运行方式在操作台上通过选择开关或按钮进行设置和显示。设置结果会形成使能信号或封锁信号并影响"顺控器"和"命令输出"部分的工作。主要的运行方式有以下几种：

(1) 自动方式：系统将按照顺控器中确定的控制顺序，自动执行各控制环节的功能，系统一旦启动后就不再需要操作人员干预，但可以响应停止和应急操作。

(2) 单步方式：系统在操作人员的控制下，依据控制按钮按顺序地完成整个系统的功能，但并不是每一步都需要操作人员确认。

(3) 键控方式：各个执行机构动作需要手动控制实现，不需要 PLC 控制程序。

2. 顺控器

顺控器是顺序控制系统的核心，是实现按时间顺序控制工业生产过程的一个控制装置。这里所讲的顺控器专指用 LAD 语言编写的一段 PLC 控制程序，使用顺序功能图描述控制系统的控制过程、功能和特性。

3. 命令输出

命令输出部分主要实现控制系统各控制步的具体功能，如驱动执行机构。

4. 故障及运行信号

故障及运行信号部分主要处理控制系统运行过程中的故障及运行状态，如当前系统工作于哪种方式、已经执行到哪一步、工作是否正常等。

4.3.3 顺序功能图

1. 顺序控制设计法的基本思想

顺序控制设计法的基本思想是将控制系统的一个工作周期划分为若干个顺序相连而又相互独立的阶段，这些阶段称为步(STEP)，并用软元件(如辅助继电器 M 或状态继电器 S)来代表各个步。在任何一步之内，输出量的状态保持不变，这样使步与输出量的逻辑关系变得十分简单。

使用顺序控制设计法的关键有三点：一是理顺动作顺序，明确各步的转换条件；二是准确地画出功能图；三是根据功能图正确地编写相应的梯形图程序，最后根据某些特殊功能要求，添加部分控制程序。

2. 顺序功能图的基本组成

顺序功能图是一种用于描述控制系统的控制过程、功能和特性的图形表示方法，也是设计 PLC 的顺序控制程序的有力工具，在 IEC 61131-3 标准中，顺序功能图被定义为位居首位的 PLC 编程语言。顺序功能图示意图如图 4-3 所示。

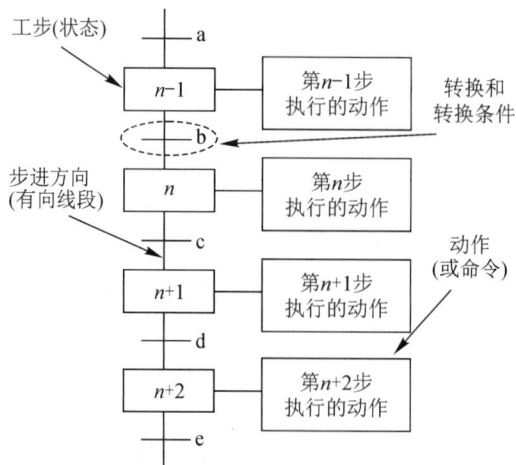

图 4-3　顺序功能图示意图

顺序功能图主要结构由步、初始步、有向连线、转换、转换条件和与步相关的动作(或命令)组成。

1) 步

步是顺序控制中的一个工作阶段，根据输出量的状态来划分步，只要输出量的状态发生变化就在该处划分一步。在控制过程中的某给定时刻，步可以是活动的也可以是非活动的。当步处于活动状态时，相应的动作被执行，称为活步；反之，当步处于静止状态时，相应的非存储型动作被停止执行，称为非活动步。步用方框表示，框内的数字表示步的编号。

2) 初始步

控制过程开始阶段的活动步与初始状态对应，称为初始步，用双线矩形框表示，初始状态一般是系统等待启动命令的相对静止的状态，每个顺序功能图中至少应有一个起始步。

3) 有向连线

在顺序功能图中，会发生步活动状态的变化，有向连线把每一步按照它们称为活动步的先后顺序用直线连接起来，将步连接到转换并将转换连接到步。步的活动状态会按有向连线规定的线路推进，顺序控制中按规律进展的方向总是从上到下或从左到右，若不遵守上述规律就必须添加箭头，箭头也可以表示步的活动状态进展的方向。

4) 转换

转换表示从一个状态到另一个状态的变化，即从当前步到另一步的转移，用有向连线表示转移的方向，转换则用一根与有向连线垂直的短线表示，它可以将相邻两步分隔开。步的活动状态的进展是由转换来完成的，并与顺序控制过程的发展相对应。转换实现的条件是转换的前级步都是活动步，且相应的转换条件得到满足。转换实现后的结果是转换的后续步变为活动步，前级步变为活动步。

5) 转换条件

转换是从一个步过渡到另一个步的过程，而转换条件是触发转换发生的必要条件。转换条件是系统由当前步进入到下一步的信号，可以是外部输入信号，也可以是 PLC 内部信号或若干个信号的逻辑组合。顺序控制设计就是用转换条件去控制代表各步的编程软元件，让它们按一定的顺序变化，然后用代表各步的软元件去控制 PLC 的各输出位。

6) 与步相关的动作(或命令)

控制系统可以划分为被控系统和施控系统，对于被控系统，在某一步中要完成某些"动作"；对于施控系统，在某一步中则要向被控系统发出某些"命令"，动作和命令简称为动作。当控制系统中某步处于活动状态时，与该步相关的动作被执行，该步称为"活动步"。与该步相关的动作用矩形框表示，框内的文字或符号表示动作的内容，该矩形框应与相应步的矩形框相连，并放置在步序框的右边。在顺序功能图中，动作可分为非存储型和存储型两类。当相应步活动时，动作被执行，当相应步不活动时，动作如果返回到该步活动前的状态，则该动作是非存储型的，如脉冲(P)、时间限制(L)等；如果继续保存它的状态，则该动作是存储型的，如置位(S)、复位(R)等。若某一步有多个动作，则可以用图 4-4 的两种画法来表示，但要注意动作之间不存在任何顺序。

图 4-4 顺序控制动作图

3. 顺序功能图的类型

依据步的活动状态的进展形式，顺序功能图主要有单序列、选择序列、并行序列 3 种类型。

1）单序列

单序列由一系列相继激活的步组成，每个步的后面仅有一个转换，每个转换后面仅有一个步，如图 4-5 所示。

2）选择序列

选择序列的开始称为分支，转换符只能标在水平连线之下，当满足不同的转换条件时，转向不同的步，如图 4-6 所示。步 5 后有三个转换 h、i、j 所引导的三个选择序列，若步 5 为活动步且转换 h 使能，则步 6 被触发，一般只允许选择一个序列。

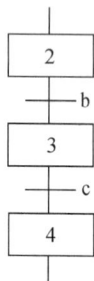

图 4-5　单序列图

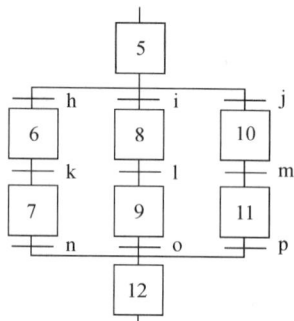

图 4-6　选择序列图

选择序列的结束称为合并，指几个选择序列合并到同一个公共序列上，各个序列上的步在各自转换条件满足时转换到同一步，若步 9 为活动步且转换 o 使能，则步 12 触发；同理，若步 11 为活动步且转换 p 使能，则步 12 也会触发。

3）并行序列

当转换条件达成导致几个序列同时激活时，这些序列被称为并行序列。并行序列用来表示系统中几个序列步的活动状态的进展将是独立的。并行序列的开始称为分支，如图 4-7(a)所示，当步 12 是活动步并且转换条件达成，步 13、15、17 这三步同时变为活动步，而步 12 变为不活动步。为了强调转换的实现，采用双水平线来表示，只允许有一个转换符号。步 13、15、17 激活后，每个序列中活动步的进展是独立的。

并行序列的结束称为合并，如图 4-7(b)所示。在并行序列中，处于水平双线以上的各步都为活动步(步 14、步 16、步 18)，当转换条件 d 满足时，步 14、步 16 和步 18 同时转换到步 19，并且步 14、步 16 和步 18 变为不活动步。

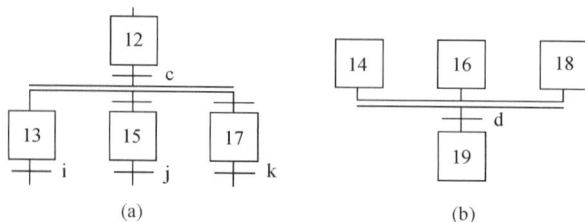

(a)

(b)

图 4-7　并行序列图

4. 绘制顺序功能图的注意事项

顺序功能图不涉及所描述控制功能的具体技术，是一种通用的技术语言。绘制顺序功能图是顺序控制设计法中最为关键的一步，绘制时应注意以下几点：

(1) 顺序功能图中步与步绝对不能直接相连，必须要用转换将它们隔开。同理，转换也不能直接相连，要用步隔开。

(2) 功能图中的初始步一般对应于系统等待启动的初始状态，通常在这一步里没有任何动作。但是初始步是不可缺少的，若没有初始步，则无法表示系统的初始状态，系统也无法返回停止状态。

(3) 实际控制系统应能多次重复完成同一工艺控制过程，因此在顺序功能图中一般应有由步和有向连线组成的闭环回路，即在完成一次工艺过程的全部操作后，应根据工艺要求从最后一步返回到初始步或下一周期开始运行的第一步。

(4) 在顺序功能图中，只有当某一步的前级步是活动步，该步才有可能变成活动步。

4.3.4　顺序功能图的编程方法

根据控制系统的工艺要求画出系统的顺序功能图后，若 PLC 没有配备顺序功能图语言，则必须将顺序功能图转换成梯形图程序。将顺序功能图转换成梯形图的方法主要有两种，分别是启保停电路的设计方法和置位与复位指令的设计方法。用顺序控制设计法编程的基本步骤如下：

(1) 分析控制要求，将控制过程分成若干个工作步，明确每个工作步的功能，弄清步的转换是单向还是多向进行，确定步的转换条件(可能是多个信号的"与""或"等逻辑组合)。必要时可画一个工作流程图，理顺整个控制过程。

(2) 为每个步设定控制位。控制位一般使用位存储器 M 的若干连续位。若用定时器/计数器的输出作为转换条件，则应为其指定输出位。

(3) 确定所需输入和输出点的个数，选择 PLC 机型，作出 I/O 分配。

(4) 在前两步的基础上，画出功能图。

(5) 根据功能图画梯形图。

(6) 添加某些特殊要求的程序。

1. 启保停设计法

启保停电路原理主要涉及启动、保持、停止三个控制功能，是在梯形图程序设计中应用比较普遍的一种电路。

启保停电路仅适用于触点和线圈指令，当输入信号的常开触点接通时，输出信号的线圈得电，同时使输入信号进行"自锁"或"自维持"。

采用启保停设计法编辑梯形图程序必须准确找出每一步的启动条件、停止条件和执行动作。根据转换实现的基本规则，转换实现的条件是它的前级步为活动步，并满足相应的转换条件。在启保停电路中，则应将代表前级步的存储器位 Mx.x 的敞开触点和代表转换条件的常开触点(如 Ix.x)串联，作为控制下一位的启动电路。

图 4-8 为小车往返运动的过程：按下启动按钮 I0.0 时，小车由原点 SQ0 处匀速前进(Q0.0 动作)，当小车到达 SQ1 处时，小车开始加速前进(Q0.0 和 Q0.1 动作)，前进至 SQ2 处小车

返回原点(Q0.2 动作)，到达原点后小车停止运动。当再次按下启动按钮时，重复上述动作。

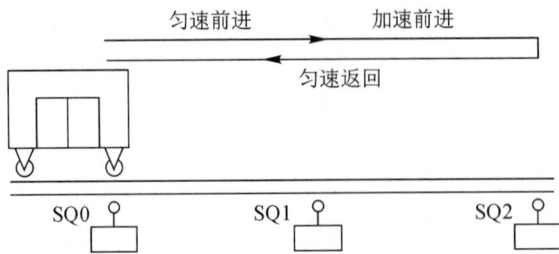

图 4-8　小车往返运动示意图

图 4-9 为自动小车往返运动顺序功能图，从顺序功能图中可以看出，当 M0.2 和 SQ1 的常开触点均闭合时，步 M0.3 变为活动步，这时步 M0.2 应为不活动步，因此可以将 M0.3 为 ON 状态作为使存储器位 M0.2 变为 OFF 的条件，即将 M0.3 的常闭触点与 M0.2 的线圈串联。

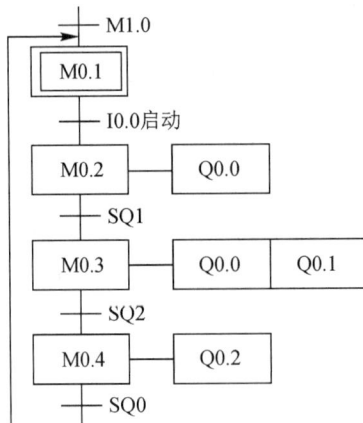

图 4-9　小车往返运动顺序功能图

本案例的梯形图采用了系统存储器字节中的首次循环 M1.0 字节，在此介绍系统存储器字节和时钟存储器字节的设置，设置完成后，单击窗口中的"保存窗口设置"按钮进行设置保存。

1) 系统存储器字节的设置

用鼠标双击项目树 PLC 文件夹中的"设备组态"，打开该 PLC 文件的设备视图。选中 CPU 后，选中巡视窗口中"属性"下的"常规"选项，找到"脉冲发生器"文件夹，打开"系统和时钟存储器"选项，便可进行设置。单击右边窗口的复选框"启用系统存储器字节"，采用默认的 MB1 作为系统存储器字节，如图 4-10 所示。

将 MB1 设置为系统存储器字节后，该字节的 M1.0～M1.3 的意义如下：

① M1.0(首次循环)：仅在进入 RUN 模式的首次扫描时为"1"状态，以后为"0"状态。

② M1.1(诊断状态已更改)：CPU 登录了诊断事件时，在一个扫描周期内为"1"状态。

③ M1.2(始终为 1)：总是为"1"状态，其常开触点总是闭合的。

④ M1.3(始终为 0)：总是为"0"状态，其常开触点总是断开的。

2) 时钟存储器字节的设置

单击窗口复选框中的"启用时钟存储器字节",采用默认的 MB0 作为时钟存储器字节,如图 4-10 所示。时钟脉冲是指一个周期内"0"状态和"1"状态所占的时间各为 50%的方波信号,时钟存储器字节各位对应的时钟脉冲的周期和频率如表 4-1 所示,CPU 在扫描循环开始时初始化这些位。

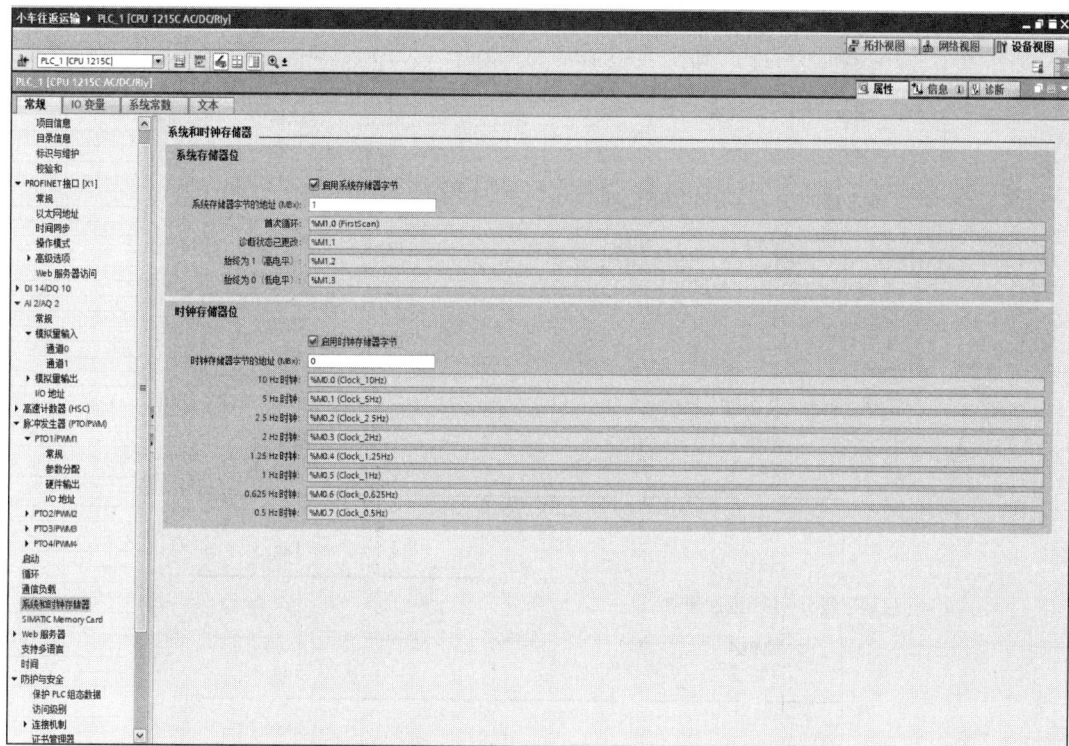

图 4-10　系统存储器字节和时钟存储器字节

表 4-1　时钟存储器字节对应的时钟脉冲周期和频率

性能指标	位							
	7	6	5	4	3	2	1	0
周期/s	2	1.6	1	0.8	0.5	0.4	0.2	0.1
频率/Hz	0.5	0.625	1	1.25	2	2.5	5	10

指定了时钟存储器字节后,这个字节就不能再用于其他方面,并且这个字节的 8 位只能使用触点,不能使用线圈,否则将会使用户程序运行出错,甚至造成设备损坏或人身伤害。

根据上述的启保停设计方法和顺序功能图,编写出小车往返运输梯形图,如图 4-11 所示。在顺序控制梯形图中,步是根据输出变量的状态变化来划分的,可以分为两种情况来处理。第一种是输出量仅在某一步为 ON,则可以将原线圈与对应的存储器 M 的线圈相并联,如图 4-11 中的程序段 4 和程序段 5 所示;第二种是某输出在几步中都为 ON,应将使用各步的存储器位的常开触点并联后,再驱动其输出线圈,如图 4-11 中的程序段 3 所示。

程序段1：初始化状态

```
    %M1.0                                              %M0.1
  "FirstScan"                                        "Tag_1"
├──────┤ ├──────┤                                     ─(S)──
```

程序段2：小车启动

```
    %M0.1        %I0.0         %I0.1                    %M0.2
   "Tag_1"    "自动按钮SB1"   "原点SQ0"                 "Tag_2"
├───┤ ├────────┤ ├────────────┤ ├──────┬──────────────(S)──
                                       │               %M0.1
                                       │              "Tag_1"
                                       └──────────────(R)──
```

程序段3：小车到达中间限位点

```
    %M0.2        %I0.2                                  %M0.3
   "Tag_2"   "中间限位SQ1"                              "Tag_3"
├───┤ ├────────┤ ├──────────┬──────────────────────────(S)──
                            │                           %M0.2
                            │                          "Tag_2"
                            └──────────────────────────(R)──
```

程序段4：小车到达右限位点

```
    %M0.3        %I0.3                                  %M0.4
   "Tag_3"   "右限位SQ2"                                "Tag_4"
├───┤ ├────────┤ ├──────────┬──────────────────────────(S)──
                            │                           %M0.3
                            │                          "Tag_3"
                            └──────────────────────────(R)──
```

程序段5：小车返回原点

```
    %M0.4        %I0.1                                  %M0.1
   "Tag_4"    "原点SQ0"                                 "Tag_1"
├───┤ ├────────┤ ├──────────┬──────────────────────────(S)──
                            │                           %M0.4
                            │                          "Tag_4"
                            └──────────────────────────(R)──
```

程序段6：小车匀速前进

```
    %M0.2                                              %Q0.0
   "Tag_2"                                            "Tag_5"
├───┤ ├──────────┬───────────────────────────────────( )──
    %M0.3        │
   "Tag_3"       │
├───┤ ├──────────┘
```

程序段7：小车快速前进

```
    %M0.3                                              %Q0.1
   "Tag_3"                                            "Tag_6"
├───┤ ├───────────────────────────────────────────────( )──
```

程序段8：小车匀速返回原点

```
    %M0.4                                              %Q0.2
   "Tag_4"                                            "Tag_7"
├───┤ ├───────────────────────────────────────────────( )──
```

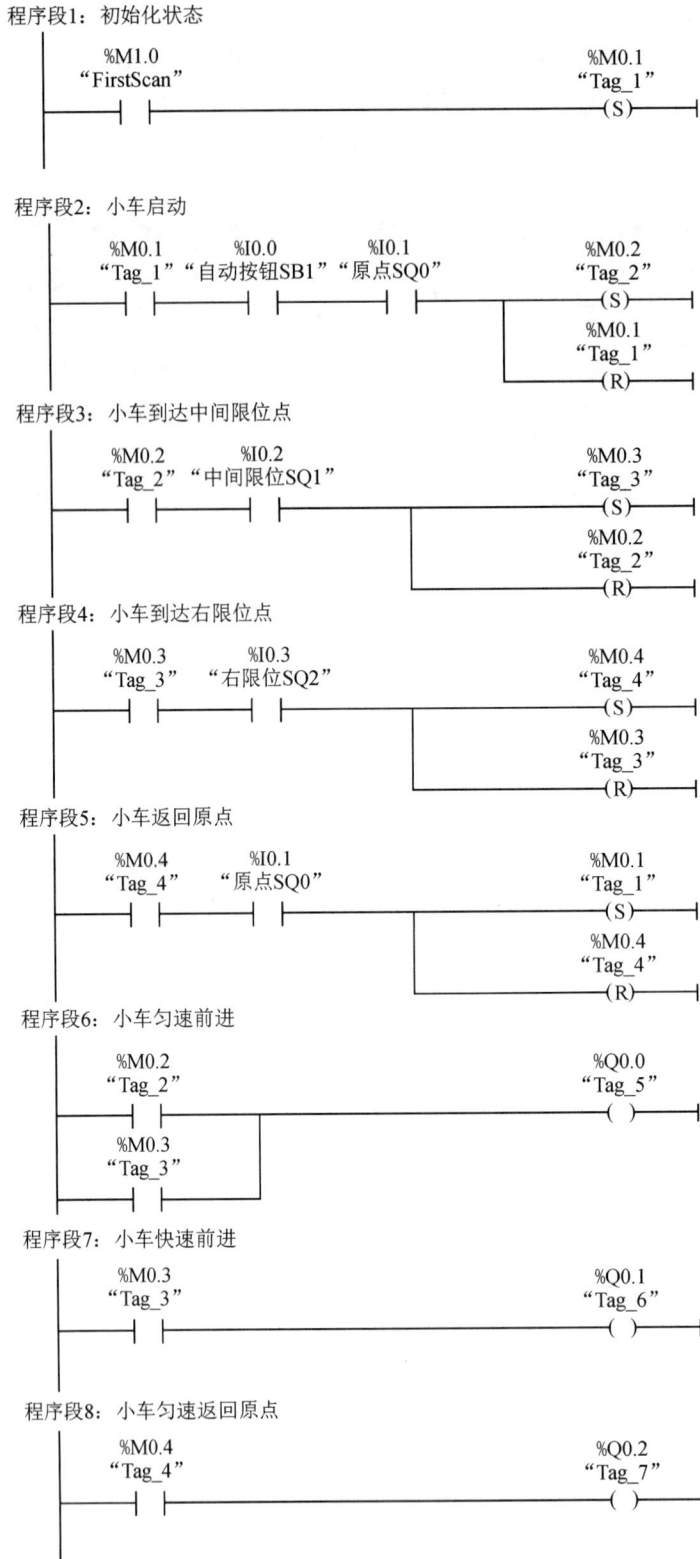

图 4-11　小车往返运输梯形图

2. 置位/复位指令设计法

在使用 S、R 指令设计顺序控制程序时，将各转换的所有前级步对应的常开触点与转换对应的触点或电路串联，该串联电路即为启保停电路中的启动电路，用它作为使所有后续步置位(使用 S 指令)和使所有前级步复位(使用 R 复位)的条件。在任何情况下，各步的控制电路都可以采用这一设计法来设计，每一个转换对应一个这样的控制置位和复位的电路块，有多少个转换就有多少个这样的电路块。这种设计方法有规律可循，梯形图与转换实现的基本规则之间有着严格的对应关系，在设计复杂的顺序功能图的梯形图时，既容易掌握，又不容易出错。

某组合机床的动力头进给运动状态如图 4-12 所示，动力头在初始状态停在限位开关 I0.1 上方，按下启动按钮 I0.0，动力头开始进行快进运动，到达限位开关 I0.2 时，动力头以工进的状态前进，达到右限位开关 I0.3 后，动力头快退至左限位开关 I0.1 处。工作一个循环后，动力头停在初始位置处，动力头的顺序功能图如图 4-13 所示。

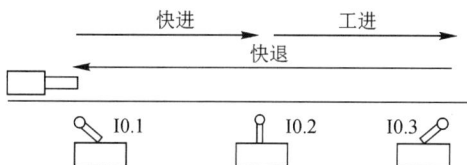

图 4-12　动力头进给运动状态

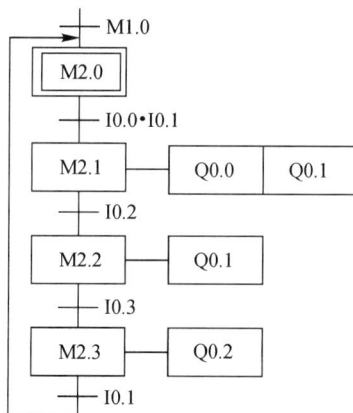

图 4-13　动力头顺序功能图

实现图 4-13 中的 I0.2 对应的转换需要同时满足两个条件，分别是该步(M2.2)的前级是活动步(M2.1 为 ON)和转换条件满足(I0.2 为 ON)。在梯形图中，可以用 M2.1 和 I0.2 的常开触点组成的串联电路来表示上述条件。该电路接通时，这两个条件必须都满足，此时应将该转换的后续步变为活动步，即用置位指令将 M2.2 置位，同时将转换的前级步变为不活动步，即用复位指令将 M2.1 复位。

图 4-14 为动力头运行的梯形图，采用置位/复位指令设计法编写程序时，不能将输出位的线圈与置位/复位指令并联，这是因为控制置位/复位的串联电路接通时间只有一个扫描周期，转换条件满足后前级步会立马复位，该串联电路断开，而输出位的线圈至少应该在某一步对应的全部时间内被接通。所以应根据顺序功能图，用代表步的存储器位的常开触点或它们的并联电路来驱动输出位的线圈。

程序段1：初始化状态

```
      %M1.0                                          %M2.0
   "FirstScan"                                      "Tag_1"
      | |                                            (S)
```

程序段2：机床车头启动

```
    %M2.0        %I0.0        %I0.1                  %M2.1
   "Tag_1"   "启动按钮SB1"  "左限位SQ1"              "Tag_2"
    | |         | |          | |                      (S)
                                                     %M2.0
                                                    "Tag_1"
                                                     (R)
```

程序段3：车头快进至中间限位

```
    %M2.1        %I0.2                               %M2.2
   "Tag_2"   "中间限位SQ2"                           "Tag_3"
    | |         | |                                   (S)
                                                     %M2.1
                                                    "Tag_2"
                                                     (R)
```

程序段4：车头工进至右限位

```
    %M2.2        %I0.3                               %M2.3
   "Tag_3"    "右限位SQ3"                            "Tag_4"
    | |         | |                                   (S)
                                                     %M2.2
                                                    "Tag_3"
                                                     (R)
```

程序段5：车头快退至左限位

```
    %M2.3        %I0.1                               %M2.0
   "Tag_4"    "左限位SQ1"                            "Tag_1"
    | |         | |                                   (S)
                                                     %M2.3
                                                    "Tag_4"
                                                     (R)
```

程序段6：机床车头工前进

```
    %M2.1                                            %Q0.0
   "Tag_2"                                          "Tag_5"
    | |                                              ( )
```

程序段7：机床车头工前进

```
    %M2.1                                            %Q0.1
   "Tag_2"                                          "Tag_6"
    | |                                              ( )
    %M2.2
   "Tag_3"
    | |
```

程序段8：机床车头快退

```
    %M2.3                                            %Q0.2
   "Tag_4"                                          "Tag_7"
    | |                                              ( )
```

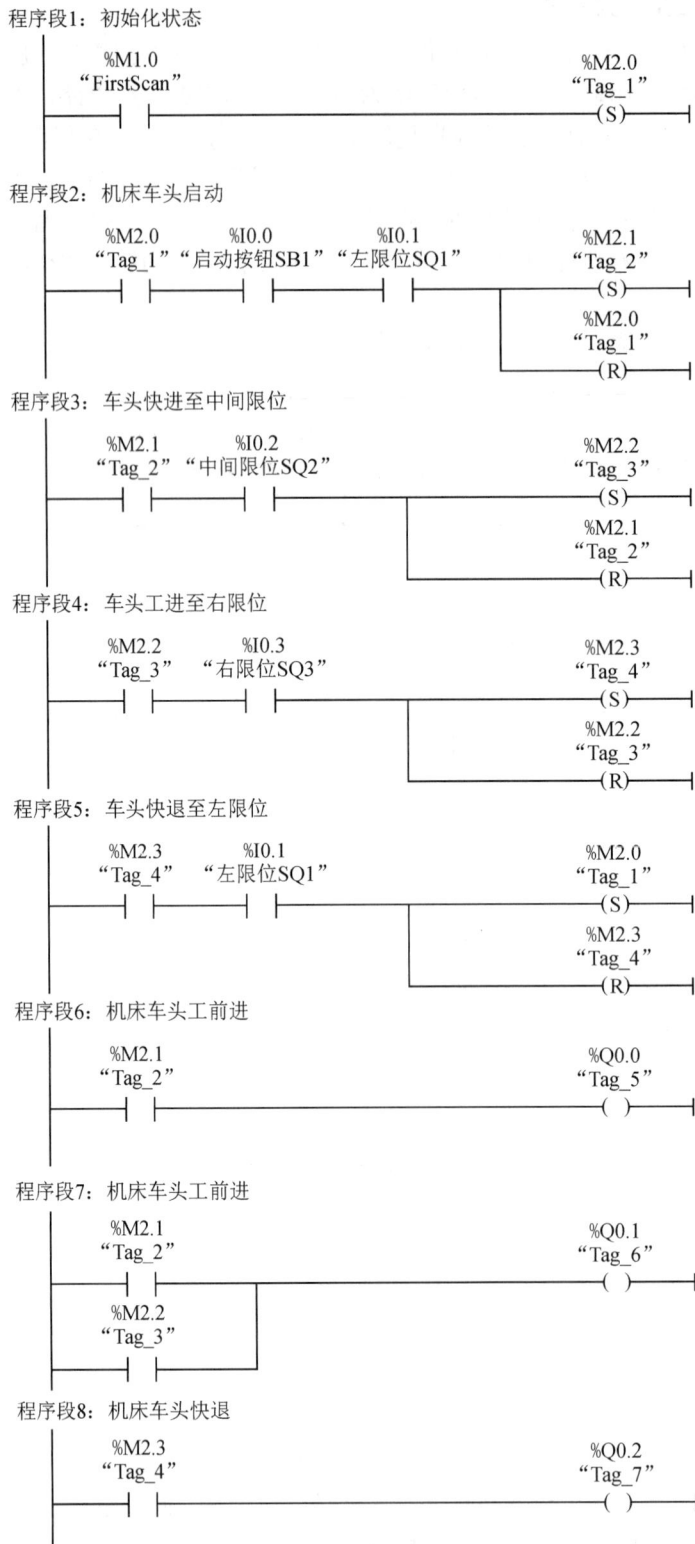

图 4-14   动力头的梯形图

4.4　项目实施

4.4.1　硬件设计

1. 硬件设备选型

根据机械手采摘果蔬装置的设计需求，选择系统主要硬件元件和设备，如表 4-2 所示。

表 4-2　果蔬采摘运输装置主要硬件选型

序　号	名　称	型　号	描　述
1	可编程控制器	西门子 S7-1200	CPU 1215C AC/DC/Rly
2	装置启动开关	ZSJY-1	触点压力型控制开关
3	装置停止开关	ZSJY-2	触点压力型控制开关
4	机械手	WEX-2000-50	可抓取最高 30 kg 重物
5	视觉检测仪	MultiSensor V3.0	CCD 视觉检测装置

2. 主电路及 I/O 接线图

根据果蔬采摘装置控制要求进行设计，采摘装置的 PLC 控制的 I/O 接线图如图 4-15 所示，所有硬件按照表 4-2 中的元件类型选择并确定。

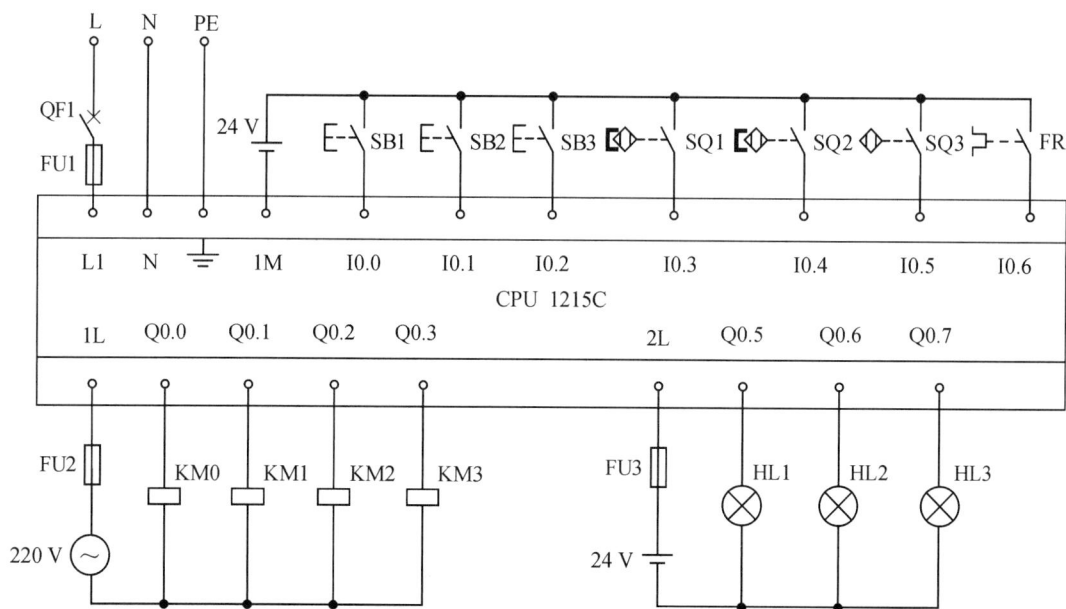

图 4-15　果蔬采摘装置 PLC I/O 接线图

3. 硬件连接

在断开 PLC 外部电源的前提下，进行装置控制电路连接，主要包含 PLC 输入端和输出端两部分电路连接。

1) PLC 输入端外部电路连接

先将 S7-1200 PLC 自带的 DC 24 V 电源正极性端子与输入端的电极正极相连，再与开关按钮相连接。将停止按钮 SB1、启动按钮 SB2 和机械手上行按钮 SB3 的出线端与 S7-1200 PLC 的输入端地址 I0.0、I0.1 和 I0.2 相连，再将上限/下限位传感器及视觉传感器接入输入端子 I0.3、I0.4、I0.5，最后再将热继电器接入 I0.6。

2) PLC 输出端外部电路连接

首先将交流电源 220 V 的火线端经熔断器 FU2 连接至 S7-1200 PLC 输出点内部电路公共端 1L，再将交流电源 220 V 零线端 N 连接至交流接触器 KM0～KM3 线圈的出线端，再将 KM0～KM3 的进线端分别与 S7-1200 PLC 的输出端 Q0.0、Q0.1、Q0.2 和 Q0.3 相连；其次将直流电源 24 V 的正极经熔断器 FU3 连接至 PLC 输出点公共端 2L，再将 24 V 负极连接至指示灯 HL1～HL3 的出线端，HL1～HL3 的进线端分别与 S7-1200 PLC 的输出端 Q0.5、Q0.6 和 Q0.7 相连。

4.4.2 软件设计

1. 输入/输出地址分配

依据硬件主电路、PLC 控制电路和 I/O 接线图，设计果蔬采摘运输装置的输入/输出地址分配表，如表 4-3 所示。

表 4-3 果蔬采摘装置输入/输出地址分配表

输入		输出	
输入地址	元器件标号及功能	输出地址	元器件标号及功能
I0.0	停止按钮 SB1	Q0.0	机械手启动接触器 KM0
I0.1	启动按钮 SB2	Q0.1	上行线圈 KM1(机械手至果蔬处)
I0.2	上行按钮 SB3	Q0.2	机械手抓取线圈 KM2
I0.3	下限位检测传感器 SQ1	Q0.3	下行线圈 KM3
I0.4	上限位检测传感器 SQ2	Q0.5	机械手启动指示灯 HL1
I0.5	视觉检测传感器 SQ3	Q0.6	上行指示灯 HL2
I0.6	热继电器 FR	Q0.7	下行指示灯 HL3

2. 程序设计

根据控制要求，画出果蔬采摘动作的顺序功能图，如图 4-16 所示，并使用启保停电路编写梯形图程序，如图 4-17 所示。为了在按下停止按钮后，系统能够再次启动运行，本设计在程序段 7 设置了置位指令。

梯形图程序设计的思想如下：

(1) 程序初始化。系统上电运行后，M1.0 仅在首次扫描时为"1"状态，使得 M2.0 线圈置 1。

(2) 果蔬采摘机械手启动。若要启动机械手，按下启动按钮 SB2，此时机械手处于启动状态。

(3) 机械手上行至果蔬采摘区。启动机械手后，若要进行果蔬采摘，需要按下上行按钮 SB3，实现转换条件后，线圈 M2.1、Q0.1 和 Q0.6 置 1，此时机械手开始上行，同时上行指示灯亮起。

(4) 机械手采摘果蔬。当机械手上行至上限位点后，M2.2 线圈置 1，M2.1 线圈复位，机械手停止上行，同时开始抓取果蔬。

(5) 下行返回至果蔬盛放区。视觉检测装置检测到机械手成功抓取果蔬后，线圈 Q0.3 和 Q0.7 置 1，机械手开始下行，同时下行指示灯亮起。

(6) 放置果蔬。当机械手下行至果蔬盛放点(下限位点)后，机械手停止下行，线圈 M2.4 置 1 使得线圈 Q0.2 复位，机械手松开将果蔬放下置果篮中。

(7) 再次循环采摘。此后，当机械手上行按钮 SB3 重新被置 1，机械手将再次执行上行、采摘、下行、放置果蔬等作业流程。

(8) 停止采摘作业。机械手在执行采摘作业的过程中，若要随时停止采摘过程，则可以按下停止按钮 SB1，M2.0~M2.4 被复位，M2.0 置位，机械手采摘作业即刻停止。

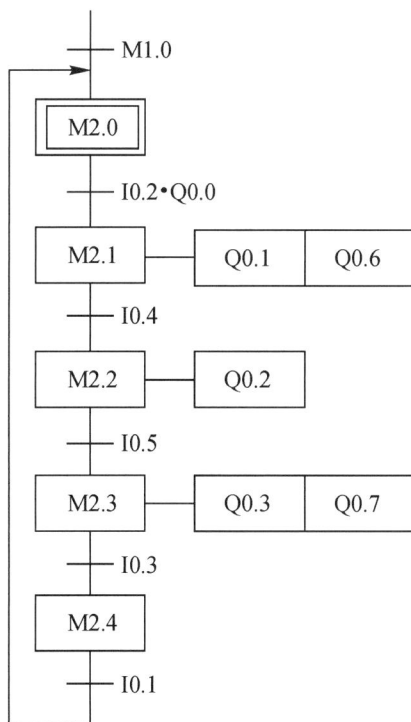

图 4-16 果蔬采摘装置的顺序功能图

程序段1：初始状态

```
  %M2.4        %I0.1         %M2.1                        %M2.0
 "Tag_1"   "启动按钮SB2"     "Tag_2"                      "Tag_3"
 ──┤├────────┤├──────┬──────┤/├──────────────────────────( )──
  %M1.0                │
 "FirstScan"           │
 ──┤├─────────────────┤
  %M2.0                │
 "Tag_3"               │
 ──┤├─────────────────┘
```

程序段2：机械手装置启动及指示

```
  %I0.1         %I0.0          %I0.6                     %Q0.0
"启动按钮SB2"  "停止按钮SB1"  "过载保护FR"               "机械手启动"
 ──┤├──────┬────┤/├──────────┤/├──────────────────────────( )──
  %Q0.0    │                                              %Q0.5
"机械手启动"│                                            "指示灯HL1"
 ──┤├──────┘                                              ──( )──
```

程序段3：机械手装置上行

```
  %M2.0        %Q0.0       %I0.2          %M2.2           %M2.1
 "Tag_3"    "机械手启动" "上行按钮SB3"    "Tag_5"         "Tag_2"
 ──┤├────┬───┤├────────┤├──────────────┤/├────────────────( )──
  %M2.1  │                                                %Q0.1
 "Tag_2" │                                              "机械手上行"
 ──┤├────┘                                               ──( )──
                                                          %Q0.6
                                                        "指示灯HL2"
                                                         ──( )──
```

程序段4：到达上限位(果蔬采摘点)后抓取果蔬

```
  %M2.1        %I0.4         %M2.4                        %M2.2
 "Tag_2"    "上限位SQ2"     "Tag_1"                       "Tag_5"
 ──┤├────┬────┤├──────────┤/├──────────────────────────────( )──
  %M2.2  │                                                %Q0.2
 "Tag_5" │                                             "抓取线圈KM2"
 ──┤├────┘                                               ──( )──
```

程序段5：机械手采摘成功后下行返回

```
  %M2.2         %I0.5         %M2.4                        %M2.3
 "Tag_5"   "视觉传感器SQ3"    "Tag_1"                       "Tag_7"
 ──┤├────┬─────┤├──────────┤/├──────────────────────────────( )──
  %M2.3  │                                                %Q0.3
 "Tag_7" │                                             "机械手下行"
 ──┤├────┘                                               ──( )──
                                                          %Q0.7
                                                        "指示灯HL3"
                                                         ──( )──
```

程序段6：到达下限位(果蔬盛放处)后机械手松开放下果蔬

```
  %M2.3         %I0.3         %M2.0                        %M2.4
 "Tag_7"    "下限位SQ1"      "Tag_3"                       "Tag_1"
 ──┤├────┬────┤├──────────┤/├──────────────────────────────( )──
  %M2.4  │
 "Tag_1" │
 ──┤├────┘
```

程序段7：按下停止按钮或过载时装置停止工作

```
  %I0.0                                                   %M2.0
 "停止按钮"                                              "Tag_3"
 ──┤├────┬──────────────────────────────────────────(RESET_BF)──
         │                                                 4
  %I0.6  │                                                %M2.0
"过载保护FR"                                             "Tag_3"
 ──┤├────┘                                                ──(S)──
```

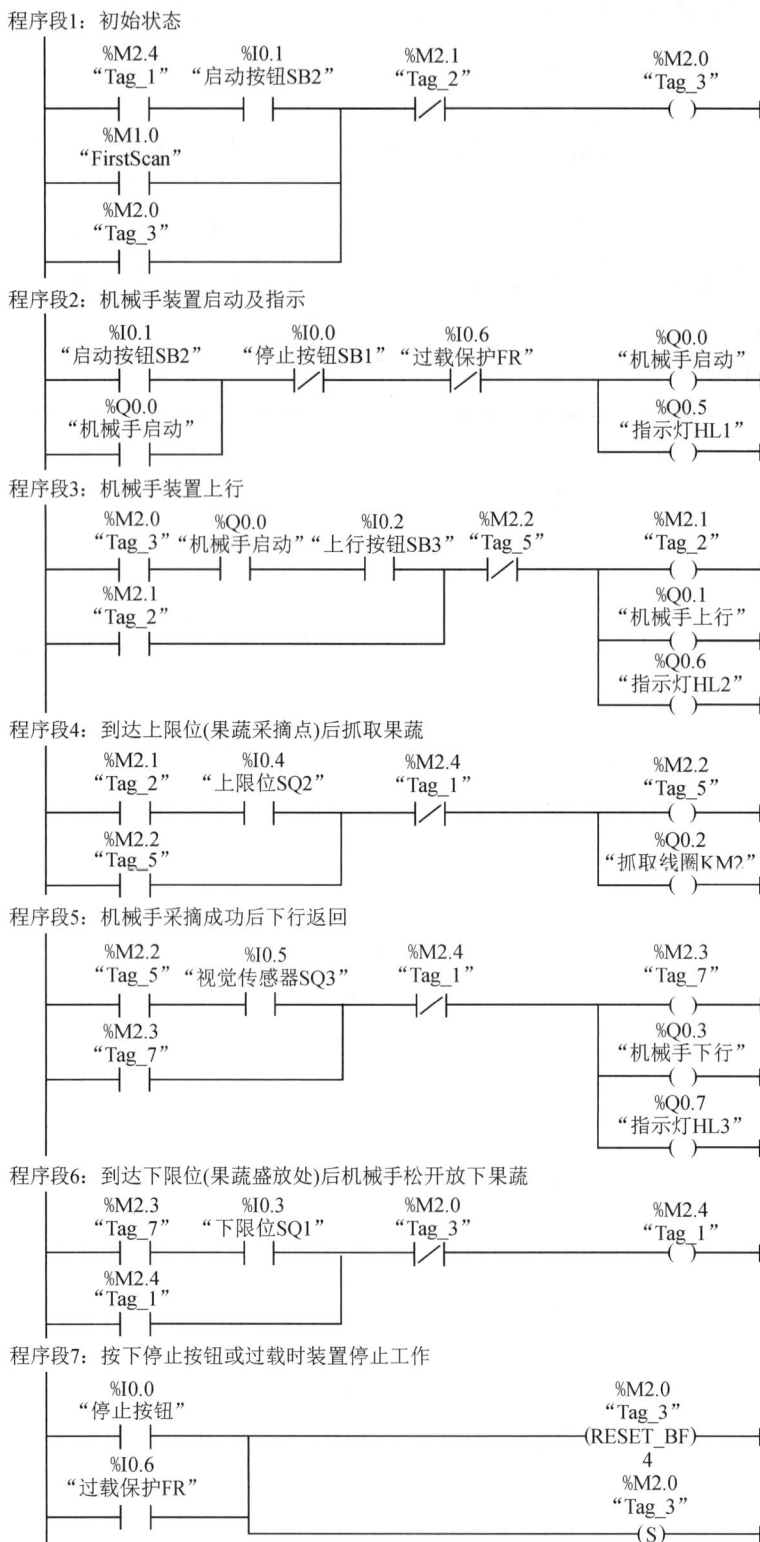

图 4-17　果蔬采摘装置 PLC 控制电路

4.4.3 程序调试与监控

设计完本装置的梯形图程序后，可在博途编程软件中编写项目程序，并进行程序调试和下载。将完成好的项目程序及设备组态下载到 CPU 中，连接好线路。完成程序基本调试后，可在编程软件的变量表中查看本项目程序的变量名称、数据类型和地址，如图 4-18 所示。

图 4-18 果蔬采摘装置 PLC 控制的变量表

首先启动机械手，观察机械手是否动作，工作指示灯是否点亮；按下上行按钮，观察机械手是否进行上行、抓取、返回、放置等动作，相应的指示灯是否点亮；其次，在机械手工作过程中按下停止按钮，观察机械手是否立即停止运行；最后再次启动机械手，按下上行按钮后，观察机械手能否再次投入运行。若上述调试现象与控制要求一致，则说明本案例任务功能实现。

4.4.4 仿真实现

参照之前项目的仿真调试经验，创建果蔬采摘装置仿真工程项目，对项目进行仿真调试，呈现仿真效果，如图 4-19 所示。

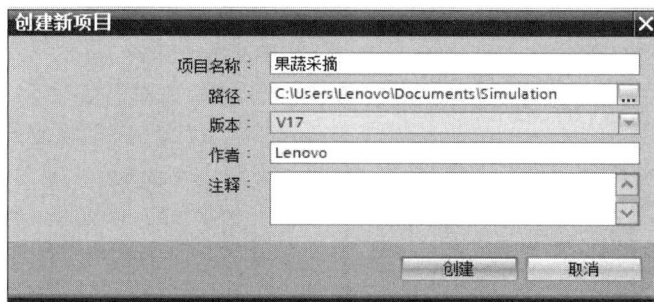

图 4-19 创建果蔬采摘装置仿真项目

具体的仿真实现操作步骤如下。

1. 添加变量参数

将 PLC_1 站点下载到仿真器中，打开仿真器项目视图，将本项目添加进去，在项目树中，双击“SIM 表格_1”，打开“SIM 表格_1”，点击“添加变量”按钮，所有变量名称即会显示在“名称”栏中。可以看到，在初始状态下，“I0.0:P”“I0.1:P”“I0.2:P”“I0.3:P”“I0.4:P”“I0.5:P”“I0.6:P”“Q0.0”“Q0.1”“Q0.2”“Q0.3”“Q0.5”“Q0.6”“Q0.7”的监视/修改值都为布尔型“FALSE”，如图 4-20 所示。

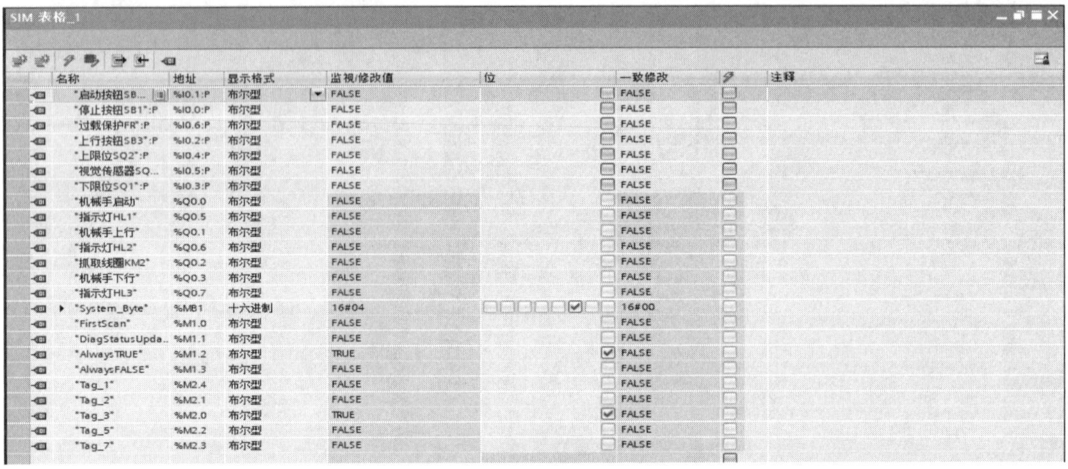
SIM 表格_1

名称	地址	显示格式	监视/修改值	位	一致修改
"启动按钮SB...	%I0.1:P	布尔型	FALSE		FALSE
"停止按钮SB1":P	%I0.0:P	布尔型	FALSE		FALSE
"过载保护FR":P	%I0.6:P	布尔型	FALSE		FALSE
"上行按钮SB3":P	%I0.2:P	布尔型	FALSE		FALSE
"上限位SQ2":P	%I0.4:P	布尔型	FALSE		FALSE
"视觉传感器SQ...	%I0.5:P	布尔型	FALSE		FALSE
"下限位SQ1":P	%I0.3:P	布尔型	FALSE		FALSE
"机械手启动"	%Q0.0	布尔型	FALSE		FALSE
"指示灯HL1"	%Q0.5	布尔型	FALSE		FALSE
"机械手上行"	%Q0.1	布尔型	FALSE		FALSE
"指示灯HL2"	%Q0.6	布尔型	FALSE		FALSE
"抓取线圈KM2"	%Q0.2	布尔型	FALSE		FALSE
"机械手下行"	%Q0.3	布尔型	FALSE		FALSE
"指示灯HL3"	%Q0.7	布尔型	FALSE		FALSE
"System_Byte"	%MB1	十六进制	16#04		16#00
"FirstScan"	%M1.0	布尔型	FALSE		FALSE
"DiagStatusUpda...	%M1.1	布尔型	FALSE		FALSE
"AlwaysTRUE"	%M1.2	布尔型	TRUE		FALSE
"AlwaysFALSE"	%M1.3	布尔型	FALSE		FALSE
"Tag_1"	%M2.4	布尔型	FALSE		FALSE
"Tag_2"	%M2.1	布尔型	FALSE		FALSE
"Tag_3"	%M2.0	布尔型	TRUE		FALSE
"Tag_5"	%M2.2	布尔型	FALSE		FALSE
"Tag_7"	%M2.3	布尔型	FALSE		FALSE

图 4-20　果蔬采摘装置仿真界面

2. 启动设备仿真

双击“I0.1:P”所在行“位”列中的方框，模拟启动按钮 SB2 的按下操作，可以看到 Q0.0 和 Q0.5 的监视/修改值变为 TRUE，如图 4-21 所示，同时再将机械手上行按钮的状态修改为 TURE，此时 Q0.1 和 Q0.6 的状态变为 TURE，表示此时机械手正处于上行状态，如图 4-22 所示，SIM 表格_1 中各个变量的监视/修改值会随着机械手运行作业过程变化而动态改变。

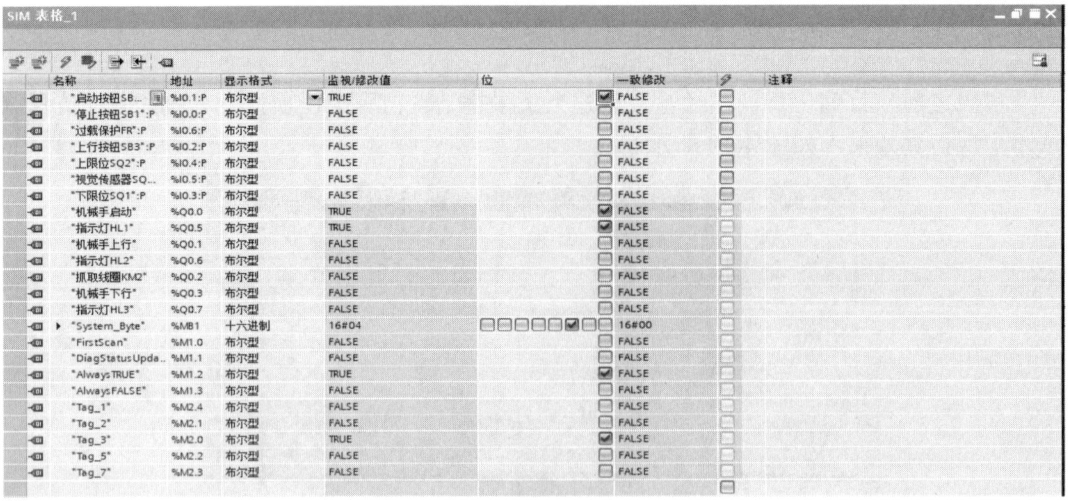
SIM 表格_1

名称	地址	显示格式	监视/修改值	位	一致修改
"启动按钮SB...	%I0.1:P	布尔型	TRUE		FALSE
"停止按钮SB1":P	%I0.0:P	布尔型	FALSE		FALSE
"过载保护FR":P	%I0.6:P	布尔型	FALSE		FALSE
"上行按钮SB3":P	%I0.2:P	布尔型	FALSE		FALSE
"上限位SQ2":P	%I0.4:P	布尔型	FALSE		FALSE
"视觉传感器SQ...	%I0.5:P	布尔型	FALSE		FALSE
"下限位SQ1":P	%I0.3:P	布尔型	FALSE		FALSE
"机械手启动"	%Q0.0	布尔型	TRUE		FALSE
"指示灯HL1"	%Q0.5	布尔型	TRUE		FALSE
"机械手上行"	%Q0.1	布尔型	FALSE		FALSE
"指示灯HL2"	%Q0.6	布尔型	FALSE		FALSE
"抓取线圈KM2"	%Q0.2	布尔型	FALSE		FALSE
"机械手下行"	%Q0.3	布尔型	FALSE		FALSE
"指示灯HL3"	%Q0.7	布尔型	FALSE		FALSE
"System_Byte"	%MB1	十六进制	16#04		16#00
"FirstScan"	%M1.0	布尔型	FALSE		FALSE
"DiagStatusUpda...	%M1.1	布尔型	FALSE		FALSE
"AlwaysTRUE"	%M1.2	布尔型	TRUE		FALSE
"AlwaysFALSE"	%M1.3	布尔型	FALSE		FALSE
"Tag_1"	%M2.4	布尔型	FALSE		FALSE
"Tag_2"	%M2.1	布尔型	FALSE		FALSE
"Tag_3"	%M2.0	布尔型	TRUE		FALSE
"Tag_5"	%M2.2	布尔型	FALSE		FALSE
"Tag_7"	%M2.3	布尔型	FALSE		FALSE

图 4-21　机械手采摘果蔬仿真界面

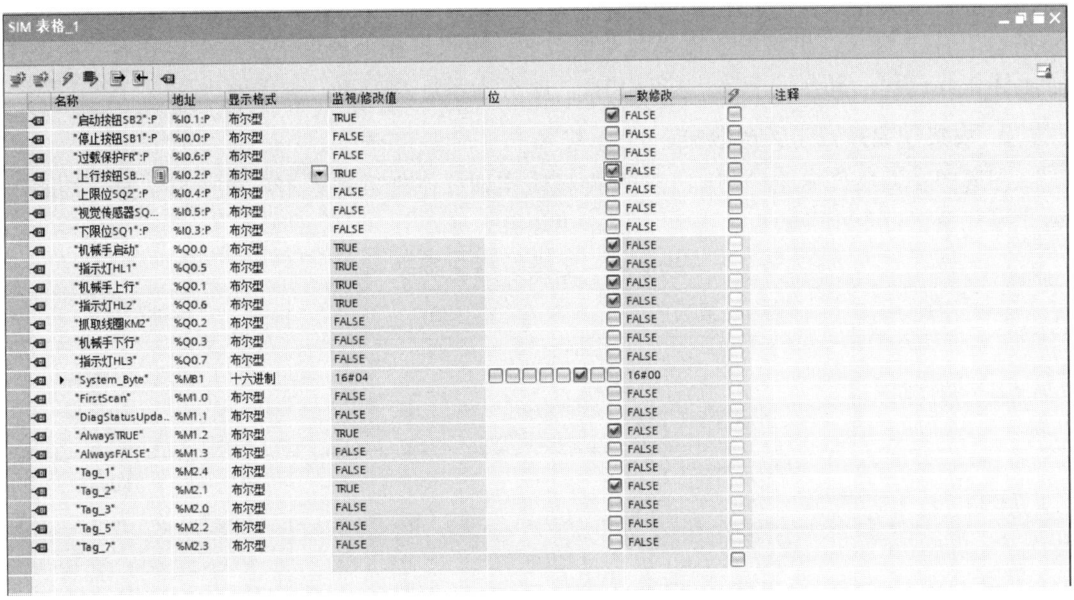

图 4-22　机械手上行仿真界面

4.4.5　模拟实操

参照之前项目的模拟实操经验,在实训平台上对本项目进行模拟实操演示,并记录时序结果。具体的模拟实操步骤如下。

1. 连接各模块间导线

(1) PLC 模块接线。将 S7-1200 PLC 实训设备上的模块数字量输入端的 1M 与电源输出模块的 DC +24 V 相连,再将数字量输出端的 1L 与电源输出模块的 0 V 相连。

(2) 指示模块接线。将逻辑电平指示模块的"24 V"端子与电源输出模块的 DC +24 V 相连,再将机械手启动指示灯、上行指示灯和下行指示灯的端子分别与 PLC 模块数字量输出端的 Q0.5、Q0.6 和 Q0.7 端子相连。

(3) 输入模块接线。将逻辑电平输出控制模块的"COM"端子与电源输出模块的 0 V 相连,再将停止控制按钮 SB1、启动控制按钮 SB2 和上行启动按钮 SB3 的端子分别与 PLC 模块数字量输入端的 I0.0、I0.1 和 I0.2 端子相连。

(4) 机械手运行接线。将机械手启动、上行和下行线圈触点 KM0、KM1 和 KM3 分别与 PLC 模块数字量输出端的 Q0.0、Q0.1 和 Q0.3 端子相连。再将机械手抓取果蔬的驱动线圈触点 KM2 与 Q0.2 端子相连。

2. 开启电源进行实操

完成各模块间导线连接并检查无误后,点击博途软件工具栏上的"下载到设备"按钮 ![icon]　,将编译好的程序下载到 PLC 中,之后开启电源开关进行实操。

按下启动按钮 SB2,机械手启动运行指示灯 HL1 点亮,按下上行按钮 SB3,机械手上行指示灯 HL2 点亮,到达上限位点后 HL2 熄灭,机械手开始抓取果蔬,模拟机械手向果蔬区移动并采摘的过程。采摘结束后，机械手开始下行，指示灯 HL3 点亮，到达下限位点后指示灯 HL3 熄灭，机械手放置果蔬至盛放区，模拟机械手放置果蔬过程。此后，循环执行上述作业过程，直至按下停止按钮 SB1，所有指示灯均熄灭，装置停止作业。

3. 观察现象并记录实操数据

在遵守实训操作安全的基础上，严格按照实训操作规范完成本项目模拟实操，细心观察实操现象，记录相关数据，并将实操结果填到表 4-4 中。

表 4-4　实操数据记录表

状　态	现象(亮或灭)	电压值/V	电流值/A
启动按钮 SB2 断开	上行指示灯 HL2：	$U_{Q0.0}=$ ，　$U_{Q0.1}=$	$I_{Q0.0}=$ ，　$I_{Q0.1}=$
	下行指示灯 HL3：	$U_{Q0.2}=$ ，　$U_{Q0.3}=$ $U_{Q0.4}=$ ，　$U_{Q0.5}=$	$I_{Q0.2}=$ ，　$I_{Q0.3}=$ $I_{Q0.4}=$ ，　$I_{Q0.5}=$
启动按钮 SB2 闭合	上行指示灯 HL2：	$U_{Q0.0}=$ ，　$U_{Q0.1}=$	$I_{Q0.0}=$ ，　$I_{Q0.1}=$
	下行指示灯 HL3：	$U_{Q0.2}=$ ，　$U_{Q0.3}=$ $U_{Q0.4}=$ ，　$U_{Q0.5}=$	$I_{Q0.2}=$ ，　$I_{Q0.3}=$ $I_{Q0.4}=$ ，　$I_{Q0.5}=$
停止按钮 SB1 闭合	上行指示灯 HL2：	$U_{Q0.0}=$ ，　$U_{Q0.1}=$	$I_{Q0.0}=$ ，　$I_{Q0.1}=$
	下行指示灯 HL3：	$U_{Q0.2}=$ ，　$U_{Q0.3}=$ $U_{Q0.4}=$ ，　$U_{Q0.5}=$	$I_{Q0.2}=$ ，　$I_{Q0.3}=$ $I_{Q0.4}=$ ，　$I_{Q0.5}=$

4.5　项目拓展

4.5.1　任务拓展

在本项目功能的基础上进行任务拓展训练。训练要求：用启保停电路的顺控设计法实现 3 台电动机顺序启动逆序停止的控制。按下启动按钮后，第一台电动机立即启动，10 s后第二台电动机启动，15 s 后第三台电动机启动。三台电机共同工作 10 s 后，第三台电动机首先停止，10 s 后第二台电动机停止，15 s 后第一台电动机停止。无论何时按下停止按钮，当前所运行的电动机立即停止运行。

根据上述设计需求分配输入/输出地址，如表 4-5 所示。拓展项目在顺序控制系统的基础上增加了定时器指令，在下一节的内容中会重点讲解定时器指令的作用，在学习下一节内容之前，请读者思考定时器指令的用法并设计本训练项目的梯形图程序。

表 4-5　拓展项目输入/输出地址分配表

输　　入		输　　出	
输入地址	元器件标号及功能	输出地址	元器件标号及功能
I0.0	启动按钮 SB1	Q0.0	第一台电动机 KM1
I0.1	停止按钮 SB2	Q0.1	第二台电动机 KM2
I0.3	热继电器 FR	Q0.2	第三台电动机 KM3

4.5.2 思政拓展

践行大农业观发展现代农业

大农业是朝着多功能、开放式、综合性方向发展的立体农业，发展现代农业是新时代新征程农业发展的重点方向。要把农业建成现代化大产业，树立大农业观、大食物观，为进一步推进乡村全面振兴、建设农业强国提供理论遵循和行动指南。

如图 4-23 所示，大农业观是党在领导新时代"三农"工作中形成的重大理论创新成果，具有鲜明的"整体性"内涵特征。一是农业产业领域的整体性，强调农林牧渔并举、产前产中产后全产业链贯通、一二三产业融合发展；二是农业资源的整体性，强调耕地、草地、林地、江河湖海等各类国土空间的统筹发展；三是农业功能的整体性，强调粮食和重要农产品的供给保障与生态涵养、休闲观光、文化传承等多维度功能的有机统一；四是农业发展方式的整体性，强调坚持生产生活生态并重、数量质量效益并重、当前利益与长远利益并重、发展方式与相关政策举措取向的一致性。

图 4-23 践行大农业观，以智慧农业突破传统业态

【思政拓展小任务】

同学们，在认真研读完思政拓展文章后，你对中国自动化技术助力现代化农业发展有了新的认知和理解吗？请结合这篇文章，以及本项目的理论和技能学习内容，完成以下思政拓展任务：

(1) 以校内图书馆、网络资源库等作为载体，自主查询有关自动化技术在果蔬采摘方面的应用案例，汇总整理成图片、文字、视频素材库，在班上分组进行汇报。

(2) 班上同学自主组合成若干小组，走访校园周边的村镇及农业企业，了解中国自动化技术赋能果蔬采摘的实际应用或相关的技术产品，与农民或农企技术人员进行访谈交流，深入调研中国工控技术在果蔬采摘领域所取得的经济效益、社会效益、技术效益，撰写一篇不少于 1500 字的调研报告。

(3) 结合本项目的学习，谈一谈你对中国自动化技术赋能农业种植的理解。

思考与练习

1. 什么是顺序控制系统？
2. 在功能图中，什么是步、初始步、活动步、动作和转换条件？
3. 步的划分原则是什么？
4. 在顺控系统中设计顺序功能图时需要注意什么？
5. 在顺控系统中编写梯形图程序时需要注意哪些问题？
6. 编写顺序控制系统梯形图程序有哪些常用的方法？

模块三　农料装运类项目实战

项目 5　肥料自动运输装置设计与实现

理论知识目标

1. 理解 S7-1200 PLC 软定时器的概念和作用。
2. 掌握 S7-1200 PLC 软定时器的类型和功能。

实操技能目标

1. 掌握本项目的硬件组态与接线方法。
2. 掌握本项目的程序编译和调试技能。
3. 掌握本项目的模拟仿真和实操技巧。

思政素养目标

1. 培养学以致用、技术赋农的意识。
2. 培养精益求精、自信自强的品质。

5.1　项　目　导　入

　　肥料能够为农作物的生长提供一种或多种营养元素，对改善土壤品质、提升土壤肥力水平有重要作用，是现代农业生产中必不可少的原材料。随着农业生产规模化水平的不断提升，对肥料用量需求也越来越大。传统模式下，肥料生产类企业主要采用人力挑送或车载运送的方式运输肥料，不仅效率低下，而且劳动强度大，难以保证田间作业的用料需求。基于此，设计一款肥料自动往返运输装置，能够便捷地在料库和田间执行肥料运送作业，有利于提升肥料生产类农企运输肥料的效率，达到降本增效的经营目标。

　　在本项目中，基于西门子 S7-1200 PLC 设计肥料自动运输装置，当按下装置启动按钮SB1 后，本装置在移动料库执行计时装料作业(可借助自动化机械手或工业机器人完成)，计时时间到后(模拟设置为 5 s)，装料作业结束，装置自动向右行进，10 s 后到达田间卸料区开始执行计时卸料作业，计时时间到后(模拟设置为 5 s)，卸料作业完成，装置自动向左行进，10 s 后返回移动料库，之后继续循环执行装卸和运输肥料作业，按下装置停止按钮 SB2，可立即停止作业。应用该装置可在移动料库和田间卸料区自动执行运输肥料作业，相较于传统人工和车载运输方式自动化程度更高，具有一定的推广性。

5.2 项 目 分 析

本项目致力于解决传统人力或车载运输肥料作业中遇到的自动化水平偏低等问题，整个装置的设计操控原理为：在移动式肥料库和田间卸料区之间预先铺设自动运输产线装置，装置由 PLC 控制器、驱动电机、传送带、继电器、开关等机构组成。需要运输肥料时，操作人员只要按下启动开关，驱动电机线圈得电启动，带动传送带在料库和田间卸料区之间自动循环往返运输肥料；操作过程中，只要按下停止开关，运输作业即可结束，实现了肥料自动往返运输控制。整个装置的设计框架如图 5-1 所示。

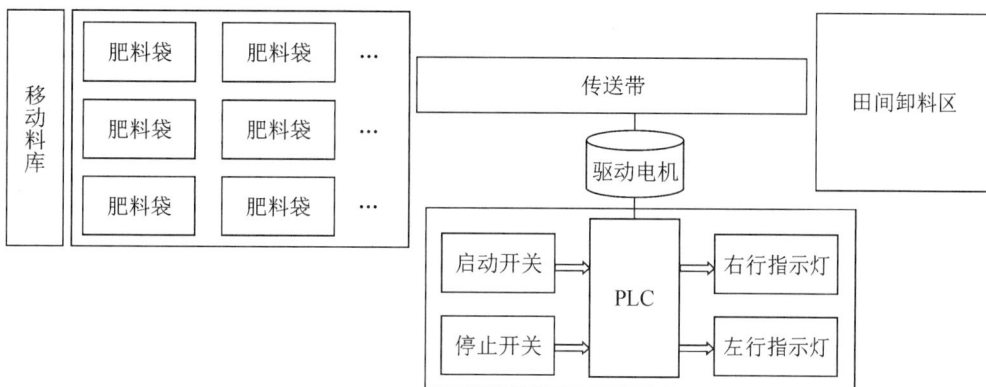

图 5-1 肥料自动运输 PLC 装置整体框架

5.3 配 套 知 识 点

本项目涉及的知识点为定时器指令。S7-1200 PLC 的定时器为 IEC 定时器，是一种通过调用相应指令块来实现定时的指令系统。IEC 定时器属于函数块，调用时需要配套的背景数据块进行支撑，定时器指令数据保存在背景数据块里，在使用定时器指令时也要为其分配背景数据块。S7-1200 PLC 提供了 4 种类型的定时器，分别是脉冲定时器(TP)、接通延时定时器(TON)、关断延时定时器(TOF)和保持型接通延时定时器(TONR)。

1. 脉冲定时器(TP)

脉冲定时器(TP)可生成具有预设宽度的脉冲信号，各端子的工作波形如图 5-2 所示，类似于数字电路中的上升沿触发单稳态电路。当输入信号出现上升沿时，输出端为高电平信号，开始输出脉冲，达到预置时间后，输出端变为低电平信号，输出信号的脉冲宽度可以大于输入信号的脉冲宽度。此外，在脉冲输出期间，即使输入端再次出现上升沿信号，也不会影响脉冲输出效果。

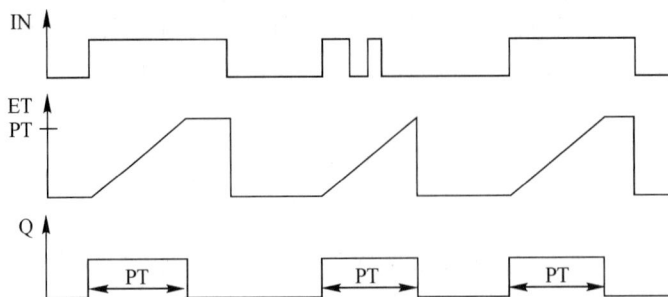

图 5-2　脉冲定时器(TP)指令工作波形

脉冲定时器(TP)的指令符号和引脚功能分别如图 5-3 和表 5-1 所示。

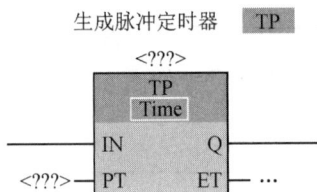

图 5-3　脉冲定时器(TP)指令符号

表 5-1　脉冲定时器(TP)引脚功能

输 入 引 脚			
引脚	说　明	数据类型	备　注
IN	使能输入端	BOOL	启动/停止定时器信号输入端 IN：0=禁用，1=启用
PT	预置时间值	TIME	
输 出 引 脚			
Q	输出端	BOOL	判定定时是否结束的状态位。可以用常开或常闭触点的形式在程序中调用
ET	当前时间值	TIME	也称为当前时间值，单位为 ms

脉冲定时器的工作过程如下：

(1) 当使能输入端 IN 出现上升沿信号时，定时器开始计时，当前时间值 ET 逐渐递增，且输出端 Q = 1。

(2) 当 ET = PT 时，定时器的输出端 Q = 0，定时器停止计时。若此时使能输入端 IN = 1，则定时器保持当前计数值不变，若此时使能端 IN = 0，则定时器当前值被清空。

(3) 脉冲定时器定时计数过程中，使能输入端 IN 不会响应新产生的上升沿信号。

脉冲定时器指令应用举例如下。

【例 5-1】　用脉冲定时器设计一个灯控电路程序，要求：按下启动按钮 SB1 后，小灯 L1 点亮 5 s 后自动熄灭。

如图 5-4 所示,采用脉冲定时器(TP)设计案例程序,PLC 的 I0.0 端子外接启动按钮 SB1, Q0.0 输出端子外接小灯 L1,当按下输入按钮 SB1 时,TP 定时器"IEC_Time_0_DB"输入端 IN = 1，开始计时，同时输出端 Q0.0 = 1，小灯 L1 点亮，5 s 后输出端 Q0.0 = 0，小灯 L1 自动熄灭。

程序段1：按下启动按钮SB1，灯亮5 s后熄灭

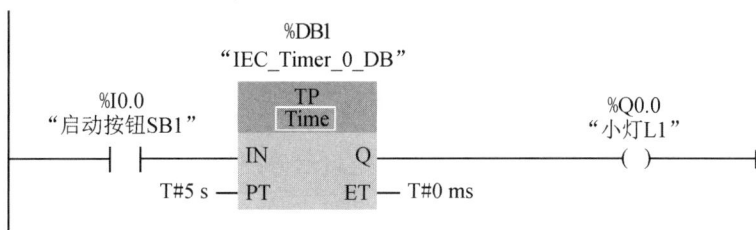

图 5-4　脉冲定时器(TP)指令应用举例

2. 接通延时定时器(TON)

接通延时定时器(TON)可将输出端 Q 的置位操作延时 PT 指定的一段时间，各端子的工作波形如图 5-5 所示。其输入端由断开变为接通状态时开始计时，当计时时间大于或等于预置时间时，输出端 Q 变为高电平。当输入端断开后，接通延时定时器(TON)被复位，已计时的时间被清零，输出端 Q = 0。在 CPU 第一次扫描时，接通延时定时器的输出端会被清零。

接通延时定时器(TON)的指令符号和引脚功能分别如图 5-6 和表 5-2 所示。

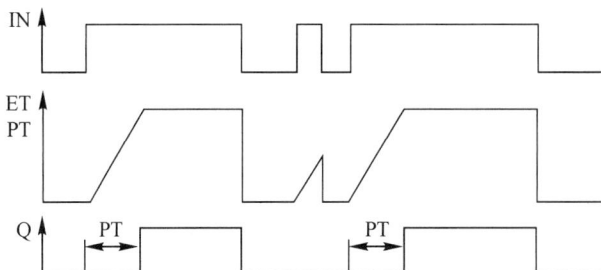

图 5-5　接通延时定时器(TON)指令工作波形

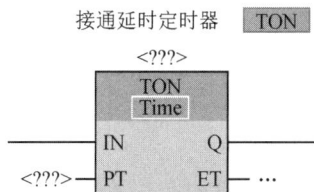

图 5-6　接通延时定时器(TON)指令符号

表 5-2　接通延时定时器(TON)引脚功能

输　入　引　脚			
引脚	说　明	数据类型	备　注
IN	使能输入端	BOOL	启动/停止定时器信号输入端 IN：0 = 禁用，1 = 启用
PT	预置时间值	TIME	
输　出　引　脚			
Q	输出端	BOOL	判定定时是否结束的状态位。可以用常开或常闭触点的形式在程序中调用
ET	当前时间值	TIME	也称为当前时间值，单位为 ms

接通延时定时器的工作过程如下：

(1) 当使能输入端 IN 接通时，定时器开始计时，ET 的数值开始递增。

(2) 当 ET = PT 时，定时器输出端 Q = 1，停止计时并保持当前计数值。

(3) 当使能输入端 IN 断开时，定时器的 ET = Q = 0，被同时复位。

(4) 在定时器计时工作过程中，若使能输入端 IN 断开，定时器立即被复位，ET = Q = 0。

接通延时定时器指令应用举例如下。

【例 5-2】用接通延时定时器设计一个电机启停控制程序，要求：按下启动按钮 SB1，电机 M1 延时 10 s 后接通运行。

如图 5-7 所示，采用接通延时定时器(TON)设计案例程序，PLC 的 I1.1 端子外接启动按钮 SB1，Q1.1 输出端子外接电机 M1，当按下启动按钮 SB1 时，TON 定时器 "IEC_Time_0_DB" 输入端 IN = 1，开始计时，延时 10 s 后输出端 Q1.1 = 1，电机 M1 线圈导通，开始运行；松开启动按钮 SB1 后，定时器被复位，已消耗时间被清空，输出端 Q1.1 = 0，电机 M1 停止运行。

程序段1：按下启动按钮SB1，电机延时10 s后接通运行

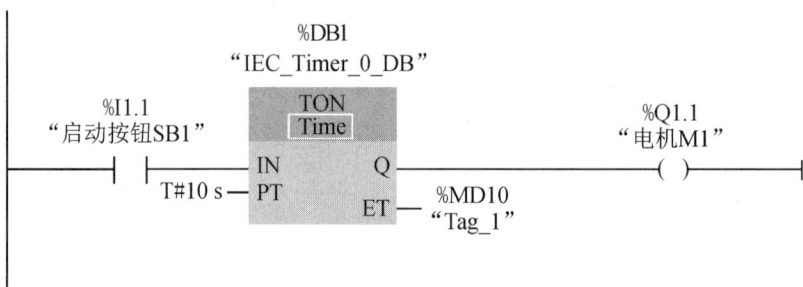

图 5-7 接通延时定时器(TON)指令应用举例

3. 关断延时定时器(TOF)

关断延时定时器(TOF)用于将 Q 输出端的服务操作延迟 PT 指定的一段时间，各端子的工作波形如图 5-8 所示，该定时器指令需用下降沿脉冲信号启动计时，可模拟断电延时型物理时间继电器。在实际应用中，关断延时定时器(TOF)主要用于设备断电后的延时，例如大型变频电动机断电后，内部冷却风扇的延迟停止。

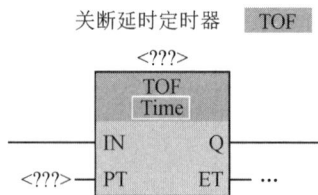

关断延时定时器(TOF)的指令符号和引脚功能分别如图 5-9 和表 5-3 所示。

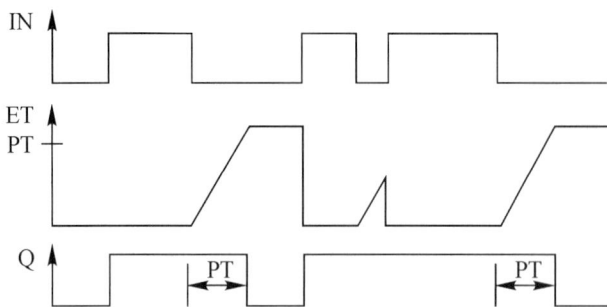

图 5-8 关断延时定时器(TOF)指令工作波形   图 5-9 关断延时定时器(TOF)指令符号

表 5-3　关断延时定时器(TOF)引脚功能

输　入　引　脚			
引　脚	说　明	数据类型	备　注
IN	使能输入端	BOOL	启动/停止定时器信号输入端 IN：0=启用，1=禁用
PT	预置时间值	TIME	
输　出　引　脚			
Q	输出端	BOOL	判定定时是否结束的状态位。可以用常开或常闭触点的形式在程序中调用
ET	当前时间值	TIME	也称为当前时间值，单位为 ms

关断延时定时器的工作过程如下：

(1) 当使能输入端 IN 导通时，输出端 Q = 1。

(2) 当使能输入端 IN 断开时，定时器开始计时，当前时间值 ET 逐渐递增。

(3) 当 ET = PT 时，定时器被复位，输出端 Q = 0，定时器停止计时并保持当前值。

脉冲定时器指令应用举例如下。

【例 5-3】用关断延时定时器设计一个大型变频电动机冷却风扇延时控制程序，要求：当按下系统启动按钮 SB1 时，冷却风扇开始运转，当松开系统启动按钮 SB1 后，冷却风扇延时 3 min 后自动停止。

如图 5-10 所示，采用关断延时定时器(TOF)设计案例程序，PLC 的 I0.0 端子外接启动按钮 SB1，Q0.0 输出端子外接冷却风扇 KM，当按下启动按钮 SB1 时，TOF 定时器"IEC_Time_0_DB"输入端 IN = 1，Q0.0 = 1，冷却风扇启动；松开启动按钮 SB1 后，冷却风扇继续运转，定时器开始计时，延迟 3 min 后，定时器被复位，Q0.0 = 0，冷却风扇停止运转。

程序段1：按下SB1，冷却风扇启动；松开SB1，冷却风扇继续运转，延迟3 min后停止

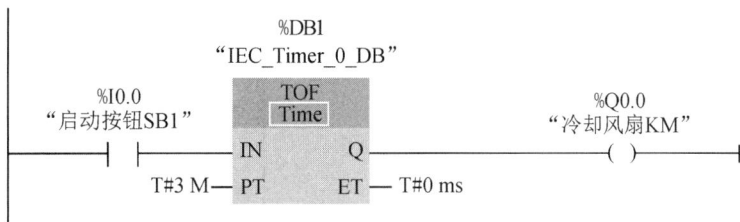

图 5-10　关断延时定时器(TOF)指令应用举例

4. 保持型接通延时定时器(TONR)

保持型接通延时定时器(TONR)可实现对预置时间值 PT 的累加控制计时，各端子的工作波形如图 5-11 所示，该定时器指令在其使能输入端 IN 导通时开始计时，计时过程中如果使能输入端 IN 断开，定时器能够保存累计的当前时间值，倘若使能输入端 IN 重新导通，

则该定时器能够在之前保存的累计当前时间值基础上继续计时，利用这一特性，可用来累计使能输入端 IN 接通的时间间隔，设计相关的控制电路。

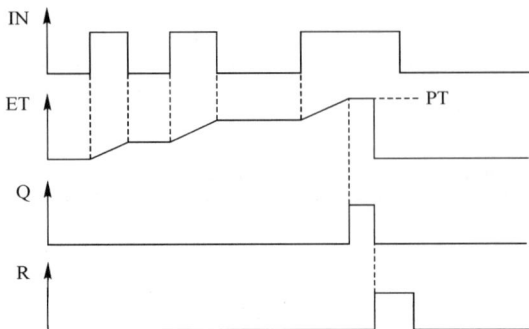

图 5-11　保持型接通延时定时器(TONR)指令工作波形

保持型接通延时定时器(TONR)的指令符号和引脚功能分别如图 5-12 和表 5-4 所示。

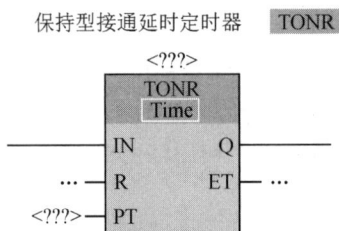

图 5-12　保持型接通延时定时器(TONR)指令符号

表 5-4　保持型接通延时定时器(TONR)引脚功能

输　入　引　脚			
引脚	说　明	数据类型	备　注
IN	使能输入端	BOOL	启动/停止定时器信号输入端 IN：0 = 禁用，1 = 启用
PT	预置时间值	TIME	
输　出　引　脚			
R	复位端	BOOL	用于对定时器当前值和输出状态复位
Q	输出端	BOOL	判定定时是否结束的状态位。 可以用常开或常闭触点的形式在程序中调用
ET	当前时间值	TIME	也称为当前时间值，单位为 ms

保持型接通延时定时器的工作过程如下：

(1) 当使能输入端 IN 导通时，定时器开始计时，ET 值逐渐递增。

(2) 当使能输入端 IN 断开时，定时器停止计时。

(3) 当使能输入端 IN 重新导通时，定时器继续累加计时。

(4) 当 ET < PT，且使能输入端 IN 导通时，则 ET 保持计时；ET 为 0 时，ET 立即停

止并保持当前计时值。

(5) 当 ET = PT 时，输出端 Q = 1，定时器立即停止计时并保持当前时间值，直至使能输入端 IN 断开，ET = 0。

(6) 定时器计时任意时刻，若复位端 R 导通，定时器的当前值 ET 和输出端 Q 均会立即复位，计时停止；若服务端 R 断开，使能输入端 IN 再次导通，定时器则重新启动计时。

保持型接通延时定时器指令应用举例如下：

【例 5-4】　用保持型接通延时定时器设计一个小灯控制程序，要求：当启动按钮 SB1 多次接通，且累计接通时间达到 10 s 后，小灯点亮，按下停止按钮 SB2 后，小灯立即熄灭。

如图 5-13 所示，采用保持型接通延时定时器 TONR 设计案例程序，PLC 的 I0.0 端子外接启动按钮 SB1，Q0.0 输出端子外接小灯，当启动按钮 SB1 多次接通，并且时间达到 PT 预置时间 10 s 后，Q0.0 = 1，小灯亮起；当按下停止按钮 SB2 后，小灯熄灭。

程序段1：启动按钮SB1多次接通，且累计时间达到10 s后，小灯点亮；按下停止按钮SB2，小灯立即熄灭

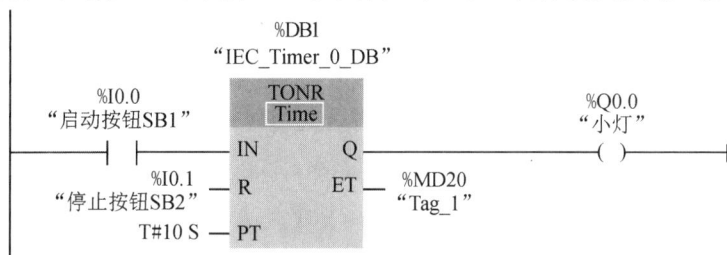

图 5-13　保持型接通延时定时器(TONR)指令应用举例

5.4　项 目 实 施

5.4.1　硬件设计

1. 硬件设备选型

根据肥料自动运输装置的设计需求，选择系统主要硬件元件和设备，如表 5-5 所示。

表 5-5　肥料自动运输装置主要硬件选型

序号	名　称	型　号	描　述
1	可编程控制器	西门子 S7-1200	CPU 1215C AC/DC/Rly
2	传送带	EP-200	防撕裂型传送带
3	驱动电机	SX-105	三相异步交流电机
4	装置启动开关	ZSJY-1	触点压力型控制开关
5	装置停止开关	ZSJY-2	触点压力型控制开关
6	传送带与驱动电机连接轴承	UPC-216	内径 80 mm，外径 82.6 mm，宽度 305 mm

2. 主电路及 I/O 接线图

根据本装置控制要求，肥料自动运输驱动电机为直接启动，装置的主电路如图 5-14 所示，装置的 PLC 控制电路及 I/O 接线图如图 5-15 所示，所有硬件按照表 5-5 中的元件类型选择并确定。

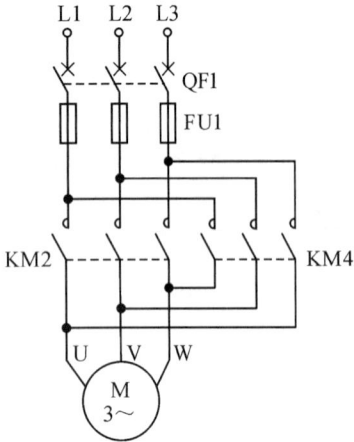

图 5-14 肥料自动运输装置主电路　　　图 5-15 肥料自动运输装置 PLC 控制电路

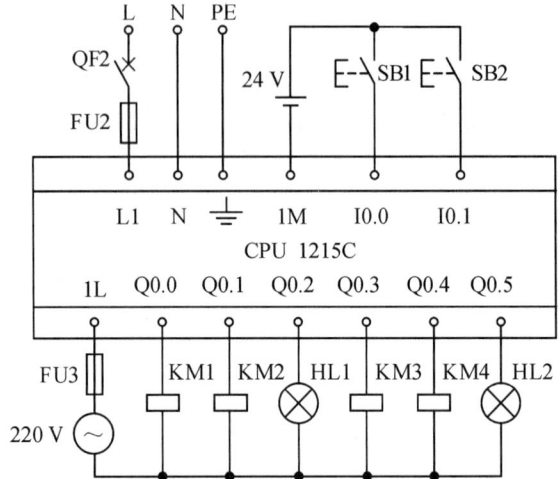

3. 硬件连接

1) 主电路连接

三相交流电输入后经过断路器 QF1 和熔断器 FU1，之后分为两条连接通路：其一，与交流接触器 KM2 主触点的进线端对应端子连接，之后使用导线将交流接触器 KM2 的主触点输出端与三相异步驱动电机 M 的电源输入端对应端子连接(L1-U、L2-V、L3-W)；其二，与交流接触器 KM4 主触点的进线端对应端子连接，之后使用导线将交流接触器 KM4 的主触点输出端与三相异步驱动电机 M 的电源输入端对应端子连接(L1-W、L2-V、L3-U)，根据所用驱动电机铭牌上的连接标注信息，驱动电机可按照三角形或星形接法进行连接。

2) 控制电路连接

在断开 PLC 外部电源的前提下，进行装置控制电路连接，主要包含 PLC 输入端和输出端两部分电路连接。

(1) PLC 输入端外部电路连接：先将 S7-1200 PLC 自带的 DC 24 V 电源正极性端子与启动按钮 SB1 和停止按钮 SB2 的进线端连接起来，之后将 SB1 和 SB2 的出线端分别与 S7-1200 PLC 的输入端 I0.0 和 I0.1 相连。

(2) PLC 输出端外部电路连接：将交流电源 220 V 的火线端 L 经熔断器 FU3 连接至 S7-1200 PLC 输出点内部电路公共端 1L，再将交流电源 220 V 零线端 N 连接至交流接触器 KM1～KM4 线圈和指示灯 HL1～HL2 的出线端，之后将 KM1～KM4 的进线端分别与 S7-1200 PLC 的输出端 Q0.0、Q0.1、Q0.3 和 Q0.4 相连，并将 HL1～HL2 的进线端分别与 S7-1200 PLC 的输出端 Q0.2 和 Q0.5 相连。

5.4.2 软件设计

1. 输入/输出地址分配

依据硬件主电路、PLC 控制电路和 I/O 接线图,设计肥料自动运输装置的输入/输出地址分配表,如表 5-6 所示。

表 5-6 肥料自动运输装置输入/输出地址分配表

输 入		输 出	
输入地址	元器件标号及功能	输出地址	元器件标号及功能
I0.0	启动按钮 SB1	Q0.0	装料线圈 KM1
I0.1	停止按钮 SB2	Q0.1	右行线圈 KM2(移动料库至田间卸料区)
		Q0.2	右行指示灯 HL1
		Q0.3	卸料线圈 KM3
		Q0.4	左行线圈 KM4(田间卸料区至移动料库)
		Q0.5	左行指示灯 HL2

2. 梯形图程序设计

肥料自动运输装置的梯形图如图 5-16 所示,主要应用了接通延时定时器指令进行编程。其中,DB1 和 DB2 分别为装料和卸料时间设置定时器,DB3 和 DB4 分别为右行和左行时间设置定时器。程序设计思想如下:

(1) 程序初始化。系统上电运行后,M1.0 产生一个短脉冲,使 M0.0 线圈被置 1,M0.1~M0.5 线圈被复位,对整个程序进行初始化。

(2) 移动料库位置装料。此后,若启动按钮 SB1 按下,M0.0 线圈复位,M0.1 线圈被置 1,DB1 定时器启动计时,模拟装置在移动料库(左边位置)装载肥料作业,5 s 后装料作业完成,M0.1 线圈复位,M0.2 线圈被置 1,DB1 定时器复位,同时 DB3 定时器启动计时。

(3) 右行至田间卸料区。此后,装置自移动料库位置开始右行,10 s 后到达田间卸料区(右边位置),M0.2 线圈复位,M0.3 线圈被置 1,DB3 定时器复位,DB2 定时器启动计时。

(4) 田间卸料区卸料作业。此后,模拟装置在田间卸料区进行卸料作业,5 s 后卸料作业完成,M0.3 线圈复位,M0.4 线圈被置 1,DB2 定时器复位,DB4 定时器启动计时。

(5) 左行返回移动料库。此后,装置开始左行返回移动料库,10 s 后到达移动料库,M0.4 线圈复位,DB4 定时器也复位。

(6) 再次循环运料。此后,M0.1 线圈重新被置 1,装置再次执行循环装料、运料、卸料等作业流程。

(7) 停止运输作业。装置执行作业过程中,若按下停止按钮 SB2,M0.0 被置 1,M0.1~M0.4 复位,运输作业即刻停止。

程序段1：初始化

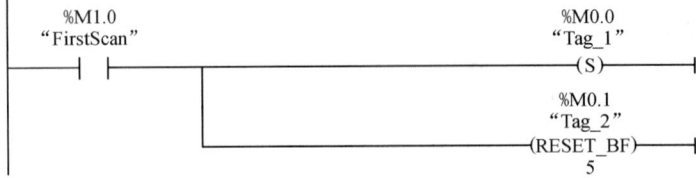

程序段2：移动料库位置启动

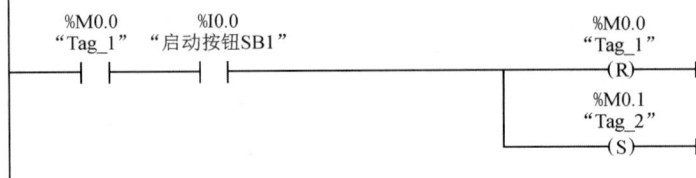

(a)

程序段3：移动料库位置装料5 s

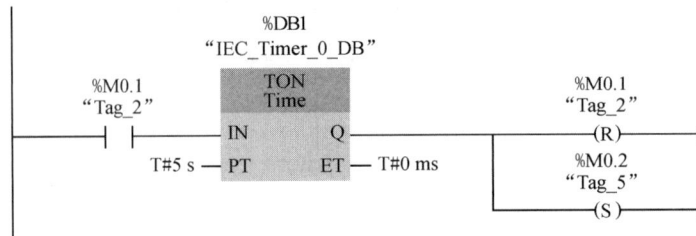

程序段4：右行移动到卸料区10 s

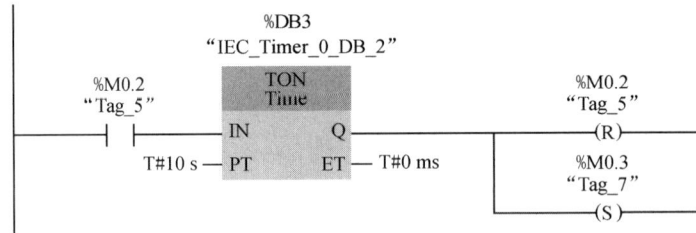

(b)

程序段5：田间卸料区卸料5 s

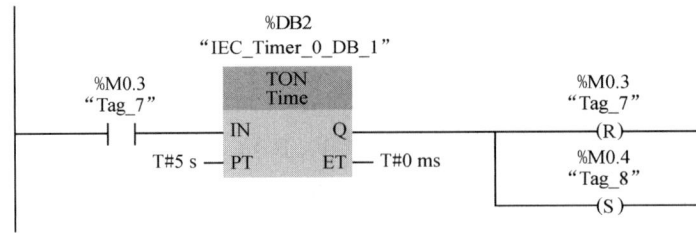

程序段6：左行返回移动料库位置10 s

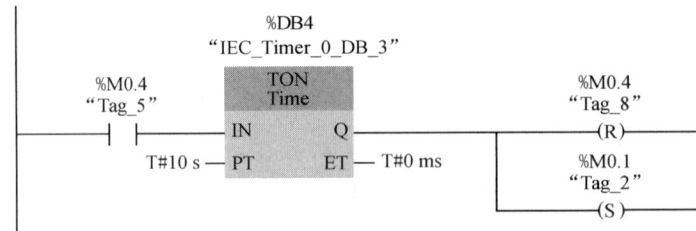

(c)

程序段7：装置停止

```
%I0.1                                    %M0.0
"停止按钮SB2"                             "Tag_1"
   ┤├─────────┬──────────────────────────( S )
                                          %M0.1
                                          "Tag_2"
             └──────────────────────────(RESET_BF)
                                             4
```

程序段8：移动料库位置装料

```
%M0.1                                    %Q0.0
"Tag_2"                                  "装料KM1"
   ┤├──────────────────────────────────────( )
```

程序段9：装置右行

```
%M0.2                                    %Q0.1
"Tag_5"                                  "右行KM2"
   ┤├─────────┬──────────────────────────( )
                                          %Q0.2
                                          "右行指示灯HL1"
             └──────────────────────────( )
```

(d)

程序段10：田间卸料区卸料

```
%M0.3                                    %Q0.3
"Tag_7"                                  "卸料KM3"
   ┤├──────────────────────────────────────( )
```

程序段11：装置左行

```
%M0.4                                    %Q0.4
"Tag_8"                                  "左行KM4"
   ┤├─────────┬──────────────────────────( )
                                          %Q0.5
                                          "左行指示灯HL2"
             └──────────────────────────( )
```

(e)

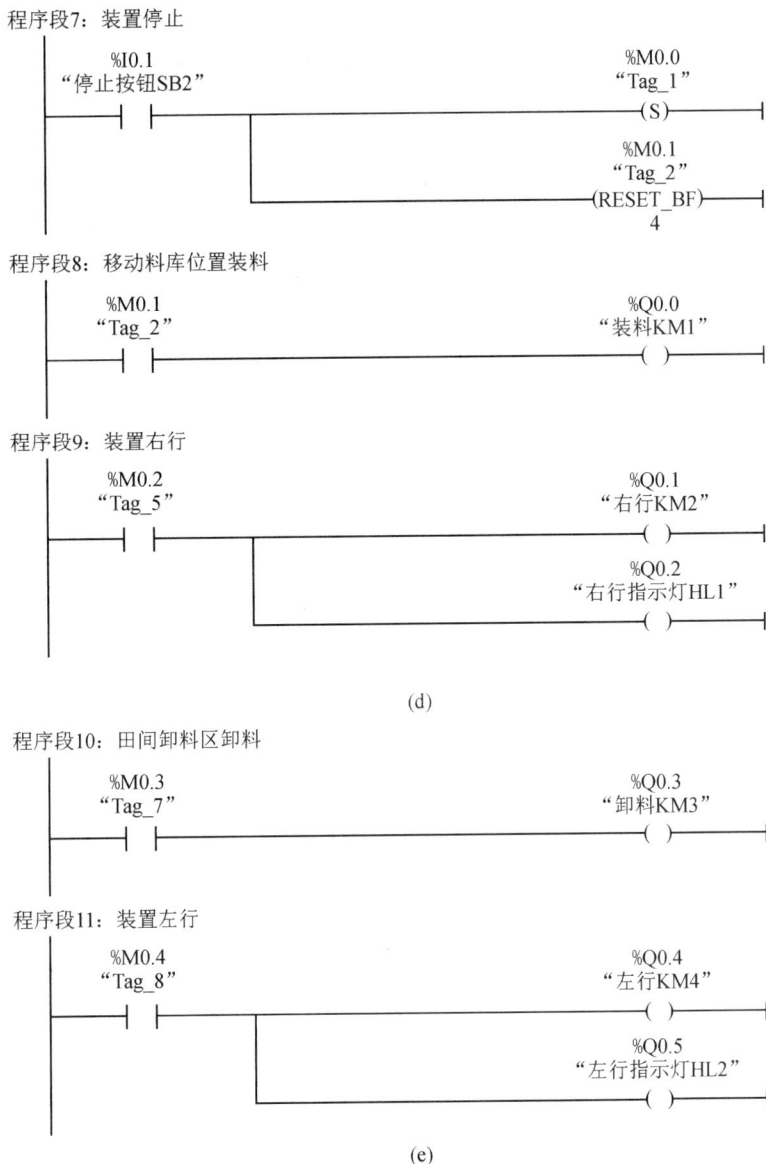

图 5-16　肥料自动运输装置梯形图程序

5.4.3　程序调试与监控

设计完本装置的梯形图程序后，可在博途编程软件中编写项目程序，并进行程序调试和监控。

1. 调试程序

完成项目程序下载后，将 PLC 设置为 RUN 模式，可发现 PLC 运行指示灯变为绿色。此时，打开"MAIN[OB1]"窗口，单击工具栏上的"启用/禁止监控"按钮，博途软件即进入对项目程序运行状态的查看界面，同时程序编辑器标题栏会变为橙红色，用户可在该界面观察项目程序的运行效果，并对程序运行进行调试。完成程序基本调试后，可在编程软件的变量表中查看本项目程序的变量名称、数据类型和地址，如图 5-17 所示。

图 5-17 肥料自动运输装置梯形图程序变量表

2. 监控程序

本项目的程序状态监控界面如图 5-18 所示。首先，PLC 上电后，"FirstScan"首次循环，将 M0.0 线圈置 1，M0.1～M0.5 线圈被复位，之后若按下启动按钮 SB1(见图 5-18(a))，装置便开始按照程序设定，进行"装料(见图 5-18(b)、图 5-18(d))→右行(见图 5-18(b)、图 5-18(e))→卸料(见图 5-18(c)、图 5-18(e))→左行(见图 5-18(c)、图 5-18(f))"循环作业。运行期间若按下停止按钮 SB2，装置可立即停止作业(见图 5-18(g))。

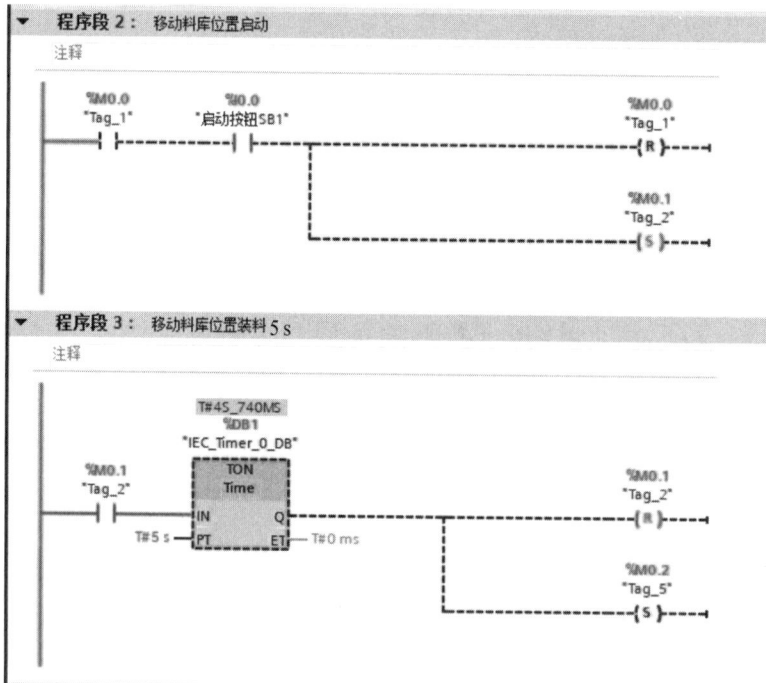

(a)

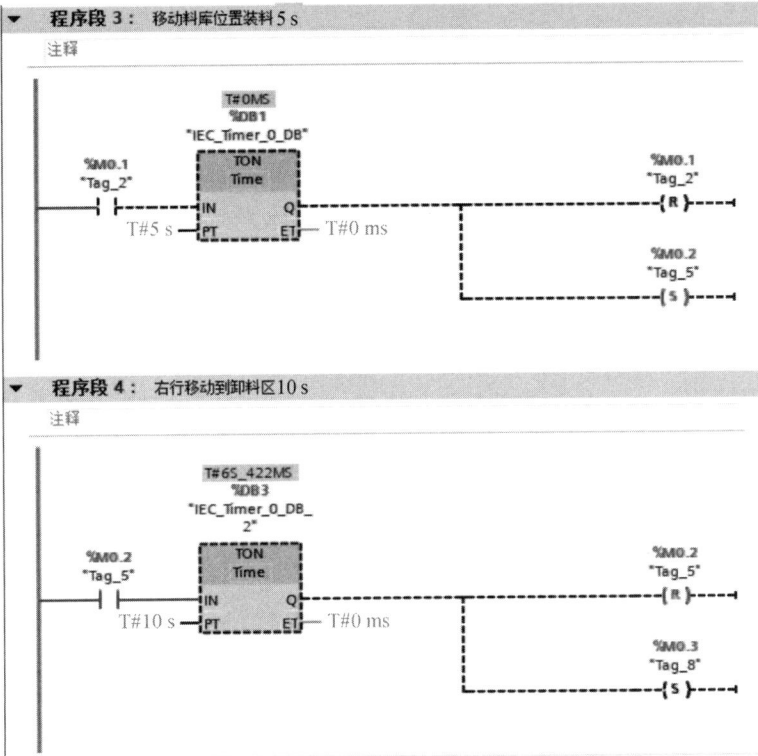

(b)

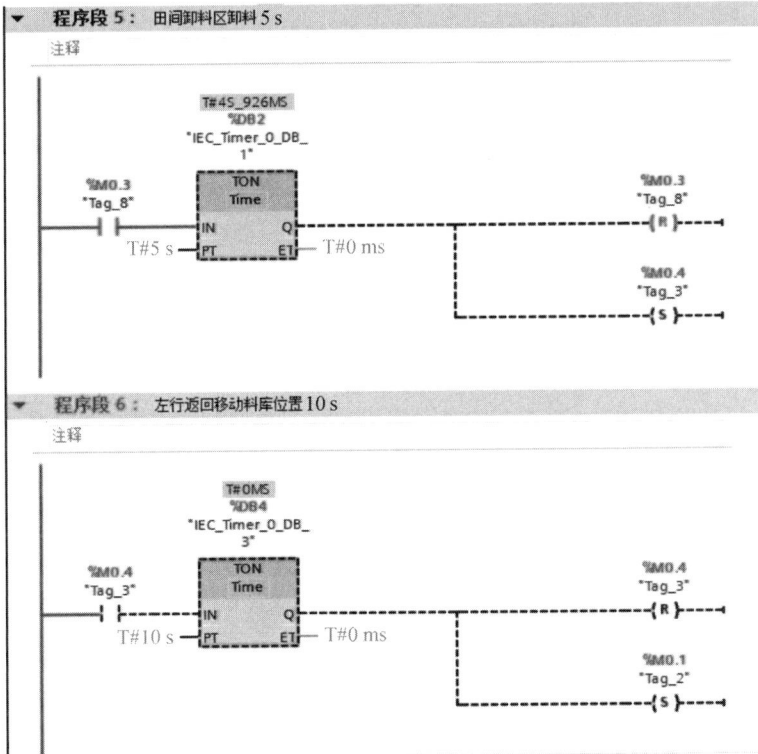

(c)

(d)

(e)

(f)

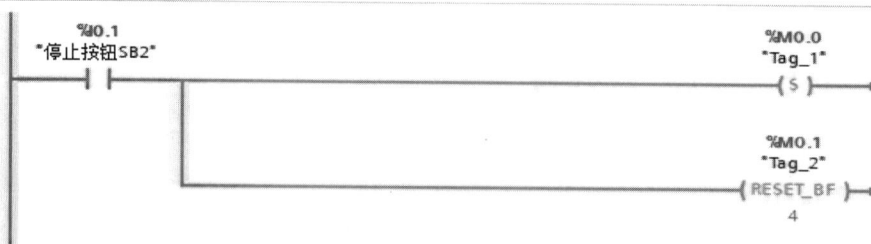

(g)

图 5-18 调试运行程序

5.4.4　仿真实现

参照之前项目的仿真调试经验，创建肥料自动运输装置仿真工程项目，对项目进行仿真调试，呈现仿真效果。具体的仿真实现操作步骤如下。

1. 添加变量参数

将 PLC_1 站点下载到仿真器中，打开仿真器项目视图，将本项目添加进去，在项目树中，双击"SIM 表格_1"，打开"SIM 表格_1"，点击"添加变量"按钮，所有变量名称即会显示在"名称"栏中。在初始状态下，"I0.0:P""I0.1:P""Q0.0""Q0.1""Q0.2""Q0.3""Q0.4""Q0.5"的监视/修改值都为布尔型"FALSE"。

2. 启动设备仿真

双击"I0.0:P"所在行"位"列中的方框，模拟启动按钮 SB1 的按下和释放操作，之后可看到 Q0.0～Q0.5 的监视/修改值在 TRUE 和 FALSE 之间切换，SIM 表格_1 中各定时器名称的监视/修改值也会随着时间仿真作业过程而动态改变，如图 5-19 所示。

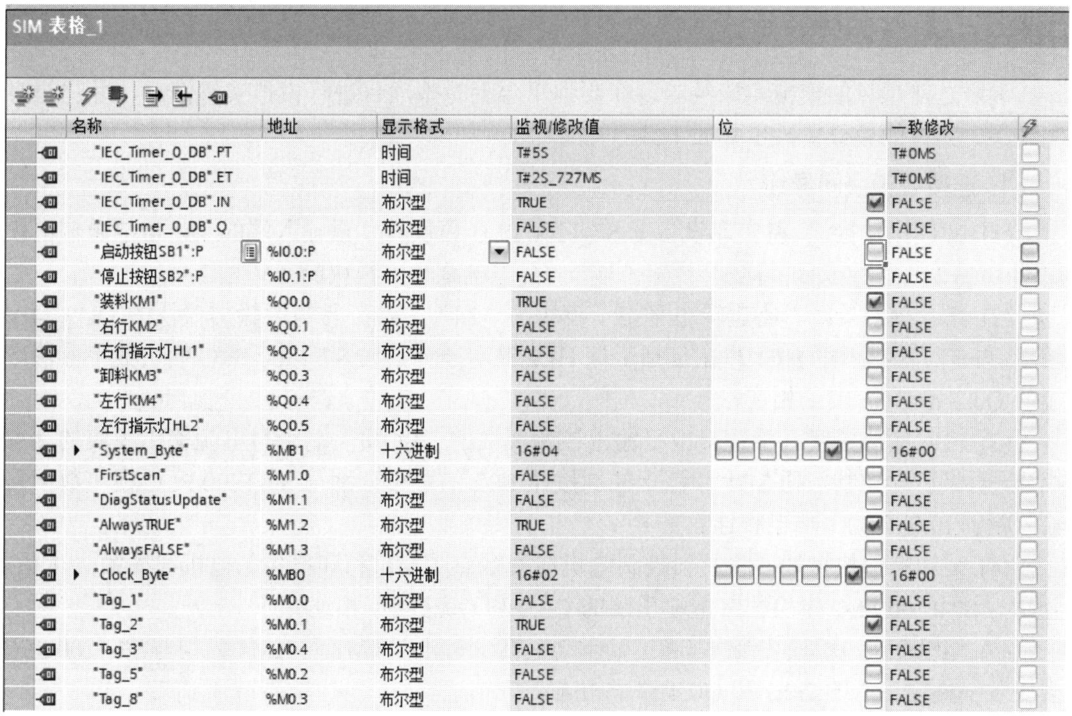

	名称	地址	显示格式	监视/修改值	位	一致修改	
	"IEC_Timer_0_DB".PT		时间	T#5S		T#0MS	
	"IEC_Timer_0_DB".ET		时间	T#2S_727MS		T#0MS	
	"IEC_Timer_0_DB".IN		布尔型	TRUE	☑ FALSE		
	"IEC_Timer_0_DB".Q		布尔型	FALSE	☐ FALSE		
	"启动按钮SB1":P	%I0.0:P	布尔型	▼ FALSE	☐ FALSE		
	"停止按钮SB2":P	%I0.1:P	布尔型	FALSE	☐ FALSE		
	"装料KM1"	%Q0.0	布尔型	TRUE	☑ FALSE		
	"右行KM2"	%Q0.1	布尔型	FALSE	☐ FALSE		
	"右行指示灯HL1"	%Q0.2	布尔型	FALSE	☐ FALSE		
	"卸料KM3"	%Q0.3	布尔型	FALSE	☐ FALSE		
	"左行KM4"	%Q0.4	布尔型	FALSE	☐ FALSE		
	"左行指示灯HL2"	%Q0.5	布尔型	FALSE	☐ FALSE		
▶	"System_Byte"	%MB1	十六进制	16#04	☐☐☐☐☐☑☐	16#00	
	"FirstScan"	%M1.0	布尔型	FALSE	☐ FALSE		
	"DiagStatusUpdate"	%M1.1	布尔型	FALSE	☐ FALSE		
	"AlwaysTRUE"	%M1.2	布尔型	TRUE	☑ FALSE		
	"AlwaysFALSE"	%M1.3	布尔型	FALSE	☐ FALSE		
▶	"Clock_Byte"	%MB0	十六进制	16#02	☐☐☐☐☐☐☑	16#00	
	"Tag_1"	%M0.0	布尔型	FALSE	☐ FALSE		
	"Tag_2"	%M0.1	布尔型	TRUE	☑ FALSE		
	"Tag_3"	%M0.4	布尔型	FALSE	☐ FALSE		
	"Tag_5"	%M0.2	布尔型	FALSE	☐ FALSE		
	"Tag_8"	%M0.3	布尔型	FALSE	☐ FALSE		

图 5-19　按下启动按钮 SB1 后的仿真界面

3. 停止设备仿真

在仿真作业执行过程中，双击"I0.1:P"所在行"位"列中的方框，模拟停止按钮 SB2 的按下和释放操作，之后可看到 SIM 表格_1 中各变量的监控/修改值都变为 FALSE，说明设备停止作业，如图 5-20 所示。

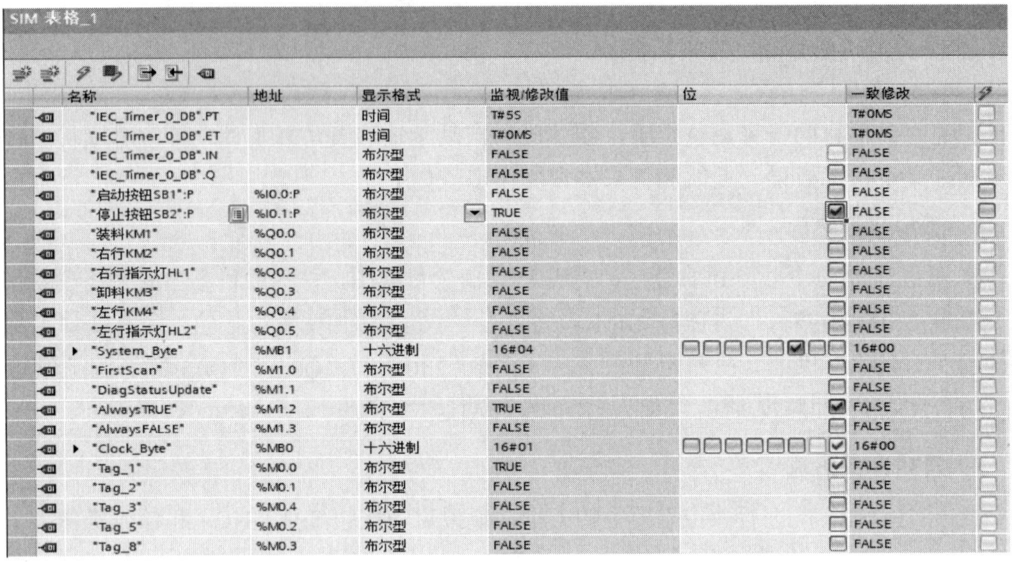

图 5-20　按下停止按钮 SB2 后的仿真界面

5.4.5　模拟实操

参照之前项目的模拟实操经验，在实训平台上对本项目进行模拟实操演示，并记录时序结果。具体的模拟实操步骤如下。

1. 连接各模块间导线

(1) PLC 模块接线。将实训设备上 S7-1200 PLC 模块数字量输入端的 1M 与电源输出模块的 DC +24 V 相连，再将数字量输出端的 1L 与电源输出模块的 0 V 相连。

(2) 指示模块接线。将逻辑电平指示模块的 "24 V" 端子与电源输出模块的 DC +24 V 相连，再将右行指示灯 HL1 和左行指示灯 HL2 的端子分别与 S7-1200 PLC 模块数字量输出端的 Q0.2 和 Q0.5 端子相连。

(3) 输入模块接线。将逻辑电平输出控制模块的 "COM" 端子与电源输出模块的 0 V 相连，再将启动控制按钮 SB1 和停止控制按钮 SB2 的端子分别与 S7-1200 PLC 模块数字量输入端的 I0.0 和 I0.1 端子相连。

(4) 装卸料模块接线。将装料控制电机线圈触点 KM1 和卸料控制电机线圈触点 KM3 分别与 S7-1200 PLC 模块数字量输出端的 Q0.0 和 Q0.3 端子相连。

(5) 运输驱动电机模块接线。将运输驱动电机线圈触点 KM2 和 KM4 分别与 S7-1200 PLC 模块数字量输出端的 Q0.1 和 Q0.4 端子相连。

2. 开启电源进行实操

完成各模块间导线连接并检查无误后，点击博途软件工具栏上的 "下载到设备" 按钮 [图标]，将编译好的程序下载到 PLC 中，之后开启电源开关进行实操。

按下启动按钮 SB1，装置模拟在移动料库进行装料作业，5 s 后右行指示灯 HL1 点亮，模拟装置向田间卸料区移动，10 s 后到达田间卸料区，右行指示灯 HL1 熄灭，开始模拟在田间卸料区卸料作业，5 s 后左行指示灯 HL2 点亮，模拟装置返回移动料库过程，10 s 后左行指示灯 HL2 熄灭，装置抵达移动料库。此后，循环执行上述作业过程，直至按下停止按钮 SB2，所有指示灯均熄灭，装置停止作业。

3. 观察现象并记录实操数据

在遵守实训操作安全的基础上，严格按照实训操作规范完成本项目模拟实操，细心观察实操现象，记录相关数据，并将实操结果填到表 5-7 中。

表 5-7　实操数据记录表

状　态	现象(亮或灭)	电压值/V	电流值/A
启动按钮 SB1 断开	左行指示灯 HL2:	$U_{Q0.0}=$ ，$U_{Q0.1}=$	$I_{Q0.0}=$ ，$I_{Q0.1}=$
	右行指示灯 HL1:	$U_{Q0.2}=$ ，$U_{Q0.3}=$ $U_{Q0.4}=$ ，$U_{Q0.5}=$	$I_{Q0.2}=$ ，$I_{Q0.3}=$ $I_{Q0.4}=$ ，$I_{Q0.5}=$
启动按钮 SB1 闭合	左行指示灯 HL2:	$U_{Q0.0}=$ ，$U_{Q0.1}=$	$I_{Q0.0}=$ ，$I_{Q0.1}=$
	右行指示灯 HL1:	$U_{Q0.2}=$ ，$U_{Q0.3}=$ $U_{Q0.4}=$ ，$U_{Q0.5}=$	$I_{Q0.2}=$ ，$I_{Q0.3}=$ $I_{Q0.4}=$ ，$I_{Q0.5}=$
停止按钮 SB2 闭合	左行指示灯 HL2:	$U_{Q0.0}=$ ，$U_{Q0.1}=$	$I_{Q0.0}=$ ，$I_{Q0.1}=$
	右行指示灯 HL1:	$U_{Q0.2}=$ ，$U_{Q0.3}=$ $U_{Q0.4}=$ ，$U_{Q0.5}=$	$I_{Q0.2}=$ ，$I_{Q0.3}=$ $I_{Q0.4}=$ ，$I_{Q0.5}=$

5.5　项目拓展

5.5.1　任务拓展

在本项目基础上，增设一个即停后装置自动返回移动料库功能，即在装置执行运料的过程中，若遇到紧急事件，需要运料装置立刻返回移动料库，只需要按下即停返回按钮 SB3，装置便可马上结束运料作业，且无论在何处，都会立即返回移动料库。

根据上述设计需求分配输入/输出地址，如表 5-8 所示。与本项目相比，拓展项目增加了 1 个控制开关 SB3，应重点比较即停返回和卸料返回两种功能的逻辑差异性，在此基础上设计程序。具体的程序由学习者自行思考。

表 5-8　拓展项目输入/输出地址分配表

输　入		输　出	
输入地址	元器件标号及功能	输出地址	元器件标号及功能
I0.0	启动按钮 SB1	Q0.0	装料线圈 KM1
I0.1	停止按钮 SB2	Q0.1	右行线圈 KM2(移动料库至田间卸料区)
I0.3	即停返回按钮 SB3	Q0.2	右行指示灯 HL1
		Q0.3	卸料线圈 KM3
		Q0.4	左行线圈 KM4(田间卸料区至移动料库)
		Q0.5	左行指示灯 HL2

5.5.2　思政拓展

高质量发展新征程｜友谊跑出智慧农业加"数"度

国产智能农机携手"北斗"实现地空互动，水田自动化作业与等高环播种植等现代农业技术成果夺目；智能田埂、智能灌溉(如图 5-21 所示)等设备正探索农业绿色低碳发展新路径。如今，在物联网、云计算、大数据等新一代信息技术的引领下，北大荒农业股份友谊分公司在黑土地上跑出了农业智能化加"数"度。

图 5-21　智慧农田现场

科技是第一生产力，2024 年 3 月份，北大荒农业股份友谊分公司根据生产需求，先后开展水田旱田智能驾驶收割机和拖拉机协同作业技术研究，逐步实现智能驾驶收割机和接粮拖拉机协同作业，即收获和卸粮同时进行，提高作业效率。

近年来，基于北斗导航系统的广泛应用，北大荒农业股份友谊分公司研制的国产无人驾驶农机的定位精度可达到厘米级，能实现直线行驶和自主掉头等智能化操作。在水田作业方面，通过智能驾驶系统，可实现搅浆、插秧、收获、整地等环节一条龙作业；在旱田作业方面，可实现电控播种、变量施肥等作业。除此之外，还同时具备作业综合监管、油耗监测等功能，推动农业生产向科学化和便捷化发展。

【思政拓展小任务】

同学们，在认真研读完本项目的思政拓展文章后，你对中国智慧技术助力农业发展有了哪些认知？请结合这篇文章，以及本项目的理论和技能学习内容，完成以下思政拓展任务：

(1) 以校内图书馆、网络资源库等作为载体，自主查询有关中国智慧技术在肥料自动运输装置中的应用案例，汇总整理成图片、文字、视频素材库，在班上分组进行汇报。

(2) 班上同学自主组合成若干小组，走访校园周边的村镇及农业企业，收集中国智慧技术赋能肥料自动运输的实际应用案例，并与农民或智慧农企技术人员进行访谈交流，深入调研中国智慧技术在肥料自动运输和监控领域应用所取得的经济效益、社会效益、技术效益，撰写一篇不少于 1500 字的分析报告。

(3) 结合本项目的学习，谈一谈你对 PLC 技术赋能农料自动运输作业的理解。

思考与练习

1. 定时器指令包含＿＿＿＿＿、＿＿＿＿＿、＿＿＿＿＿和＿＿＿＿＿。

2. 接通延时定时器 TON 的使能输入端(IN)＿＿＿＿＿时开始定时，当前值大于等于预置时间值 PT 时，其输出端 Q 为＿＿＿＿＿状态。

3. 关断延时定时器 TOF 的使能输入端(IN)接通时，定时器输出端 Q 为＿＿＿＿＿状态，当前值 ET 会被＿＿＿＿＿。

4. 保持型接通延时定时器 TONR 的使能输入端(IN)＿＿＿＿＿时开始计时，使能输入端(IN)断开时，当前值＿＿＿＿＿。

5. 用 S7-1200 PLC 设计一个小车往复运动控制装置，要求：按下启动按钮 SB1 后小车前行，行驶 10 s，停止 5 s，再后退 10 s，停止 5 s，如此循环下去，直至按下停止按钮 SB2，小车停止。

6. 自选 S7-1200 PLC 中的定时器指令，设计一个输出脉冲周期为 20 s，占空比为 60% 的振荡电路，写出梯形图程序，并画出时序图。

项目6 饲料包装入库计数装置设计与实现

理论知识目标

1. 了解 S7-1200 PLC 计数器指令的格式。
2. 掌握 S7-1200 PLC 计数器指令的类型。
3. 掌握 S7-1200 PLC 计数器指令的功能。

实操技能目标

1. 了解 PLC 编程注意事项和技巧。
2. 掌握本项目的硬件组态与接线方法。
3. 掌握正确使用计时器指令编写项目程序的方法。
4. 掌握 PLC 编程注意事项及编程技巧。

思政素养目标

1. 培养安全第一、规范实操的意识。
2. 培养技术助农、科技兴农的理念。

6.1 项 目 导 入

饲料是饲养动物食物的总称，从狭义角度上讲，饲料主要指的是农业或牧业饲养的动物的食物。现代农牧业养殖中的常用饲料包括玉米、大豆、谷物、肉骨粉等，能够为禽畜提供优质蛋白质、能量，维持禽畜体内各种元素平衡，对提升农牧业养殖效率和质量有重要的作用。对于饲料生产包装企业来说，便捷地检验饲料产品的包装质量(如包装袋外表有无磨损、破漏等)，根据包装质量优劣自动完成分拣入库作业，并记录下合格或不合格饲料包装产品的数量，是提升饲料包装入库自动化生产和监控水平的关键。基于此，设计一款饲料包装入库计数自动化生产装置，有利于提升农业饲料包装类企业的生产效能。

本项目基于西门子 S7-1200 PLC 设计饲料包装入库装置，当按下装置启动按钮 SB1 后，传送带 A 开始运输饲料包装产品，当产品通过视觉成像检测仪时，若包装质量不达标，视觉成像检测仪向 PLC 的输入端子 I0.2 发送高电平脉冲信号，并启动机械手将不合格的饲料包装产品抓取至传送带 B，同时计数器记录下不合格饲料包装产品的数量，当不合格的饲料包装产品数量达到一定数值时(本项目设置为 20)，装置自动停止工作并发出报警提示；若包装质量达标，视觉成像检测仪不会向 PLC 输入端子 I0.2 发送任何信号，饲料包装袋顺利入库，装置设备继续运送剩余的饲料产品。

6.2　项目分析

本项目希望通过引入 PLC 技术提升农业饲料生产企业的包装自动化作业水平，所设计装置的控制原理为：在饲料产品装运流水线上安装 1 个视觉成像检测仪，实时检测饲料产品包装的质量，并将检测结果以数字量的形式反馈给 PLC 控制器，PLC 控制器则根据预设程序控制其他外部负载执行相应的动作，如对合格和不合格包装产品实施分拣、对不合格产品数量进行计数、自动报警及停止装置运行等。整个装置由 PLC 控制器、传送带、三相异步驱动电机、视觉成像检测仪、继电器、开关、机械手、指示灯、喇叭等组成。饲料包装入库计数 PLC 装置设计框架如图 6-1 所示。

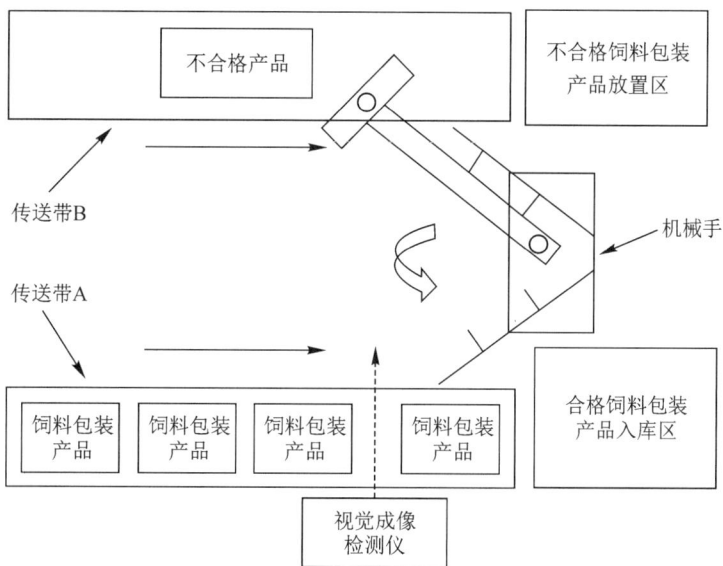

图 6-1　饲料包装入库计数 PLC 装置整体框架

6.3　配套知识点

6.3.1　计数器指令

S7-1200 PLC 的计数器属于软件计数器，包含 3 种类型，分别是加计数器(CTU)、减计数器(CTD)和加减计数器(CTUD)，它们的最大计数速率受到自身所在组织块执行速率的限制，实际应用中如果需要速度更高的计数器，用户可以选择 CPU 内置的高速计数器。

与定时器指令类似,在调用计数器指令时,需要使用存储在数据块中的结构用于保存计数器的数据,在程序编辑过程中放置计数器指令时,系统即可自动分配相应的数据块,可以采用默认或手动两种方式对数据块的参数进行设置。

1. 加计数器指令(CTU)

加计数器有 5 个端子,分别是输入端 CU、复位端 R、预设计数值端 PV、当前计数值端 CV 和输出端 Q,其功能为:每当 CU 端输入上升沿脉冲时,当前计数值 CV 便会加 1,直到 CV 值大于或等于 PV 值,加计数器的输出端 Q 被置 1,此后若 CU 端持续输入上升沿脉冲,CV 值也不再变化。如果复位端 R 从 0 变为 1,则计数器被复位,CV=0。在第一次执行程序时,CV 会被清零。加计数器(CTU)的指令符号如图 6-2 所示。

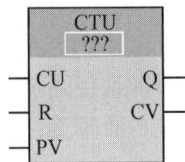

图 6-2 加计数器(CTU)指令符号

加计数器指令应用举例如下。

【例 6-1】 用加计数器指令设计一个小型停车场容量提示装置,编写相应的梯形图程序。要求:某小型停车场的容量为 10,在停车场入口安装一个传感器用于检测入场车辆,每入场 1 辆车时,传感器能够自动检测到并向 PLC 的加计数器发出信号,当入场车辆达到 3 辆时,停车场外黄色指示灯点亮进行提示。

如图 6-3 所示,采用加计数器指令(CTU)设计案例程序,车辆入场检测传感器输出端连接至 PLC 的 I0.0 端口,装置复位开关连接至 PLC 的 I0.1 端口,黄色指示灯连接至 PLC 的 Q0.0 端口,当有车辆进场时,入场检测传感器会检测到并向 CU 端发出 1 个上升沿脉冲信号,CV 值增加 1,当入场车辆达到 3 辆时,CV = PV,计数器输出端 Q = 1,Q0.0 被置 1,黄色指示灯点亮。

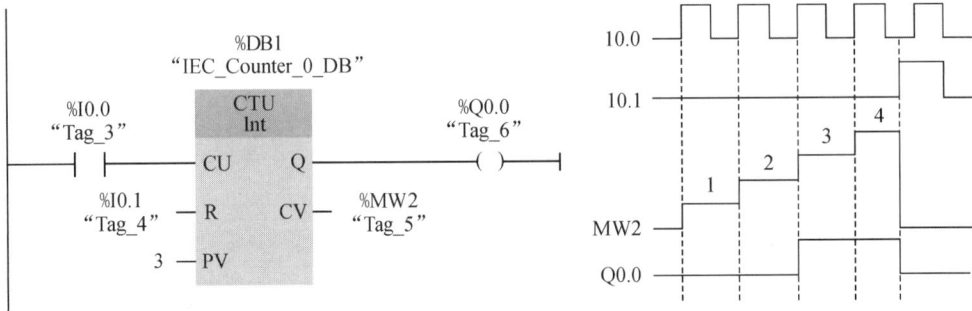

图 6-3 小型停车场容量提示装置程序及波形(加计数器指令)

2. 减计数器指令(CTD)

减计数器也有 5 个端子,分别是输入端 CD、装载控制端 LD、预设计数值端 PV、当前计数值端 CV 和输出端 Q,其功能为:每当 CD 端输入上升沿脉冲时,计数器会使 CV 减 1,如果 CV 小于或等于 0,则计数器输出端 Q 被置 1。当装载控制端 LD 输入上升沿脉冲时,PV 将作为新的 CV 被装载到计数器中,计数器的输出端 Q 被复位。第一次执行程序,CV 被清零。减计数器(CTD)的指令符号如图 6-4 所示。

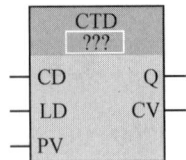

图 6-4 减计数器(CTD)指令符号

减计数器指令应用举例如下。

【例 6-2】　用减计数器指令设计例 6-1 装置，编写相应的梯形图程序。

如图 6-5 所示，采用减计数器指令(CTD)设计案例程序，车辆入场检测传感器输出端连接至 PLC 的 I0.2 端口，装置复位开关连接至 PLC 的 I0.3 端口，黄色指示灯连接至 PLC 的 Q0.1 端口，当有车辆进场时，入场检测传感器会检测到并向 CD 端发出 1 个上升沿脉冲信号，CV 值减 1，当入场车辆达到 3 辆时，CV = 0，计数器输出端 Q = 1，Q0.0 被置 1，黄色指示灯点亮。

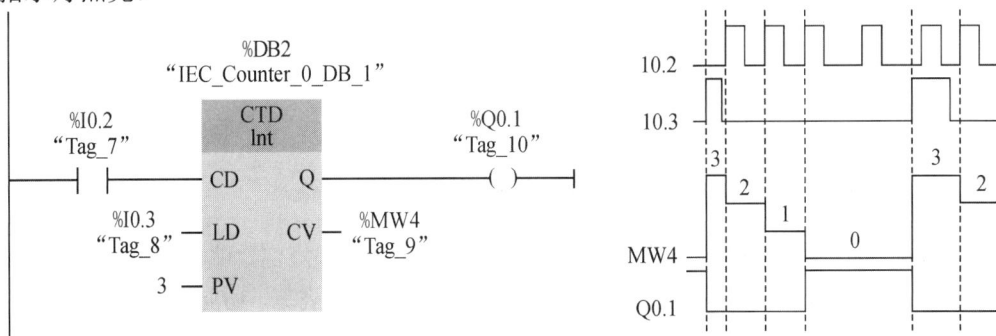

图 6-5　小型停车场容量提示装置程序及波形(减计数器指令)

3. 加减计数器指令(CTUD)

加减计数器有 8 个端子，分别是加计数输入端 CU、减计数输入端 CD、装载控制端 LD、复位端 R、预设计数值端 PV、当前计数值端 CV、输出端 QU 和 QD。其功能为：每当 CU 或 CD 端输入上升沿脉冲时，计数器会使 CV 加 1 或减 1，如果 CV 小于或等于 0，则加减计数器输出端 QD 被置 1；如果 CV 大于或等于 PV，则加减计数器的输出端被置 1。当装载控制端 LD 输入上升沿脉冲时，则 PV 将作为新的 CV 被装载到加减计数器中。如果复位端 R 从 0 变为 1，则当前计数值 CV 复位。加减计数器(CTUD)的指令符号如图 6-6 所示。

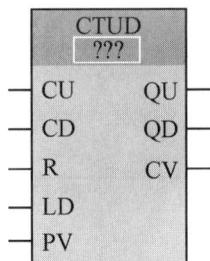

图 6-6　加减计数器(CTUD)指令符号

加减计数器指令应用举例如下。

【例 6-3】　基于 S7-1200 PLC 设计一个既可进行加计数，又可进行减计数的装置，预置计数值设定为 4，编写相应的梯形图程序。

如图 6-7 所示，采用加减计数器指令(CTUD)设计案例程序，当加计数输入端 CU 输入上升沿脉冲时，装置执行加计数操作，当减计数输入端 CD 输入上升沿脉冲时，装置执行减计数操作。当 CV≥4 时，计数器的 QU 端被置 1，Q0.2 = 1；当 CV≤0 时，计数器的 QD 端被置 1，Q0.3 = 1。

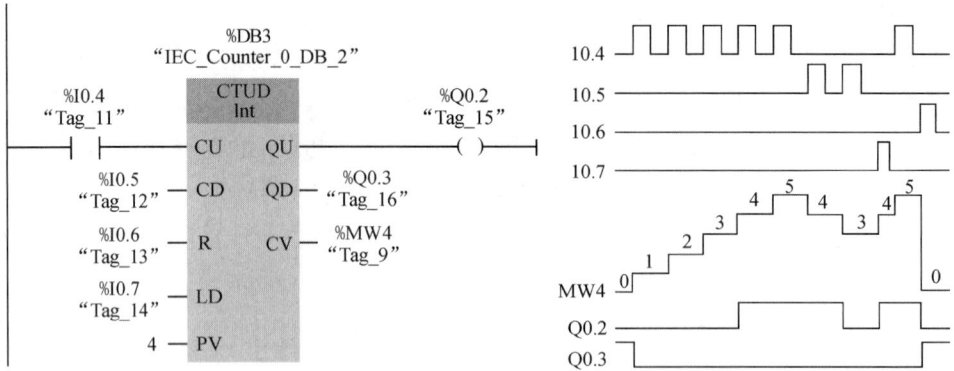

图 6-7　加减计数器指令应用举例及波形

6.3.2　PLC 编程注意事项及编程技巧

PLC 编程涉及诸多的注意事项和编程规范，包括编程语法规定、编程设计技巧、常用编程设计方法等，熟知这些注意事项和编程规范，能够设计出更规范、功能性更强的程序系统。

1. 编程语法规定

(1) 梯形图程序应按照自上而下，从左至右的顺序编写，在编写过程中要正确调用程序指令，如图 6-8 所示。

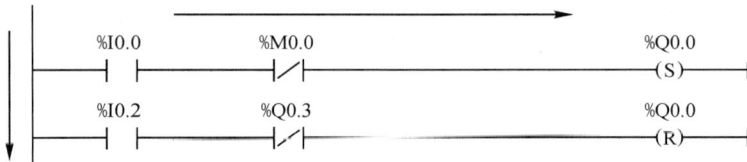

图 6-8　按"自上而下，从左至右"的顺序编写

(2) 同一操作数的输出线圈在一个程序中不能使用两次，不同操作数的输出线圈可以并行输出，如图 6-9 和图 6-10 所示。

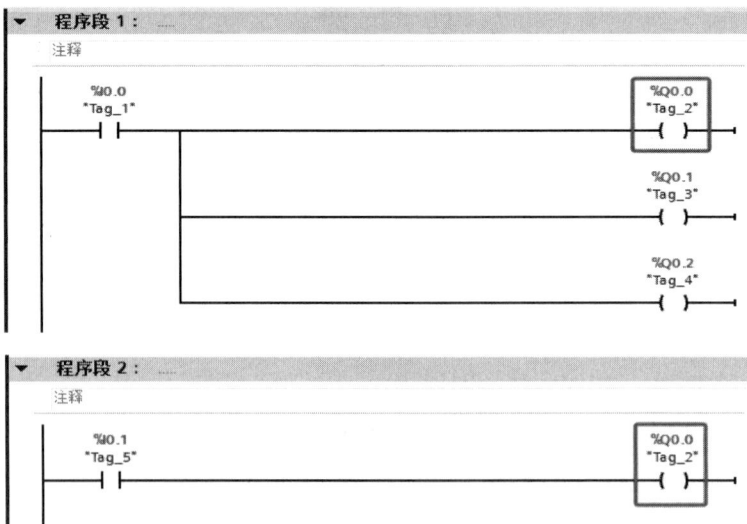

图 6-9　不正确

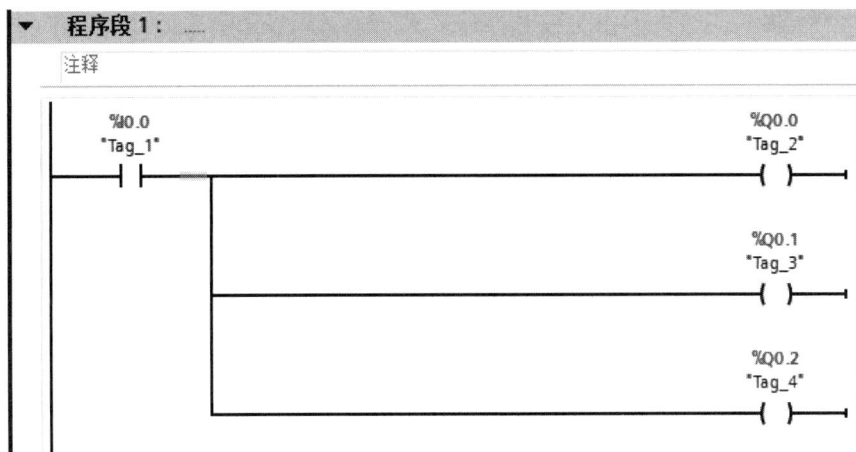

图 6-10　正确

(3) 串联多的支路应尽量放在上部，不要放在下部，如图 6-11 和图 6-12 所示。

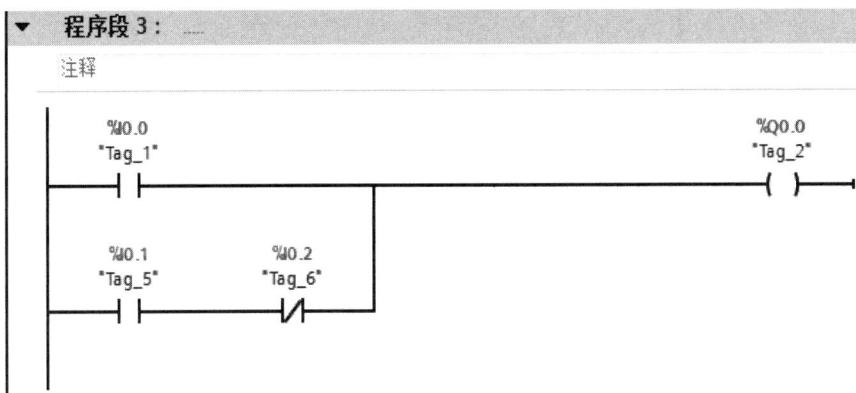

图 6-11　支路安排不当

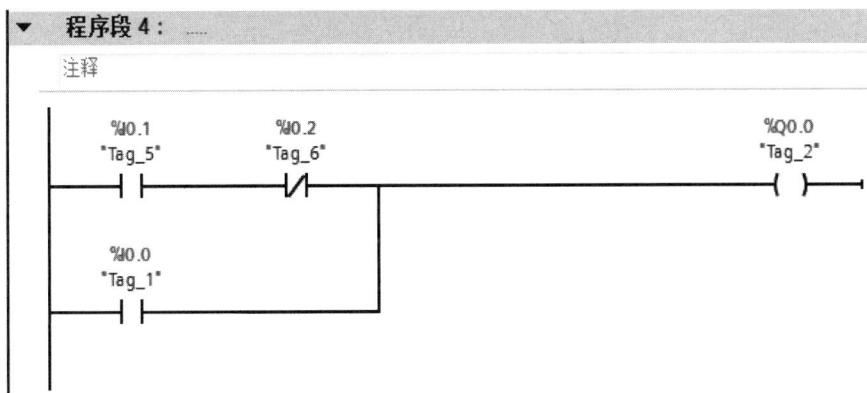

图 6-12　支路安排正确

(4) 并联多的支路应靠近左母线，如图 6-13 和图 6-14 所示。

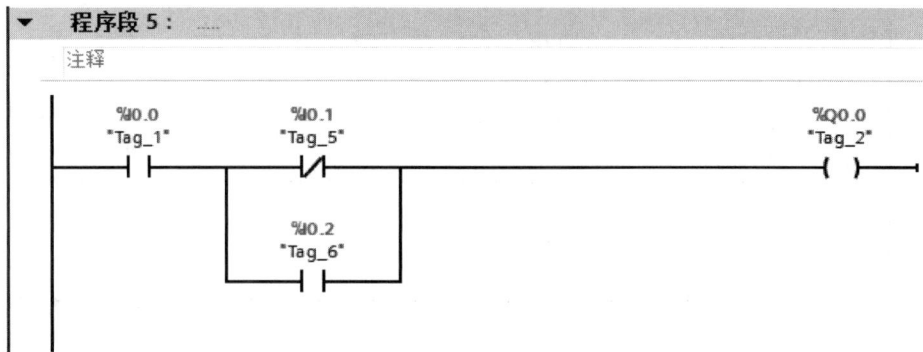

图 6-13　支路安排不当

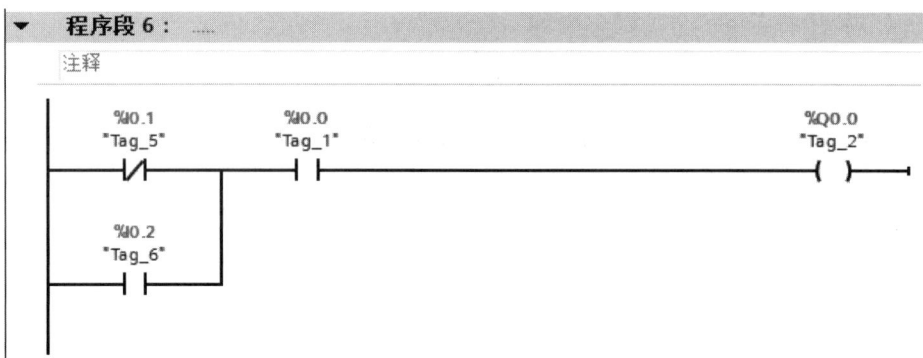

图 6-14　支路安排正确

2. 编程设计技巧

(1) 在梯形图中，若多个线圈都受某一触点串并联电路的控制，为了简化电路，在梯形图中可设置该电路控制的存储器的位，如图 6-15 所示，这类似于继电器电路中的中间继电器。

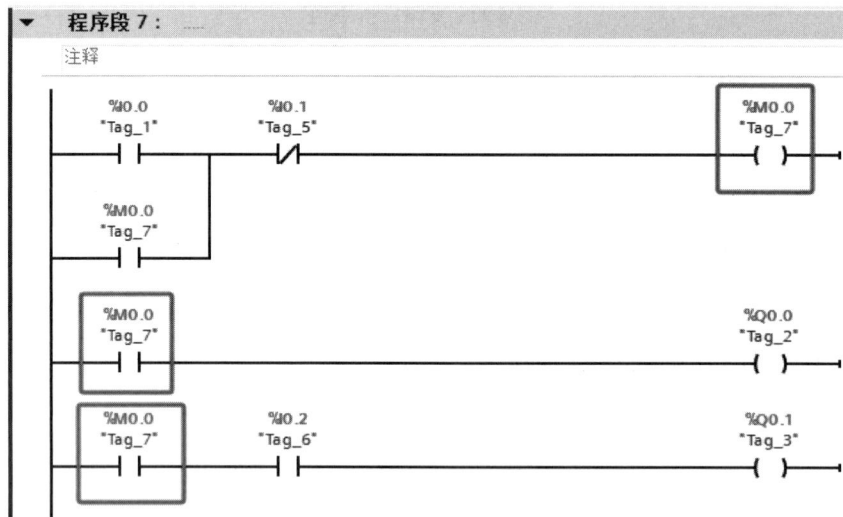

图 6-15　设置中间单元

(2) 尽量减少可编程控制器的输入信号和输出信号。可编程控制器的价格与 I/O 点数有关，因此减少 I/O 点数是降低硬件费用的主要措施。如果几个输入器件触点的串并联电路总是作为一个整体出现，则可以将它们作为可编程控制器的一个输入信号，只占可编程控制器的一个输入点。如果某器件的触点只用一次并且与 PLC 输出端的负载串联，则不必将它们作为 PLC 的输入信号，可以将它们放在 PLC 外部的输出回路中，与外部负载串联。

3. 常用编程设计法

(1) 经验设计法。经验设计法即在一些典型的控制电路程序的基础上，根据被控制对象的具体要求，进行选择组合，并多次反复调试和修改梯形图，有时需增加一些辅助触点和中间编程环节才能达到控制要求。这种方法没有规律可遵循，设计所用的时间和设计质量与设计者的经验有很大的关系，所以称为经验设计法。经验设计法用于较简单的梯形图设计。应用经验设计法必须熟记一些典型的控制电路，如前面已经介绍过的启保停电路以及交流电动机正反转电路等。

(2) 逻辑设计法。逻辑设计法是指详细分析控制任务的逻辑关系，在此基础上将控制电路中元器件的导通和关断状态看作以触点导通和关断状态为逻辑变量的逻辑函数，并进行简化，进一步利用 PLC 逻辑指令便可得到控制程序的设计方法。

(3) 时序图设计法。当 PLC 的输出信号根据固定时间间隔发生顺序变化时，可以梳理输出信号的时间先后关联，并基于此设计梯形图程序，这种程序设计方法便是时序图设计法。

(4) 顺序控制设计法。当系统控制要求满足一定的先后顺序时，可将其 1 个工作周期分为若干顺序相连的步，各步对应一种操作状态，并对相邻步间的转换条件进行分析，在此基础上绘制出功能图，再按照一定的规则将其转换为梯形图程序，这种编程设计方法称为顺序控制设计法。

(5) 继电器控制电路图转换设计法。在继电器控制电路图基础上，通过选择相应指令和科学转换后，设计出控制程序的方法即继电器控制电路图转换设计法。

6.4 项 目 实 施

6.4.1 硬件设计

1. 硬件设备选型

根据饲料包装入库计数装置的设计需求，选择所需主要硬件元件和设备，如表 6-1 所示。

表 6-1 饲料包装入库计数装置主要硬件选型

序号	名　　称	型　　号	描　　述
1	可编程控制器	西门子 S7-1200	CPU 1215C AC/DC/Rly
2	传送带	EP-200	防撕裂型传送带
3	驱动电机	SX-105	三相异步交流电机
4	装置启动开关	ZSJY-1	触点压力型控制开关
5	装置停止开关	ZSJY-2	触点压力型控制开关

续表

序号	名 称	型 号	描 述
6	传送带与驱动电机连接轴承	UPC-216	内径 80 mm，外径 82.6 mm，宽度 305 mm
7	喇叭	QSMB2321	DC +24 V 直流信号驱动
8	机械手	WEX-2000-50	可抓取最高 30 kg 的重物
9	视觉检测仪	MultiSensor V3.0	CCD 视觉检测装置

2. 控制电路及 I/O 接线图

根据本装置控制要求，饲料包装入库计数装置的驱动电机为直接启动，装置的 PLC 控制电路及 I/O 接线图如图 6-16 所示，所有硬件按照表 6-1 中的元件类型选择并确定。

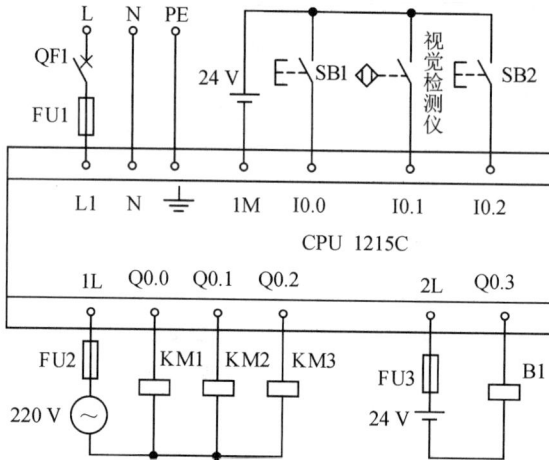

图 6-16   饲料包装入库计数装置 PLC 控制电路

3. 控制电路硬件连接

在断开 PLC 外部电源的前提下，进行装置控制电路连接，主要包含 PLC 输入端和输出端两部分电路连接。

(1) PLC 输入端外部电路连接：先将 S7-1200 PLC 自带的 DC +24 V 电源正极性端子与启动按钮 SB1、停止按钮 SB2 和视觉检测仪的进线端连接起来，之后将 SB1 和 SB2 的出线端分别与 S7-1200 PLC 的输入端 I0.0 和 I0.2 相连。

(2) PLC 输出端外部电路连接：将交流电源 220 V 的火线端 L 经熔断器 FU2 连接至 S7-1200 PLC 输出点内部电路公共端 1L，再将交流电源 220 V 零线端 N 连接至交流接触器 KM1～KM3 线圈，并将 DC +24 V 电源的正极经熔断器 FU3 连接至 S7-1200 PLC 输出点内部电路公共端 2L，负极连接至喇叭 B1 的出线端，最后将喇叭 B1 的进线端与 S7-1200 PLC 的输出端 Q0.3 相连。

6.4.2 软件设计

1. 输入/输出地址分配

依据硬件主电路、PLC 控制电路和 I/O 接线图，设计饲料包装入库计数装置的输入/输出地址分配表，如表 6-2 所示。

表 6-2　饲料包装入库计数装置输入/输出地址分配表

输入		输出	
输入地址	元器件标号及功能	输出地址	元器件标号及功能
I0.0	启动按钮 SB1	Q0.0	A 传送带线圈 KM1
I0.1	视觉检测仪	Q0.1	B 传送带线圈 KM2
I0.2	停止按钮 SB2	Q0.2	机械手驱动线圈 KM3
		Q0.3	报警喇叭 B1

2. 梯形图程序设计

饲料包装入库计数装置的梯形图如图 6-17 所示，主要应用了接通延时定时器指令和加计数器指令进行编程，程序设计思想如下：

(1) 按下启动按钮，启动装置。按下启动按钮 SB1，M0.1 线圈接通，Q0.0 被置 1，A 传送带启动，运送饲料包装袋。

(2) 检测包装质量及入库。饲料包装袋在 A 传送带的运输下，依次通过视觉检测仪，如果质量检测合格，则被运往"合格饲料包装产品入库区"。

(3) 分拣不合格包装品。如果通过视觉检测仪的饲料包装袋质量不合格，则 I0.1、Q0.2 被置 1，Q0.0 被清 0，A 传送带停止，定时器 DB1 开始计时 10 s，这段时间内，机械手启动抓运不合格包装袋至 B 传送带。

(4) 系统报警。DB1 定时器结束定时后，Q0.2 被清 0，机械手复位至原点，程序段 4 中 M0.2 常开触点闭合，Q0.1 被置 1，DB2 定时器开始计时 10 s，这段时间内，B 传动带启动，将不合格包装袋运往"不合格饲料包装产品放置区"。

(5) "不合格饲料包装产品放置区"每增加 1 个不合格品时，M0.3 便会产生 1 个上升沿脉冲，DB3 计数器便会增加 1，当计满 20 个数后，Q0.3 被置 1，喇叭发出报警声，提示不合格品数量已达上限，同时，整个装置停止运行。

(6) 按下停止按钮，停止装置。装置运行过程中，按下停止按钮 SB2，所有外部线圈复位，装置停止工作。

程序段1：装置启动控制

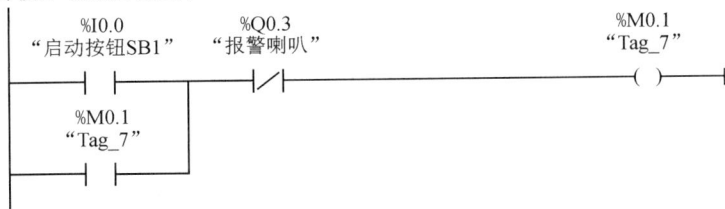

程序段2：A传送带启动

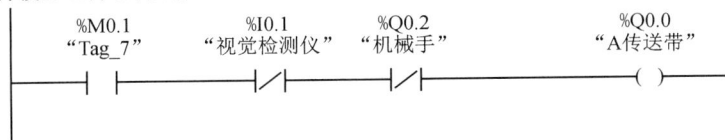

(a)

程序段3：检测到不合格品，机械手启动抓运不合格品

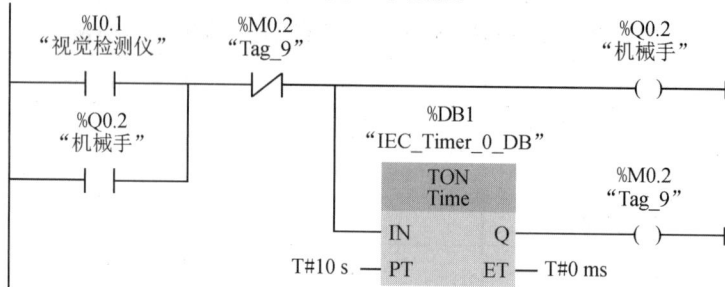

程序段4：B传送带启动，传送不合格品至不合格饲料包装产品放置区

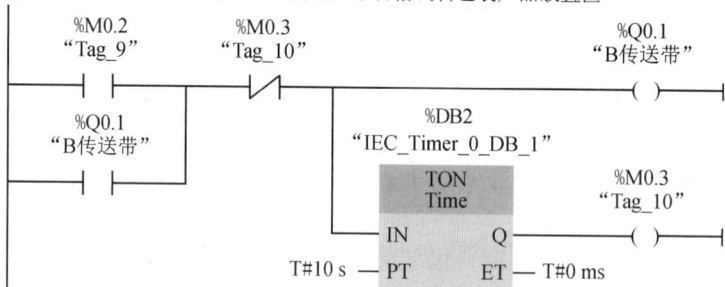

(b)

程序段5：当计满20个不合格品后，装置自动停止并发出报警提示

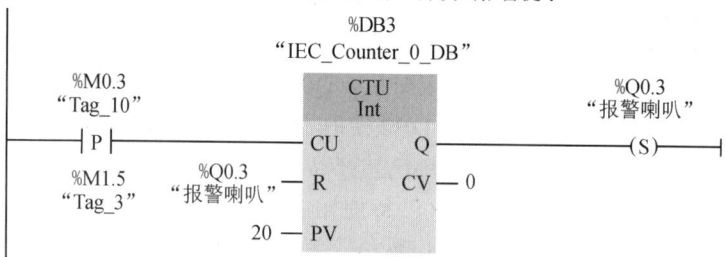

程序段6：按下停止按钮，装置停止

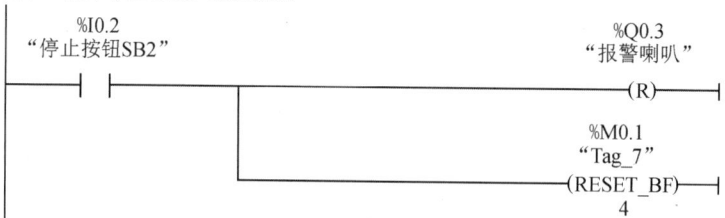

(c)

图 6-17 饲料包装入库计数装置梯形图程序

6.4.3 程序调试与监控

设计完本装置的梯形图程序后，可在博途编程软件中编写项目程序，并进行程序调试和运行监控。

1. 调试程序

完成项目程序下载后，将 PLC 设置为 RUN 模式，可发现 PLC 运行指示灯变为绿色。

此时，打开"MAIN[OB1]"窗口，单击工具栏上的"启用/禁止监控"按钮，博途软件即进入对项目程序运行状态的查看界面，同时程序编辑器标题栏会变为橙红色，用户可在该界面观察项目程序的运行效果，并对程序运行进行调试。完成程序基本调试后，可在编程软件的变量表中查看本项目程序的变量名称、数据类型和地址。

2. 监控程序

本项目的程序状态监控界面如图 6-18 所示。当按下启动按钮 SB1 后，本装置按照预设程序流程开始进行"A 传送带启动→检测包装袋质量→分拣入库→计数达上限后报警"等一系列动作，当按下停止按钮 SB2 后，本装置立即停止运行。

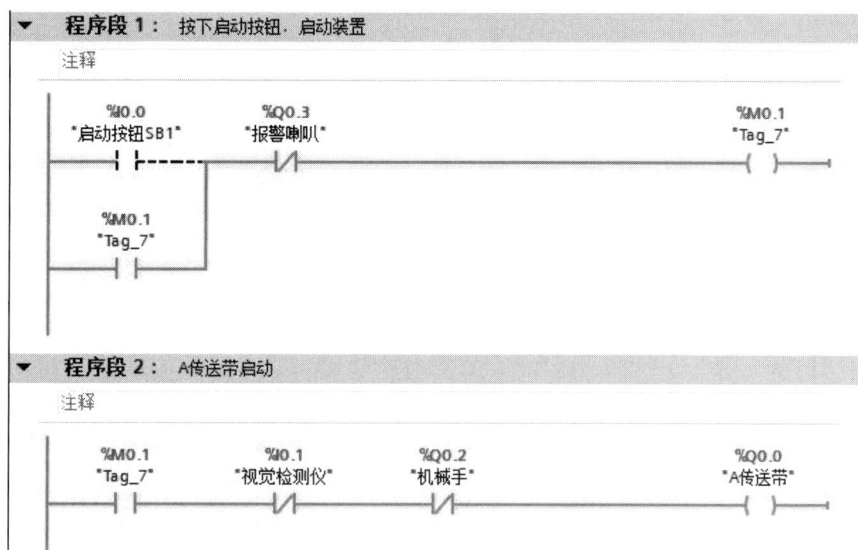

(a)

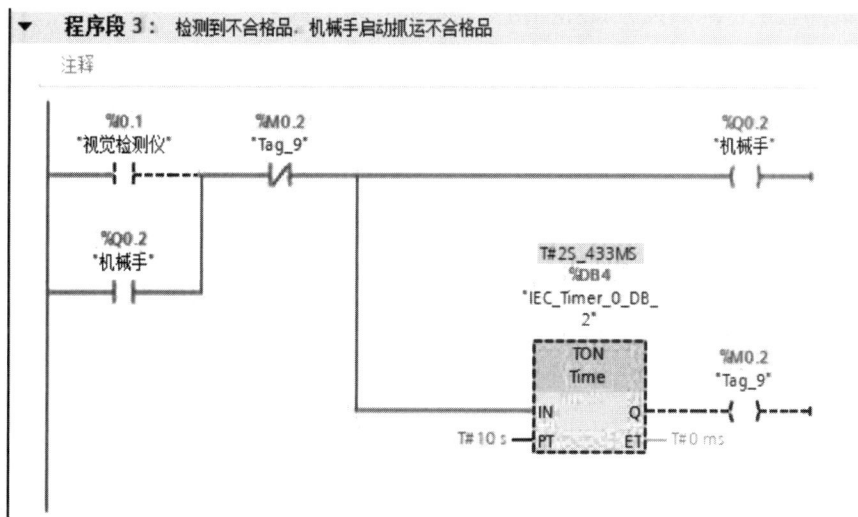

(b)

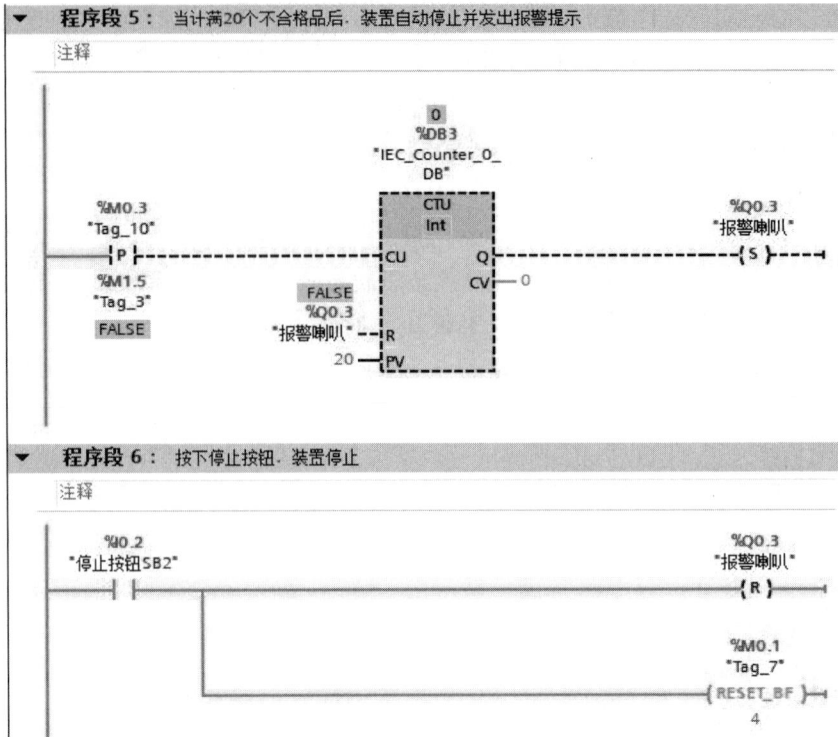

(c)

图 6-18　调试运行程序

6.4.4　仿真实现

参照之前项目的仿真调试经验，创建饲料包装入库计数装置仿真工程项目，对项目进行仿真调试，呈现仿真效果。具体的仿真实现操作步骤如下。

1. 添加变量参数

将 PLC_1 站点下载到仿真器中，打开仿真器项目视图，将本项目添加进去，在项目树中，双击"SIM 表格_1"，打开"SIM 表格_1"，点击"添加变量"按钮，所有变量名称即会显示在"名称"栏中。在初始状态下，"I0.0:P""I0.1:P""I0.2:P""Q0.0""Q0.1""Q0.2""Q0.3""M0.1""M0.2""M0.3"和"M1.5"的监视/修改值都为布尔型"FALSE"。

2. 启动设备仿真

双击"I0.0:P"所在行"位"列中的方框，模拟启动按钮 SB1 的按下和释放操作，之后可看到 SIM 表格_1 中各定时器、输出线圈名称的监视/修改值也会随着仿真作业过程而动态改变，如图 6-19 所示。

3. 停止设备仿真

在仿真作业执行过程中，双击"I0.2:P"所在行"位"列中的方框，模拟停止按钮 SB2 的按下和释放操作，之后可看到 SIM 表格_1 中各变量的监控/修改值都变为 FALSE，说明设备停止作业，如图 6-20 所示。

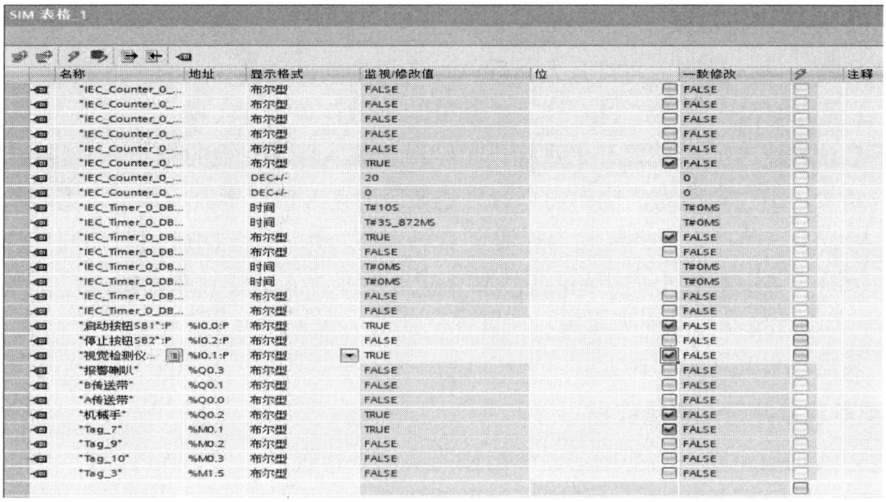

SIM 表格_1

名称	地址	显示格式	监视/修改值	位	一致修改		注释
"IEC_Counter_0_..."		布尔型	FALSE		FALSE		
"IEC_Counter_0_..."		布尔型	FALSE		FALSE		
"IEC_Counter_0_..."		布尔型	FALSE		FALSE		
"IEC_Counter_0_..."		布尔型	FALSE		FALSE		
"IEC_Counter_0_..."		布尔型	TRUE		☑ FALSE		
"IEC_Counter_0_..."		DEC+/-	20		0		
"IEC_Counter_0_..."		DEC+/-	0		0		
"IEC_Timer_0_DB..."		时间	T#10S		T#0MS		
"IEC_Timer_0_DB..."		时间	T#35_872MS		T#0MS		
"IEC_Timer_0_DB..."		布尔型	TRUE		☑ FALSE		
"IEC_Timer_0_DB..."		布尔型	FALSE		FALSE		
"IEC_Timer_0_DB..."		时间	T#0MS		T#0MS		
"IEC_Timer_0_DB..."		时间	T#0MS		T#0MS		
"IEC_Timer_0_DB..."		布尔型	FALSE		FALSE		
"IEC_Timer_0_DB..."		布尔型	FALSE		FALSE		
"启动按钮SB1":P	%I0.0:P	布尔型	FALSE		☑ FALSE		
"停止按钮SB2":P	%I0.2:P	布尔型	FALSE		FALSE		
"视觉检测仪"	%I0.1:P	布尔型	▼ TRUE		☑ FALSE		
"报警喇叭"	%Q0.3	布尔型	FALSE		FALSE		
"B传送带"	%Q0.1	布尔型	FALSE		FALSE		
"A传送带"	%Q0.0	布尔型	FALSE		FALSE		
"机械手"	%Q0.2	布尔型	TRUE		☑ FALSE		
"Tag_7"	%M0.1	布尔型	TRUE		☑ FALSE		
"Tag_9"	%M0.2	布尔型	FALSE		FALSE		
"Tag_10"	%M0.3	布尔型	FALSE		FALSE		
"Tag_3"	%M1.5	布尔型	FALSE		FALSE		

图 6-19　按下启动按钮 SB1 后的仿真界面

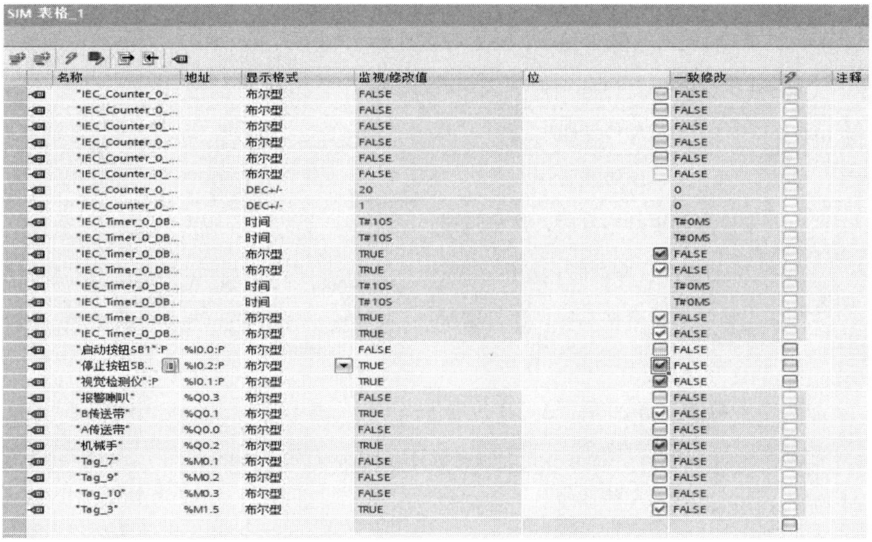

SIM 表格_1

名称	地址	显示格式	监视/修改值	位	一致修改		注释
"IEC_Counter_0_..."		布尔型	FALSE		FALSE		
"IEC_Counter_0_..."		布尔型	FALSE		FALSE		
"IEC_Counter_0_..."		布尔型	FALSE		FALSE		
"IEC_Counter_0_..."		布尔型	FALSE		FALSE		
"IEC_Counter_0_..."		布尔型	FALSE		FALSE		
"IEC_Counter_0_..."		DEC+/-	20		0		
"IEC_Counter_0_..."		DEC+/-	1		0		
"IEC_Timer_0_DB..."		时间	T#10S		T#0MS		
"IEC_Timer_0_DB..."		时间	T#10S		T#0MS		
"IEC_Timer_0_DB..."		布尔型	TRUE		☑ FALSE		
"IEC_Timer_0_DB..."		布尔型	TRUE		☑ FALSE		
"IEC_Timer_0_DB..."		时间	T#10S		T#0MS		
"IEC_Timer_0_DB..."		时间	T#10S		T#0MS		
"IEC_Timer_0_DB..."		布尔型	TRUE		☑ FALSE		
"IEC_Timer_0_DB..."		布尔型	TRUE		☑ FALSE		
"启动按钮SB1":P	%I0.0:P	布尔型	FALSE		☑ FALSE		
"停止按钮SB..."	%I0.2:P	布尔型	▼ TRUE		☑ FALSE		
"视觉检测仪":P	%I0.1:P	布尔型	TRUE		☑ FALSE		
"报警喇叭"	%Q0.3	布尔型	FALSE		FALSE		
"B传送带"	%Q0.1	布尔型	TRUE		☑ FALSE		
"A传送带"	%Q0.0	布尔型	FALSE		FALSE		
"机械手"	%Q0.2	布尔型	TRUE		☑ FALSE		
"Tag_7"	%M0.1	布尔型	FALSE		FALSE		
"Tag_9"	%M0.2	布尔型	FALSE		FALSE		
"Tag_10"	%M0.3	布尔型	FALSE		FALSE		
"Tag_3"	%M1.5	布尔型	TRUE		☑ FALSE		

图 6-20　按下停止按钮 SB2 后的仿真界面

6.4.5　模拟实操

参照之前项目的模拟实操经验，在实训平台上对本项目进行模拟实操演示，并记录时序结果。具体的模拟实操步骤如下。

1. 连接各模块间导线

(1) PLC 模块接线。按照图 6-16 将 S7-1200 PLC 的外部电源端子连接好。

(2) 输入模块接线。将启动控制按钮 SB1、停止控制按钮 SB2 和视觉检测仪的端子分别与 S7-1200 PLC 模块数字量输入端的 I0.0、I0.1 和 I0.2 端子相连。

(3) 输出模块接线。将 A 传送带线圈触点 KM1、B 传送带线圈触点 KM2、机械手驱动线圈触点 KM3 和报警喇叭端子分别与 S7-1200 PLC 模块数字量输出端的 Q0.0、Q0.1、Q0.2 和 Q0.3 端子相连。

2. 开启电源进行实操

完成各模块间导线连接并检查无误后，点击博途软件工具栏上的"下载到设备"按钮，将编译好的程序下载到 PLC 中，之后开启电源开关进行实操。

按下启动按钮 SB1，装置开始进行模拟饲料包装入库并计数的作业，A 传送带启动运送饲料包装袋，当视觉检测仪检测到不合格包装袋时，A 传送带暂停运行，定时器 DB1 延时 10 s，机械手启动将不合格包装袋抓运至 B 传动带，10 s 后，DB2 定时器启动计时 10 s，其间 B 传送带启动，转运不合格品。每转运 1 个不合格品，DB3 计数器便进行 1 次增计数，当计满 20 个不合格品时，喇叭报警，装置停止作业。在装置正常作业过程中，按下停止按钮 SB2，装置也可立即停止作业。

3. 观察现象并记录实操数据

在遵守实训操作安全的基础上，严格按照实训操作规范完成本项目模拟实操，细心观察实操现象，记录相关数据，并将实操结果填到表 6-3 中。

表 6-3　实操数据记录表

状　态	现　象 (传送带：运行或停止；喇叭：发声或安静)	电压值/V	电流值/A
启动按钮 SB1 断开	A 传送带：	$U_{Q0.0}=$ ，$U_{Q0.1}=$ $U_{Q0.2}=$ ，$U_{Q0.3}=$	$I_{Q0.0}=$ ，$I_{Q0.1}=$ $I_{Q0.2}=$ ，$I_{Q0.3}=$
	B 传送带：		
按下启动按 钮 SB1，装置 启动作业后	未检测到不合格品时，A 传送带：	$U_{Q0.0}=$ ，$U_{Q0.1}=$ $U_{Q0.2}=$ ，$U_{Q0.3}=$	$I_{Q0.0}=$ ，$I_{Q0.1}=$ $I_{Q0.2}=$ ，$I_{Q0.3}=$
	检测到不合格品时，A 传送带：		
	未检测到不合格品时，B 传送带：		
	检测到不合格品时，B 传送带：		
	当计数器计满 20 后，A、B 传送带：	$U_{Q0.0}=$ ，$U_{Q0.1}=$ $U_{Q0.2}=$ ，$U_{Q0.3}=$	$I_{Q0.0}=$ ，$I_{Q0.1}=$ $I_{Q0.2}=$ ，$I_{Q0.3}=$
	喇叭：		
按下停止按 钮 SB2，装置 停止作业后	A 传送带：	$U_{Q0.0}=$ ，$U_{Q0.1}=$ $U_{Q0.2}=$ ，$U_{Q0.3}=$	$I_{Q0.0}=$ ，$I_{Q0.1}=$ $I_{Q0.2}=$ ，$I_{Q0.3}=$
	B 传送带：		
	喇叭：		

6.5　项目拓展

6.5.1　任务拓展

在项目 6 功能的基础上，增设一个合格品入库计数及简单提示功能，即在装置作业过程中，当"合格饲料包装产品入库区"里的合格品数量每达到 30 个时，指示灯 HL1 保持点亮 20 s，之后熄灭。

根据上述设计需求分配输入/输出地址，如表 6-4 所示。与项目 6 相比，拓展项目在硬件结构上增加了 1 个指示灯 HL1，在软件程序上增加了 1 个增计数器和 1 个接通延时定时器，在此基础上设计程序。具体的程序由学习者自行思考。

表 6-4　拓展项目输入/输出地址分配表

输　入		输　出	
输入地址	元器件标号及功能	输出地址	元器件标号及功能
I0.0	启动按钮 SB1	Q0.0	A 传送带线圈 KM1
I0.1	视觉检测仪	Q0.1	B 传送带线圈 KM2
I0.2	停止按钮 SB2	Q0.2	机械手驱动线圈 KM3
		Q0.3	报警喇叭 B1
		Q0.4	指示灯 HL1

6.5.2　思政拓展

中国农业智能化发展丨我有一个"无人农场"的梦想

2024 年 6 月初，在广州市增城区华南农业大学(下称"华农")的教学科研基地，水稻进入了拔节孕穗期，稻田已是一片绿油油。这里是全球首个水稻无人农场，耕耘、播种、收获和田间管理，都可以实现无人化作业。

近年来，华农工程学院教授、中国工程院院士罗锡文带领团队在 15 个省启动建设了 30 个无人农场，其中广东有 8 个，主要作物包括水稻、小麦、玉米、花生等。

"无人农场是新质生产力在农业生产的集中体现。"罗锡文说，他们将全力以赴把无人农场这件事做好、做大，助力中国农业实现可持续发展和高质量发展。

(1) 在无人农场，计算机也能种好地。

从原始的"刀耕火种"，到"面朝黄土背朝天"的传统农业，到蒸汽机发明后的机械化作业，再到智慧农业……以水稻种植为代表的农业生产历经了 4 个阶段的生产力飞跃。

罗锡文致力建设的无人农场，是实现智慧农业的途径之一——耕、种、管、收，全程智能化和智慧化，人们无须下田就能完成全部作业。

"我们把最新的科技成果，包括信息技术、人工智能、智能农机等结合起来，实现了全新的水稻生产，这就是新质生产力。"罗锡文说。

3 月份正值春耕大忙时，年近八旬的罗锡文亲自来到华农在增城的水稻无人农场。他挽起裤脚下田，测量察看无人驾驶水稻精量直播机的播种情况。

水稻直播机直接将稻种播在田中，与传统育插秧相比减少了育秧、拔秧、运秧和插秧等环节。其中关键的是如何让直播机均匀地将种子播进田里。

(2) 智慧农业技术创新推动生产力跃迁。

罗锡文将无人农场总结为应具有五大功能：耕种管收生产环节全覆盖、机库田间转移作业全自动、自动避障异况停车保安全、作物生长过程实时全监控、智能决策精准作业全无人。

而支撑无人农场实现这五大功能的是智慧农业的核心技术——数字化感知、智能化决策、精细化作业和智慧化管理。

智能化决策则依靠卫星、无人机、地面仪器等手段来实现。比如，可以根据作物长势和病虫草害信息，智能决策田间管理方案，包括灌排、施肥、打药等；可以根据作物长势和当地气象，智能决策收获方案，包括收获时间、收获方式等。

"袁隆平一生最想做三件事，包括一季稻亩产超 1000 公斤，双季稻亩产超过 1500 公斤，再生稻亩产超 1200 公斤。现在都实现了。"罗锡文说。

再生稻的成功试种，对于稳定广东粮食生产、保障国家粮食安全意义重大。罗锡文计划接下来推广"稻再麦"耕种模式，就是水稻、再生稻和小麦轮作，提高土地利用率。

【思政拓展小任务】

同学们，在认真研读完本项目的思政拓展文章后，你对中国无人农场和智能农业的发展有什么认识？请结合这篇文章，以及本项目的理论和技能学习内容，完成以下思政拓展任务：

(1) 以校内图书馆、网络资源库等作为载体，自主查询有关中国无人农场和智能农业的应用案例，汇总整理成图片、文字、视频素材库，在班上分组进行汇报。

(2) 班上同学自主组合成若干小组，走访校园周边的村镇及农业企业，与农民或智能农企技术人员进行访谈交流，深入调研智能农业技术在乡村振兴发展中的作用和价值，撰写一篇不少于 1500 字的分析报告。

(3) 结合本项目的学习，谈一谈你对 PLC 技术赋能饲料包装入库计数作业的理解。

思考与练习

1. 计数器指令包含_____、_____和_____。

2. 若加计数器的输入端 CU_____，复位端 R_____，计数器当前值增加 1。当前值 CV 大于或等于预置值 PV 时，输出端 Q 变为_____状态，复位端 R 为_____时，计数器被复位，复位后当前值_____。

3. 减计数器的装载输入端 LD 为_____时，输出端 Q 被_____，并把预置值 PV 装入_____，在减计数器 CD 的_____，当前计数值 CV_____，直到 CV 达到指定的数据类型的下限值。此后 CD 输入的状态变化不再起作用，CV 的值不再减小。

4. 对于加减计数器来说，在加计数输入 CU 的_____，加减计数器的当前值 CV_____，直到 CV 达到指定的数据类型的上限值，达到上限值时，CV_____；在减计数输入 CD 的_____，加减计数器的当前值 CV_____，直到 CV 达到指定的数据类型的下限值，达到下限值时，CV_____。

5. 用 PLC 实现小车往复运动控制，系统启动后小车前进，行驶 10 s，停止 3 s，再后退 10 s，停止 3 s，如此往复运动 10 次，循环结束后指示灯以秒级闪烁 3 次后熄灭。

6. 用 PLC 实现地下车库有无空余车位显示控制，设地下车库共有 50 个停车位，要求有车辆入库时，空余车位数少 1，有车辆出库时，空余车位数多 1，当有空余车位时绿灯亮，无空余车位时红灯亮并以秒级闪烁，以提示车库已无空余车位。

模块四　乡村经营类项目实战

项目7　农家乐彩灯装饰装置设计与实现

理论知识目标

1. 掌握数据处理指令的概念及类型。
2. 掌握运算指令的概念及类型。
3. 了解程序控制指令的概念及类型。

实操技能目标

1. 掌握使用数据处理指令编写项目程序的方法。
2. 掌握使用运算指令编写项目程序的方法。
3. 掌握本项目的硬件组态与接线方法。

思政素养目标

1. 培养严谨认真、规范细致的意识。
2. 培养精益求精、不断进取的态度。

7.1　项 目 导 入

农家乐是新农村建设中涌现出的一种新型乡村经营类产业，对提升农民群体的收入、助推乡村旅游业发展等产生了积极的作用。近年来，为提升游客视觉感官体验，国内很多农家乐经营者都尝试在农家乐内布置灯光装饰装置，营造丰富多彩的灯光场景氛围。但大多数灯光装饰装置都存在功能单一、调节性差等问题，基于此，设计一款视觉效果丰富多元、便于调节展示的彩灯装饰装置，对提升农家乐产业经营质量有积极的作用。

本项目基于西门子 S7-1200 PLC 设计农家乐彩灯装饰装置，当按下装置启动按钮 SB1 后，7 个彩灯按照预设规律亮灭显示，按下停止按钮 SB2 后，所有彩灯立即熄灭。只要简单更改程序中的数据，彩灯的亮灭规律便可发生变化，以实现便于调节展示功能的目的。此外，该装置亦可根据需要适时增减彩灯个数，以达到呈现多元视觉效果的目的。

7.2　项 目 分 析

本项目希望通过引入 PLC 技术提升农家乐彩灯装饰装置控制的效果和自动化水平，所设计装置的控制原理为：按下启动按钮 SB1 后，彩灯按照预设规律进行亮灭变换，具体的亮灭规律为：HL1 亮 1 s→HL1、HL2 亮 1 s→HL1、HL2、HL3 亮 1 s→HL1、HL2、HL3、HL4 亮 1 s→HL1、HL2、HL3、HL4、HL5 亮 1s→HL1、HL2、HL3、HL4、HL5、HL6 亮 1 s→HL1、HL2、HL3、HL4、HL5、HL6、HL7 亮 1 s→HL1、HL2、HL3、HL4、HL5、HL6、HL7、HL8 亮 1 s，之后按照上述规律循环亮灭。按下停止按钮 SB2 后，所有彩灯立即熄灭。装置主配 1 个 S7-1200 PLC 控制器、彩灯灯箱(可根据需要增减彩灯个数)、2 个按钮开关，综合运用定时器指令、减法指令、比较指令、移动指令等编写程序。整个装置的设计框架如图 7-1 所示。

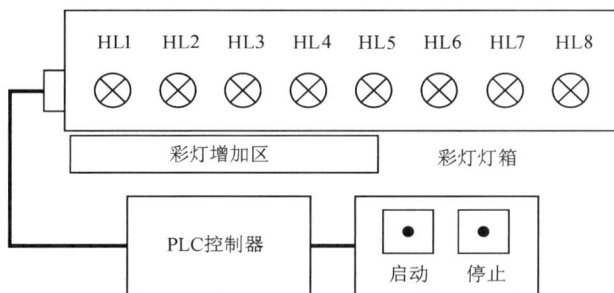

图 7-1　农家乐彩灯装饰装置整体框架

7.3　配 套 知 识 点

7.3.1　数据处理指令

数据处理指令是一类专门用于对 PLC 内部数据进行针对性处理的指令类型，S7-1200 PLC 的数据处理指令包含移动指令、比较指令、移位指令和转换指令四大类。

在西门子 S7 系列 PLC 的梯形图中，数据处理指令通常会用方框表示，输入信号在方框的左边，输出信号在方框的右边。梯形图中会有一条提供"能流"的左侧垂直线，称为"母线"，如图 7-2 所示，当左侧逻辑运算结果为"1"时，能流可以通过方框指令的使能输入端 EN，使能输入端有能流通过时，方框指令才能够被允许执行。

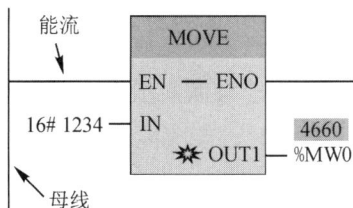

图 7-2　母线和能流

1. 移动指令

移动指令可将数据输入端的源数据复制到输出端的目标地址，并且将数据转换为输出端指定的数据类型，移动执行过程中源数据保持不变。S7-1200 PLC 的移动指令包含单一数据移动指令、数据块移动指令、交换指令和填充指令。

1) 单一数据移动指令(MOVE)

MOVE 指令用于将 IN 输入端的源数据传送至 OUT1 输出端指定的目标地址，并将数据转换为 OUT1 指令的数据类型，源数据保持不变。MOVE 指令的数据类型包含 SInt、Int、DInt、USInt 、UInt、UDInt、Real、LReal、Byte、Word、D Word、Char、Array、Struct、DTL、Time。单一数据移动指令的符号如图 7-3 所示。

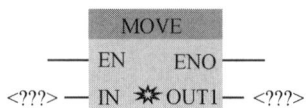

图 7-3 单一数据移动指令的符号

2) 数据块移动指令

数据块移动指令可将一个存储区(源区域)的内容复制到另一个存储区(目标区域)，包含 MOVE_BLK 指令和 UMOVE_BLK 指令两类，两者的区别在于：UMOVE_BLK 指令执行的数据移动操作不会被其他操作系统任务打断，而 MOVE_BLK 指令的执行过程则会被打断。

MOVE_BLK 指令和 UMOVE_BLK 指令具有附加的 COUNT 参数，可用于指定需要复制的数据个数，每个被复制数据的字节数取决于 PLC 变量表中分配给指令输入端和输出端的数据类型。

数据库移动指令的数据类型包含 SInt、Int、DInt、USInt 、UInt、UDInt、Real、Byte、Word、D Word；COUNT 的数据类型为 UInt。数据块移动指令的符号如图 7-4 所示。

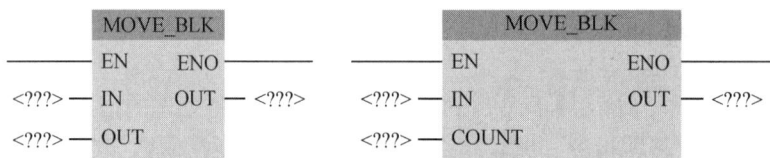

图 7-4 数据块移动指令的符号

移动指令应用举例如下。

【例 7-1】 用移动指令设计一个数据传送器，要求：当按下启动按钮 SB1 时，能够将输入端的源数据 16#1233 传送至输出端指定的目标地址 MW0，且转换为目标地址可存储的数据类型。请编写相应的梯形图程序。

如图 7-5 所示，运用 MOVE 指令编写梯形图程序，启动按钮 SB1(I0.0)与 MOVE 指令的使能输入端 EN 相连，当按下 SB1 时，能流能够到达使能输入端 EN，MOVE 指令被允许执行，IN 输入端的源数据 16#1233 被传送至 OUT1 输出端的目标地址 MW0，并转换为目标地址可存储的数据。

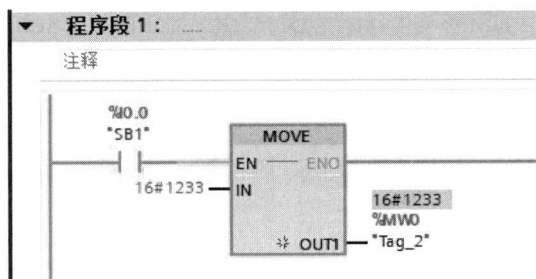

图 7-5 数据传送器梯形图

3) 交换指令

交换指令(SWAP)可交换 2 字节和 4 字节源数据的字节顺序，但不会更改字节中的位顺序，执行交换操作后，EN0 始终为 TRUE。

当交换指令 IN 输入端和 OUT 输出端的数据类型为 Word 时，SWAP 指令在交换 IN 输入端的高、低字节后，将结果存储到 OUT 端指定的地址。

当交换指令 IN 输入端和 OUT 输出端的数据类型为 DWord 时，SWAP 指令在交换 4 字节数据元素的字节顺序后，将结果存储到 OUT 端指定的地址。交换指令的符号如图 7-6 所示。

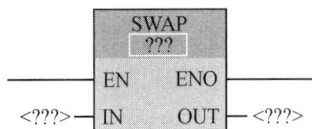

图 7-6 交换指令的符号

4) 填充指令

填充指令可将源数据 IN 复制到通过参数 OUT 指定的初始地址目标中，复制过程不断重复并填充相邻地址块，直到复制数等于 COUNT 参数。IN 和 OUT 必须是 D、L(数据块或块中的局部数据)中的数组元素，COUNT 为填充的数组元素的个数，数据类型为 DInt 或常数，IN 可以是一个常数。FILL_BLK 与 UFILL_BLK 指令功能基本相同，其区别在于后者的填充操作不会被中断事件中断。填充指令的符号如图 7-7 所示。

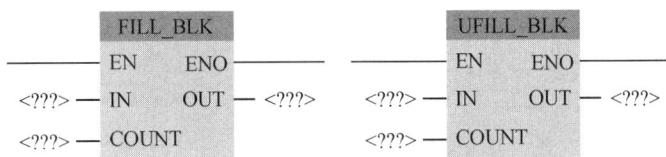

图 7-7 填充指令的符号

2. 比较指令

S7-1200 PLC 的比较指令系统包含关系比较指令、范围内与范围外比较指令、OK 与 NOT_OK 指令。这些指令能够在不同的应用场景下实现 PLC 数据之间的比较，并根据比较结果控制输入或输出效果。

1) 关系比较指令

关系比较指令用来比较两个相同类型数据的大小，包括"=="(等于)、"＜＞"(不等于)、"＞"(大于)、"＜"(小于)、"＞="(大于或等于)及"＜="(小于或等于) 6 种比较类型。如比较指令触点的比较结果为 TRUE，则该触点被激活，触点上有能流通过；如果比较指令触点的比较结果为 FALSE，则该触点不会被激活，触点上没有能流通过。比较的数据类型包含 SInt、Int、DInt、USInt 、UInt、UDInt、Real、LReal、String、Char、DTL、Time、Date 及常数。关系比较指令的符号及数据类型如图 7-8 所示。

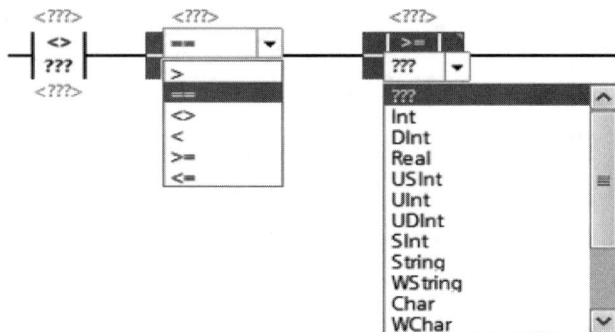

图 7-8　关系比较指令的符号及数据类型

关系比较指令应用举例如下。

【例 7-2】　要求用红、绿、黄 3 盏灯来表示某企业库房中产品包装箱的数量。若库房中产品包装箱的数量大于 30 个，则绿灯亮；若在 1～30 个之间，则黄灯亮；当库房空置时红灯亮。请编写相应的梯形图程序。

如图 7-9 所示，采用关系比较指令中的 ">"(大于)、"<="(小于或等于)和 "=="(等于)三种比较关系编写本案例程序，当启动按钮 SB1 按下并松开后，M0.0 线圈接通并保持，用 MW10 存储库房中产品包装箱的数量信息，Q0.0 为绿灯端子，Q0.1 为黄灯端子，Q0.2 为红灯端子。根据比较指令的逻辑关系可知，当产品包装箱数量大于 30 个时，Q0.0 = 1，绿灯亮；当产品包装箱数量在 1～30 个之间时，Q0.1 = 1，黄灯亮；当库房空置时，Q0.2 = 1，红灯亮。当停止按钮 SB2 按下后，M0.0 线圈断电，系统停止工作。

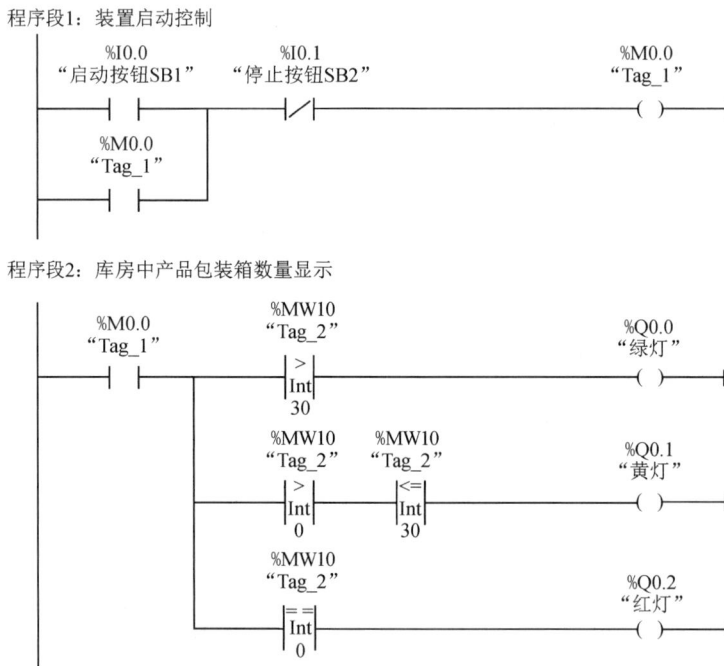

图 7-9　库房产品包装箱数量显示程序

2) 范围内与范围外比较指令

范围内(IN_RANGE)指令和范围外(OUT_RANGE)指令可以等效为一个触点，能够对输入值是否在指定的范围内或范围外进行比较，如果比较的结果为 TRUE，则输出为 TRUE，反之为 FALSE。输入参数 MIN、VAL 和 MAX 的数据类型必须相同。

图 7-10 所示为范围内与范围外比较指令的符号。当满足 MIN≤VAL≤MAX 时，范围内比较指令的比较结果为真；当满足 VAL＜MIN 或 VAL＞MAX 时，范围外比较指令的比较结果为真。比较的数据类型可以为 SInt、Int、DInt、USInt、UInt、UDInt、Real、LReal 及常数。

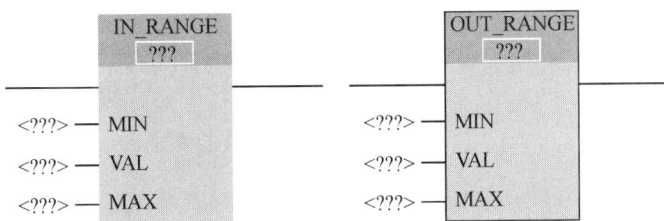

图 7-10 范围内指令和范围外指令的符号

3) OK 与 NOT_OK 指令

OK 与 NOT_OK 指令用于检测输入数据是否为实数，如果输入数据为实数，OK 触点被接通，反之，NOT_OK 触点被接通。该指令的数据类型为 Real。如图 7-11 所示，当 MD10 和 MD20 中存在有效的实数且 MD10 中的实数大于等于 MD20 中的实数时，Q0.0=1。

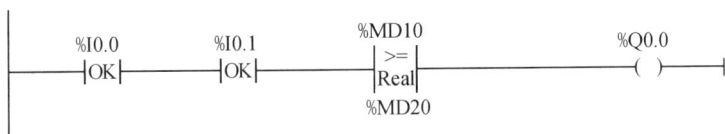

图 7-11 OK 与 NOT_OK 指令符号及应用

3. 移位指令

移位指令包含移位指令和循环移位指令两类。

1) 移位指令

移位指令包括左移指令(SHL)和右移指令(SHR)，可将输入单元 IN 的值左移或右移 N 位，结果保存至输出地址 OUT 中。EN 是移位指令的使能端，当 EN 为高电平时，允许执行移位操作。对于无符号数而言，移位后空出位补 0；对于有符号数而言，左移位后空出位补 0，右移位后空出位是符号位，正数的符号位为 0，负数为 1。

移位指令输入单元 IN、输出单元 OUT 的数据类型为 Byte、Word、DWord，N 的数据类型为 UInt。移位指令的数据类型则包含 SInt、Int、DInt、USInt、UInt、UDInt、Byte、Word、DWord。

如果 N 为 0，则移位指令不执行任何操作，并将输入单元 IN 的值直接分配至输出地址 OUT，如果 N 超过目标值的位数(Byte = 8 位，Word = 16 位，DWord = 32 位)，那么所有原始位值被 0 代替，输出地址 OUT 上的数值 = 0。此外，在移位操作中，ENO 恒为 TRUE。

以 Byte 数据类型的 SHL 指令为例，输入单元 IN 输入 00001111，第一次执行指令，IN 值左移 1 位，输出地址 OUT 的值为 00011110；第二次执行指令，IN 值在之前的基础上左移 1 位，输出地址 OUT 的值为 00111100；第三次执行指令，IN 值继续左移 1 位，输出地址 OUT 的值为 01111000。移位指令的符号及数据类型如图 7-12 所示。

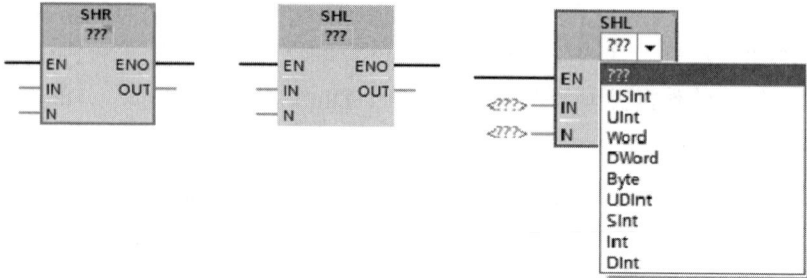

图 7-12 移位指令的符号及数据类型

2) 循环移位指令

循环移位指令包括循环左移指令(ROL)和循环右移指令(ROR)，循环指令用于将输入单元 IN 的值循环左移或右移 N 位，结果分配给输出地址 OUT。循环移位指令的数据类型包含 Byte、Word、DWord。

与移位指令操作不同的是：循环移位指令执行后，移出来的位又送回存储单元另一端空出来的位，原始的位数据不会丢失。

以 Word 数据类型的 ROL 指令为例，输入单元 IN 输入 10001110，第一次执行指令，IN 值循环左移 1 位，输出地址 OUT 的值为 00011101；第二次执行指令，IN 值在之前的基础上循环左移 1 位，输出地址 OUT 的值为 00111010；第三次执行指令，IN 值继续循环左移 1 位，输出地址 OUT 的值为 01110100。循环移位指令的符号及数据类型如图 7-13 所示。

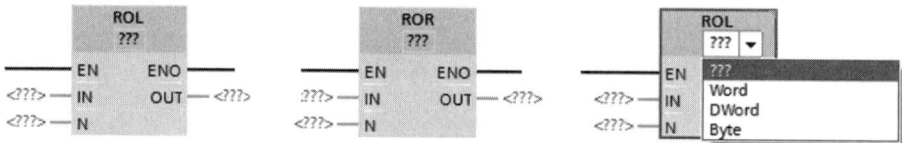

图 7-13 循环移位指令的符号及数据类型

循环移位指令应用举例如下。

【例 7-3】 使用 S7-1200 PLC 实现流水灯控制，要求按下启动按钮 SB1 后，第 1 盏灯亮，1 s 后第 1 盏灯熄灭，第 2 盏灯亮，再过 1 s 后第 2 盏灯熄灭，第 3 盏灯亮，直到第 8 盏灯亮，再过 1 s 后，第 1 盏灯再次亮起，如此循环。按下停止按钮 SB2，8 盏灯全部熄灭。请编写相应的梯形图程序。

如图 7-14 所示，按下启动按钮 SB1 后，16#0001 被赋给 MW10，同时 M2.0 = 1；程序段 2 中 M0.5 时钟存储器能够提供 1 Hz 秒脉冲，在左移循环指令 ROL 的作用下，MW10 中的数据按照每秒左移 1 位的规律移动，MB11 中的移动结果能实时传送给 QB0，以达到每秒只有 1 盏灯亮，并且逐渐左移的效果；当左移 8 次后，通过程序段 3 又可将 16#0001 赋给 MW10，以实现循环左移流水显示效果。按下停止按钮 SB2 后，16#00 被赋给 MW10，并且 M2.0 = 0，8 盏灯全部熄灭。

程序段1：启动并赋初值

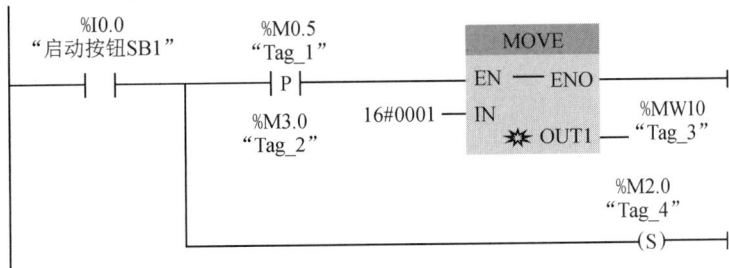

```
%I0.0                 %M0.5                          MOVE
"启动按钮SB1"          "Tag_1"                   EN ── ENO
  ─┤├──────────────────┤P├                    16#0001 ─ IN              %MW10
                     %M3.0                          ☀ OUT1 ── "Tag_3"
                     "Tag_2"

                                                                 %M2.0
                                                                 "Tag_4"
                                                                  ─(S)─
```

程序段2：每秒移动1位

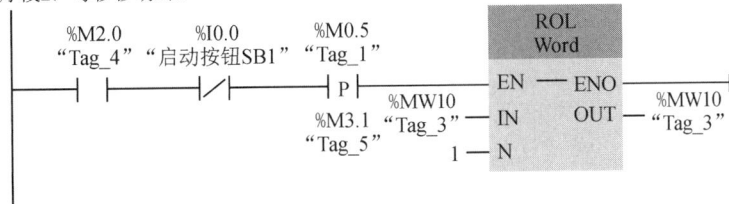

```
%M2.0    %I0.0        %M0.5                      ROL
"Tag_4" "启动按钮SB1"  "Tag_1"                     Word
 ─┤├───────┤/├─────────┤P├                   EN ── ENO
                     %M3.1          %MW10      IN     OUT %MW10
                     "Tag_5"       "Tag_3" ─            ── "Tag_3"
                                          1 ─ N
```

程序段3：移动8次后循环

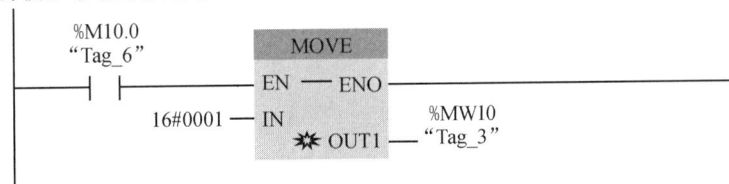

```
%M10.0                      MOVE
"Tag_6"                  EN ── ENO
 ─┤├──────────── 16#0001 ─ IN           %MW10
                              ☀ OUT1 ── "Tag_3"
```

程序段4：显示

```
                            MOVE
                        EN ── ENO
              %MB11
              "Tag_7" ── IN           %QB0
                              ☀ OUT1 ── "Tag_8"
```

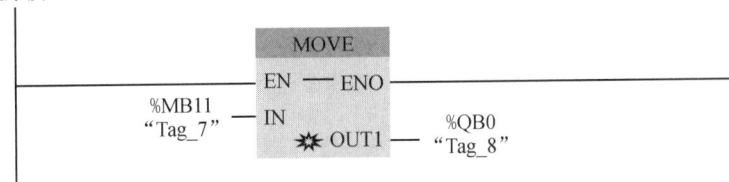

程序段5：系统停止

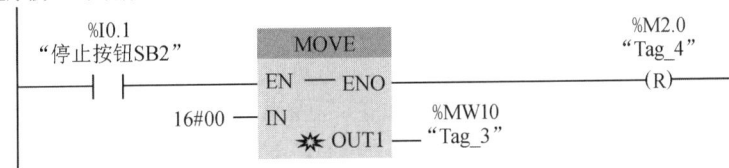

```
%I0.1                                            %M2.0
"停止按钮SB2"        MOVE                          "Tag_4"
 ─┤├───────────  EN ── ENO                        ─(R)─
         16#00 ─ IN           %MW10
                     ☀ OUT1 ── "Tag_3"
```

图 7-14　流水灯控制程序

4. 转换指令

数据转换指令包含 CONV 指令、取整和截取指令、标定和标准化指令。

1) CONV 指令

CONV 指令用于将数据元素从一种数据类型转换为另一种数据类型。单击功能框名称下方的下拉按钮，在下拉列表中可选择 IN 和 OUT 的数据类型，如果 IN 的值为无穷大或不存在，或转换结果超过了 OUT 的数据类型的允许范围，则 ENO=0。CONV 指令的符号和数据类型如图 7-15 所示。

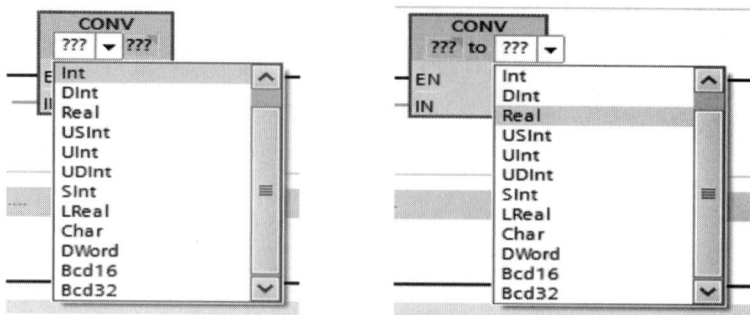

图 7-15　CONV 指令的符号和数据类型

2) 取整和截取指令

取整和截取指令包括 ROUND 指令、TRUNC 指令、CEIL 指令、FLOOR 指令。

ROUND 指令用于将实数转换为整数，实数的小数部分舍入为最接近的整数值(舍入为最接近值)。TRUNC 指令用于将实数转换为整数，实数的小数部分被截成零。CEIL 指令用于将实数转换为大于或等于该实数的最小整数。FLOOR 指令用于将实数转换为小于或等于该实数的最大整数。取整和截取指令的符号如图 7-16 所示。

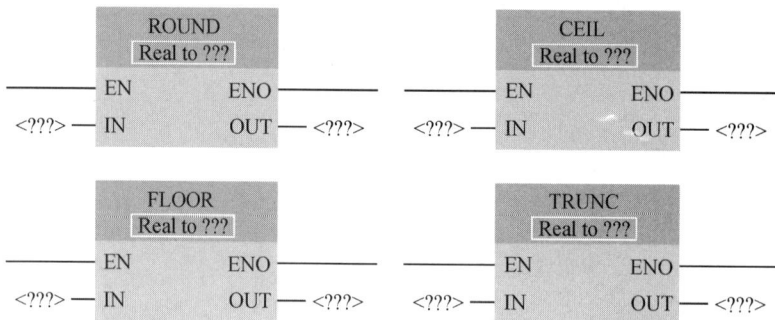

图 7-16　取整和截取指令的符号

3) 标定和标准化指令

标定和标准化指令包括 SCALE_X 指令和 NORM_X 指令。

SCALE_X 指令：将输入的浮点数 VALUE(范围为 0.0～1.0)线性转换为参数 MIN(下限)和 MAX(上限)定义的数值范围之间的整数，转换结果保存到 OUT 指定的地址。

NORM_X 指令：将输入的整数值 VALUE(MIN≤VALUE≤MAX)线性转换为 0.0～1.0 之间的实数，转换结果保存到 OUT 指定的地址。

标定和标准化指令的符号如图 7-17 所示。

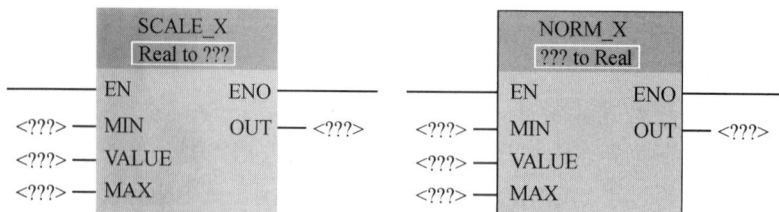

图 7-17　标定和标准化指令的符号

7.3.2 运算指令

S7-1200 PLC 的运算指令包括数学运算指令和逻辑运算指令。

1. 数学运算指令

数学运算指令包括整数运算和浮点数运算两类指令,具体涉及加、减、乘、除、余数、取反、自加、自减、取绝对值、取最大值、取最小值、求限制值、平方、平方根、自然对数、指数、正弦、余弦、正切、反正弦、反余弦、反正切、求小数、取幂、自定义计算等指令。数学运算指令梯形图及描述如表 7-1 所示。

表 7-1 数学运算指令梯形图及描述

梯形图	描述	梯形图	描述
ADD Auto (???) EN — ENO IN1 OUT IN2	IN1 + IN2 = OUT	SUB Auto (???) EN — ENO IN1 OUT IN2	IN1 - IN2 = OUT
MUL Auto (???) EN — ENO IN1 OUT IN2	IN1 × IN2 = OUT	DIV Auto (???) EN — ENO IN1 OUT IN2	IN1 / IN2 = OUT
MOD Auto (???) EN — ENO IN1 OUT IN2	求整数除法的余数	NEG ??? EN — ENO IN OUT	将输入值的符号取反
INC ??? EN — ENO IN/OUT	将参数 IN/OUT 的值加 1	DEC ??? EN — ENO IN/OUT	将参数 IN/OUT 的值减 1
ABS ??? EN — ENO IN OUT	求有符号数的绝对值	LIMIT ??? EN — ENO MN OUT IN MX	将输入 IN 的值限制在指定的范围内
MIN ??? EN — ENO IN1 OUT IN2	求两个及以上输入中最小的数	MAX ??? EN — ENO IN1 OUT IN2	求两个及以上输入中最大的数

续表

梯形图	描　述	梯形图	描　述
SQR ??? —EN —— ENO— —IN　　OUT—	求输入 IN 的平方	SQRT ??? —EN —— ENO— —IN　　OUT—	求输入 IN 的平方根
LN ??? —EN —— ENO— —IN　　OUT—	求输入 IN 的自然对数	EXP ??? —EN —— ENO— —IN　　OUT—	求输入 IN 的指数值
SIN ??? —EN —— ENO— —IN　　OUT—	求输入 IN 的正弦值	COS ??? —EN —— ENO— —IN　　OUT—	求输入 IN 的余弦值
TAN ??? —EN —— ENO— —IN　　OUT—	求输入 IN 的正切值	ASIN ??? —EN —— ENO— —IN　　OUT—	求输入 IN 的反正弦值
ACOS ??? —EN —— ENO— —IN　　OUT—	求输入 IN 的反余弦值	ATAN ??? —EN —— ENO— —IN　　OUT—	求输入 IN 的反正切值
FRAC ??? —EN —— ENO— —IN　　OUT—	求输入 IN 的小数值 （小数点后面的值）	EXPT ??? ** ??? —EN —— ENO— —IN1　　OUT— —IN2	求输入 IN1 为底，IN2 为幂的值
CALCULATE 📄 ??? —EN —————— ENO— OUT:= <???> —IN1　　　　OUT— —IN2 ❋	求自定义的表达式的 值(根据所选数据类型 计算数学运算或复杂 逻辑运算)		

注：常见运算指令的数据类型如表 7-2 所示。

表 7-2 常见运算指令的数据类型

指令名称	输入数据类型	输出数据类型
ADD	SInt、Int、DInt、USInt、UInt、UDInt、Real、LReal	SInt、Int、DInt、USInt、UInt、UDInt、Real、LReal
SUB	SInt、Int、DInt、USInt、UInt、UDInt、Real、LReal	SInt、Int、DInt、USInt、UInt、UDInt、Real、LReal
MUL	SInt、Int、DInt、USInt、UInt、UDInt、Real、LReal	SInt、Int、DInt、USInt、UInt、UDInt、Real、LReal
DIV	SInt、Int、DInt、USInt、UInt、UDInt、Real、LReal	SInt、Int、DInt、USInt、UInt、UDInt、Real、LReal
MOD	Int、DInt、USInt、UInt、UDInt、Constant	Int、DInt、USInt、UInt、UDInt
NEG	SInt、Int、DInt、Real、LReal、Constant	SInt、Int、DInt、Real、LReal
INC	SInt、Int、DInt、USInt、UInt、UDInt	SInt、Int、DInt、USInt、UInt、UDInt
DEC	SInt、Int、DInt、USInt、UInt、UDInt	SInt、Int、DInt、USInt、UInt、UDInt
ABS	SInt、Int、DInt、Real、LReal	SInt、Int、DInt、Real、LReal
LIMIT	SInt、Int、DInt、USInt、UInt、UDInt、Real、LReal、Constant	SInt、Int、DInt、USInt、UInt、UDInt、Real
MIN	SInt、Int、DInt、USInt、UInt、UDInt、Real、Constant	SInt、Int、DInt、USInt、UInt、UDInt、Real
MAX	SInt、Int、DInt、USInt、UInt、UDInt、Real、Constant	SInt、Int、DInt、USInt、UInt、UDInt、Real

数学运算指令应用举例如下。

【例 7-4】 编程实现$[(13+22)-20] \times 25 \div 15$ 的运算结果,并保存在 MW20 中,根据要求编写的梯形图程序及运行结果如图 7-18 所示。

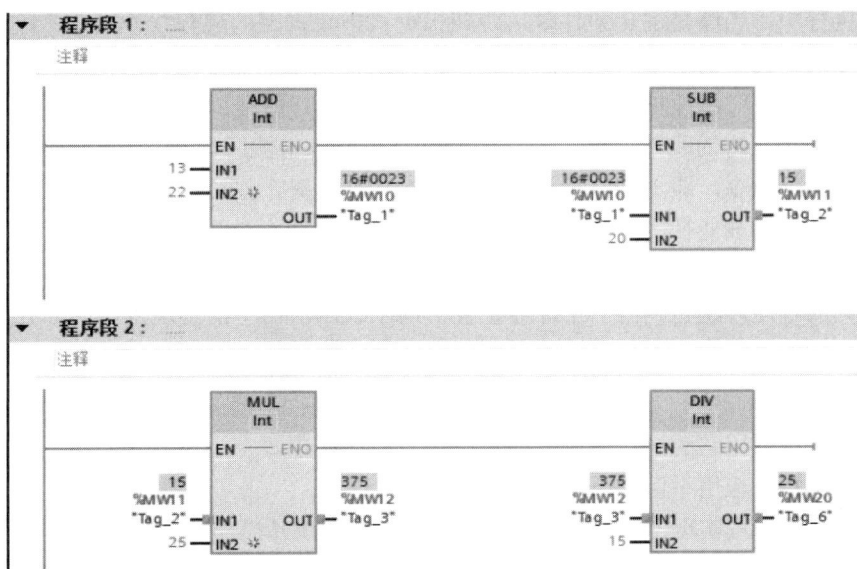

图 7-18 数学运算指令应用举例

如图 7-18 所示，调用 ADD、SUB、MUL 和 DIV 指令编写梯形图程序，经过运算后得到结果 25，并自动保存在 MW20 中。

2. 逻辑运算指令

S7-1200 PLC 中常用的逻辑运算指令包含与、或、异或、取反四类，如表 7-3 所示。

表 7-3　常用的逻辑运算指令

梯形图	描　述	梯形图	描　述
AND ??? EN — ENO IN1　OUT IN2✳	与逻辑运算	OR ??? EN — ENO IN1　OUT IN2✳	或逻辑运算
XOR ??? EN — ENO IN1　OUT IN2✳	异或逻辑运算	INV ??? EN — ENO IN　OUT	取反运算

注：进行与、或、异或逻辑运算指令的操作时，IN1、IN2 和 OUT 的数据类型为十六进制的 Byte、Word 和 DWord。

3. 程序控制指令

1) JMP(JMPN)和 LABEL 指令

JMP(JMPN)和 LABEL 指的是跳转指令和标号指令，是一类常用的程序控制指令。在编写梯形图程序时，设置跳转指令和标号指令，可以大大提升 CPU 执行程序的效率。

具体执行中，当满足跳转条件时，跳转指令可中止程序的逐行线性扫描，跳转到指令中地址标号所在的目的地址，跳转过程中不执行跳转指令和标号之间的程序，跳转至目的地址后，程序仍按照线性扫描的方式顺序执行。跳转执行既可以往前跳，也可以往后跳。

JMP 是值为 1 时的跳转指令，即 JMP 指令线圈输入能流时，执行跳转操作；JMPN 是值为 0 时的跳转指令，即 JMPN 指令线圈没有输入能流时，执行跳转操作。

注：跳转指令只能在一个代码块内跳转执行，即跳转指令与对应的跳转目标地址只能在同一个代码块内，且在同一个代码块内，同一个跳转目的地址只能出现一次。换句话说，可以从不同的程序段跳转到同一个标号位置，同一代码块内不能出现重复的标签。

2) RET 指令

RET 称为返回指令，当该指令线圈导通时，停止执行当前的块，不再继续执行指令之后的程序，返回调用它的块后，执行调用指令之后的程序。

程序控制指令应用举例如下。

【例 7-5】编程实现当常开触点 I0.0 闭合时，执行跳转操作，当常开触点 I0.0 断开时，顺序执行程序流程。

根据要求编写的梯形图程序及运行结果如图 7-19 所示。

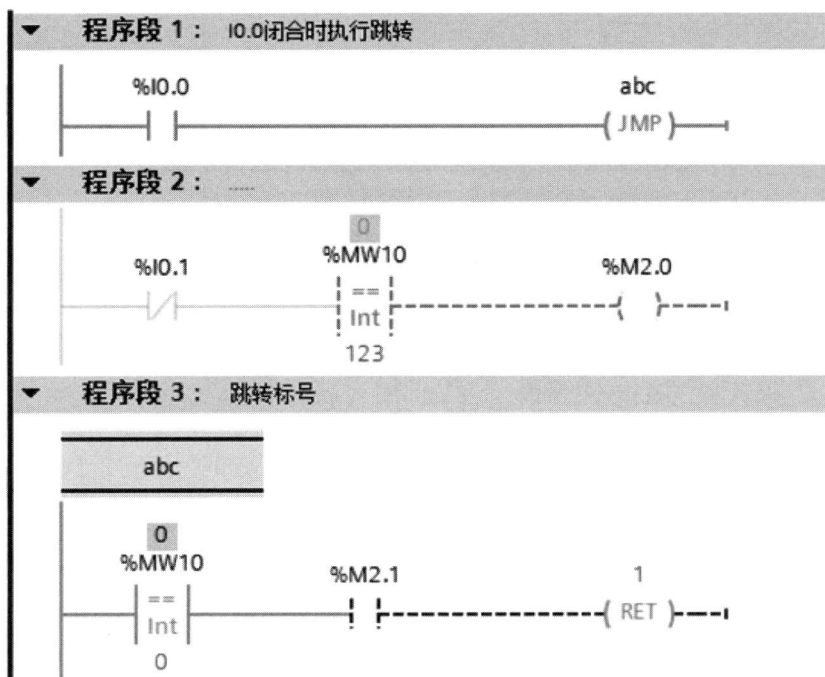

图 7-19　程序控制指令应用举例

7.4　项　目　实　施

7.4.1　硬件设计

1. 硬件设备选型

根据农家乐彩灯装饰装置的设计需求，选择主要硬件元件和设备，如表 7-4 所示。

表 7-4　农家乐彩灯装饰装置主要硬件选型

序　号	名　　称	型　号	描　述
1	可编程控制器	西门子 S7-1200	CPU 1215C AC/DC/Rly
2	彩灯灯箱	RZ-GQ0721	铝型材+PC 耐力板
3	彩灯	CD-100	DC+24V 驱动
4	装置启动开关	ZSJY-1	触点压力型控制开关
5	装置停止开关	ZSJY-2	触点压力型控制开关

2. 控制电路及 I/O 接线图

根据本装置控制要求，设计 PLC 控制电路及 I/O 接线图，如图 7-20 所示，所有硬件按照表 7-4 中的元件类型选择并确定。

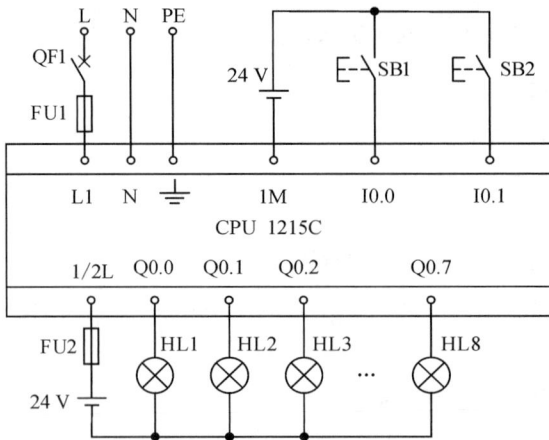

图 7-20　农家乐彩灯装饰装置 PLC 控制电路

3. 控制电路硬件连接

在断开 PLC 外部电源的前提下，进行装置控制电路连接，主要包含 PLC 输入端和输出端两部分电路连接。

(1) PLC 输入端外部电路连接：先将 S7-1200 PLC 自带的 DC 24 V 电源正极性端子与启动按钮 SB1、停止按钮 SB2 的进线端连接起来，之后将 SB1 和 SB2 的出线端分别与 S7-1200 PLC 的输入端 I0.0 和 I0.1 相连。

(2) PLC 输出端外部电路连接：将 DC +24 V 的正极经熔断器 FU2 连接至 S7-1200 PLC 输出点内部电路公共端 1/2L，再将 DC +24 V 的负极连接至 HL1～HL8 的负极，之后将 HL1～HL8 的正极分别与 Q0.0～Q0.7 相连。

7.4.2　软件设计

1. 输入/输出地址分配

依据硬件主电路、PLC 控制电路和 I/O 接线图，设计农家乐彩灯装饰装置的输入/输出地址分配表，如表 7-5 所示。

表 7-5　农家乐彩灯装饰装置输入/输出地址分配表

输　　入		输　　出	
输入地址	元器件标号及功能	输出地址	元器件标号及功能
I0.0	启动按钮 SB1	Q0.0	彩灯 HL1
I0.1	停止按钮 SB2	Q0.1	彩灯 HL2
		Q0.2	彩灯 HL3
		Q0.3	彩灯 HL4
		Q0.4	彩灯 HL5
		Q0.5	彩灯 HL6
		Q0.6	彩灯 HL7
		Q0.7	彩灯 HL8

2. 梯形图程序设计

农家乐彩灯装饰装置的梯形图如图 7-21 所示，主要应用了移动指令、减法指令、比较指令和定时器指令进行编程，程序设计思想如下：

(1) 启动装置。按下启动按钮 SB1，程序段 1 中的 M2.0 线圈接通，装置启动。

(2) 循环 1 s 计时。装置启动后，程序段 2 中的 M2.0 常开触点接通，DB1 定时器以 1 s 为周期，进行自循环计时。

(3) 赋初值 9。程序段 3 中，在 M2.0 的上升沿，初值 9 被赋给 MW10 存储器地址。

(4) 每秒减 1。程序段 4 中，只要 MW10 存储器中的数值大于 0，便会以每秒减 1 的规律递减。

(5) 彩灯按规律点亮。程序段 5～12 中，按照项目分析中的彩灯点亮规律，将对应的二进制数值依规律装载至 QB0 存储器地址中，呈现出相应的彩灯装饰效果。当所有彩灯全亮时，程序段 3 中 QB0 存储器地址中的值为 2#11111111(10#255)，初值 9 被重新赋给 MW10 存储器地址。

(6) 停止装置。装置运行过程中，按下停止按钮 SB2，数值 0 被赋给 MW10 存储器地址，M2.0～M2.4 被清 0，所有彩灯熄灭，装置被复位。

程序段1：启动装置

```
   %I0.0                                              %M2.0
"启动按钮SB1"                                          "Tag_2"
   ──┤ ├──────────────────────────────────────────────(S)──
```

程序段2：循环1 s 计时

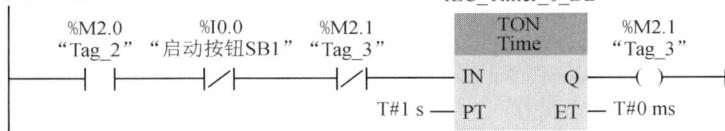

```
                                              %DB1
                                        "IEC_Timer_0_DB"
                                        ┌─────────────┐
   %M2.0      %I0.0        %M2.1        │    TON      │      %M2.1
  "Tag_2"  "启动按钮SB1"   "Tag_3"      │    Time     │      "Tag_3"
   ──┤ ├──────┤/├──────────┤/├─────────┤IN         Q├────────( )──
                                     T#1 s┤PT       ET├─T#0 ms
                                        └─────────────┘
```

(a)

程序段3：赋初值9

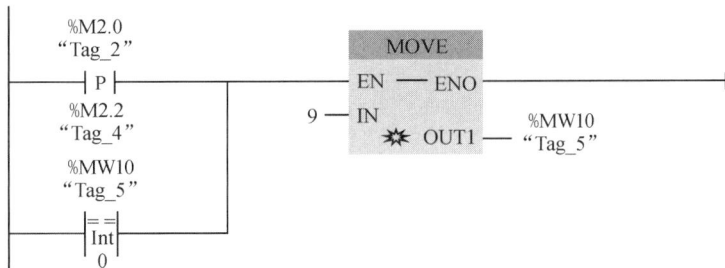

```
   %M2.0                              ┌─────────────┐
  "Tag_2"                             │    MOVE     │
   ──┤P├──────────┬───────────────────┤EN       ENO├──────────────
   %M2.2          │                  9─┤IN           │
  "Tag_4"         │                    │      ☼ OUT1├──  %MW10
   ──┤ ├──────────┤                    └─────────────┘   "Tag_5"
   %MW10          │
  "Tag_5"         │
   ──┤==├─────────┘
     Int
      0
```

程序段4：每秒减1

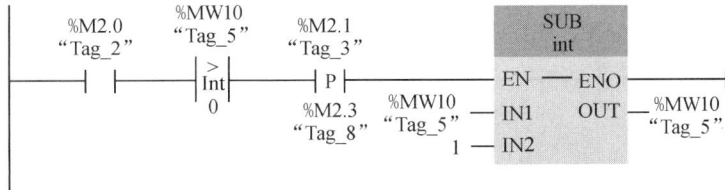

```
                %MW10                              ┌─────────────┐
   %M2.0       "Tag_5"        %M2.1               │    SUB      │
  "Tag_2"                    "Tag_3"              │    int      │
   ──┤ ├──────┤>├──────────────┤P├───────────────┤EN       ENO├──────  %MW10
              Int                    %MW10         │            │      "Tag_5"
               0       %M2.3        "Tag_5"─┤IN1   OUT├──
                      "Tag_8"            1─┤IN2          │
                                           └─────────────┘
```

(b)

程序段5：所有彩灯灭

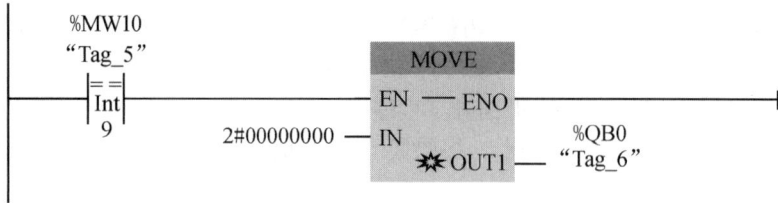

```
         %MW10
        "Tag_5"              ┌─────MOVE─────┐
         ==                  │              │
        ┤Int├────────────────┤EN ───── ENO ├──────────────────
          9                  │              │
                2#00000000 ──┤IN            │      %QB0
                             │   ☀ OUT1 ────┤──── "Tag_6"
                             └──────────────┘
```

程序段6：1个彩灯亮

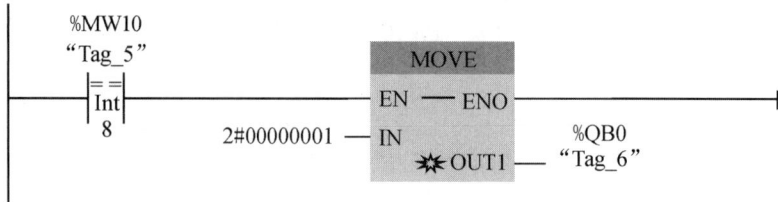

```
         %MW10
        "Tag_5"              ┌─────MOVE─────┐
         ==                  │              │
        ┤Int├────────────────┤EN ───── ENO ├──────────────────
          8                  │              │
                2#00000001 ──┤IN            │      %QB0
                             │   ☀ OUT1 ────┤──── "Tag_6"
                             └──────────────┘
```

程序段7：2个彩灯亮

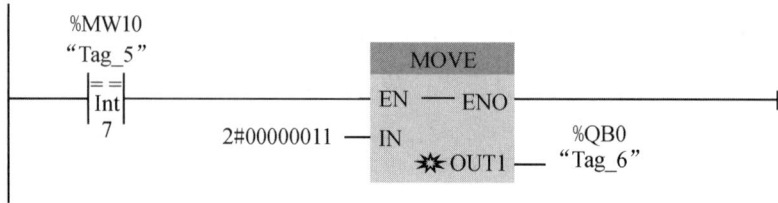

```
         %MW10
        "Tag_5"              ┌─────MOVE─────┐
         ==                  │              │
        ┤Int├────────────────┤EN ───── ENO ├──────────────────
          7                  │              │
                2#00000011 ──┤IN            │      %QB0
                             │   ☀ OUT1 ────┤──── "Tag_6"
                             └──────────────┘
```

(c)

程序段8：3个彩灯亮

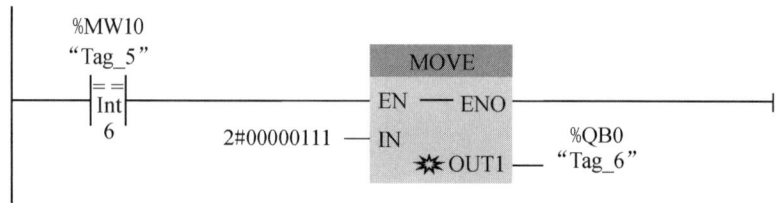

```
         %MW10
        "Tag_5"              ┌─────MOVE─────┐
         ==                  │              │
        ┤Int├────────────────┤EN ───── ENO ├──────────────────
          6                  │              │
                2#00000111 ──┤IN            │      %QB0
                             │   ☀ OUT1 ────┤──── "Tag_6"
                             └──────────────┘
```

程序段9：4个彩灯亮

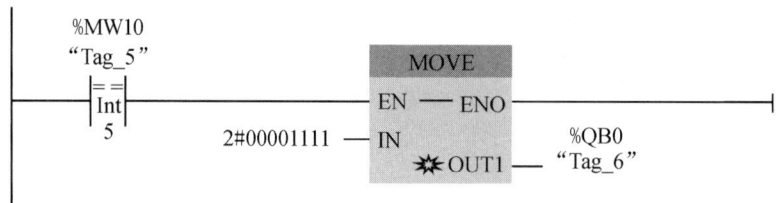

```
         %MW10
        "Tag_5"              ┌─────MOVE─────┐
         ==                  │              │
        ┤Int├────────────────┤EN ───── ENO ├──────────────────
          5                  │              │
                2#00001111 ──┤IN            │      %QB0
                             │   ☀ OUT1 ────┤──── "Tag_6"
                             └──────────────┘
```

程序段10：5个彩灯亮

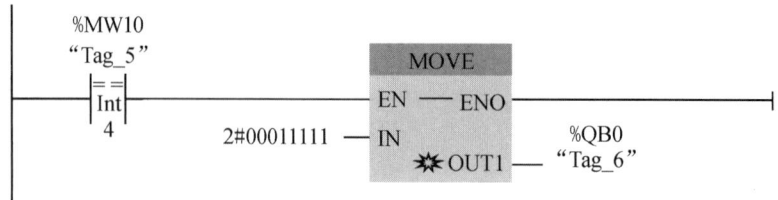

```
         %MW10
        "Tag_5"              ┌─────MOVE─────┐
         ==                  │              │
        ┤Int├────────────────┤EN ───── ENO ├──────────────────
          4                  │              │
                2#00011111 ──┤IN            │      %QB0
                             │   ☀ OUT1 ────┤──── "Tag_6"
                             └──────────────┘
```

(d)

程序段11：6个彩灯亮

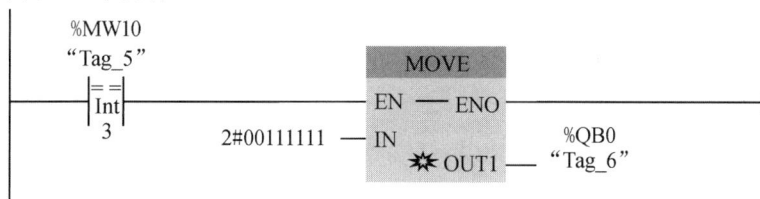

程序段12：7个彩灯亮

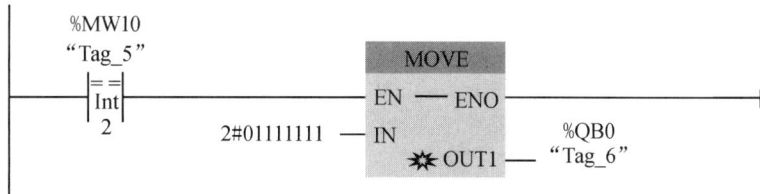

程序段13：8个彩灯亮

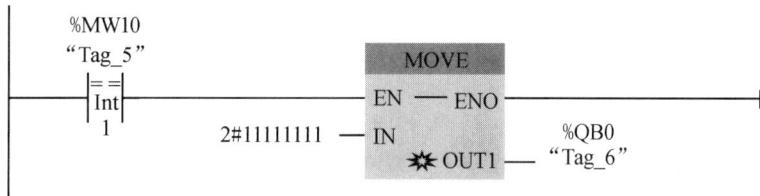

(e)

程序段14：停止装置

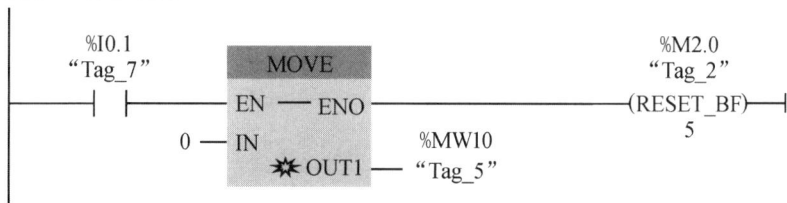

(f)

图 7-21　农家乐彩灯装饰装置梯形图程序

7.4.3　程序调试与监控

设计完本装置的梯形图程序后，可在博途编程软件中编写项目程序，并进行程序调试和运行监控。

1. 调试程序

完成项目程序下载后，将 PLC 设置为 RUN 模式，可发现 PLC 运行指示灯变为绿色。此时，打开"MAIN[OB1]"窗口，单击工具栏上的"启用/禁止监控"按钮，博途软件即进入对项目程序运行状态的查看界面，同时程序编辑器标题栏会变为橙红色，用户可在该界面观察项目程序的运行效果，并对程序运行过程进行调试。完成程序基本调试后，可在编程软件的变量表中查看本项目程序的变量名称、数据类型和地址。

2. 监控程序

本项目的程序状态监控界面如图 7-22 所示。当按下启动按钮 SB1 后，HL1～HL8 彩灯按照预设效果逐个点亮，并循环往复，当按下停止按钮 SB2 后，本装置立即停止运行，HL1～HL8 彩灯全部熄灭。

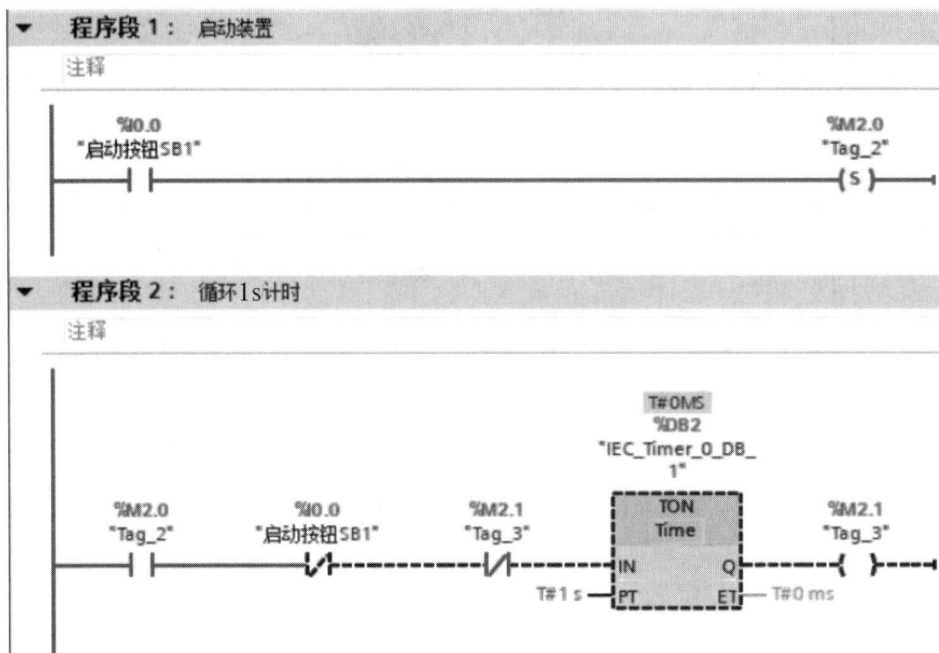

(a)

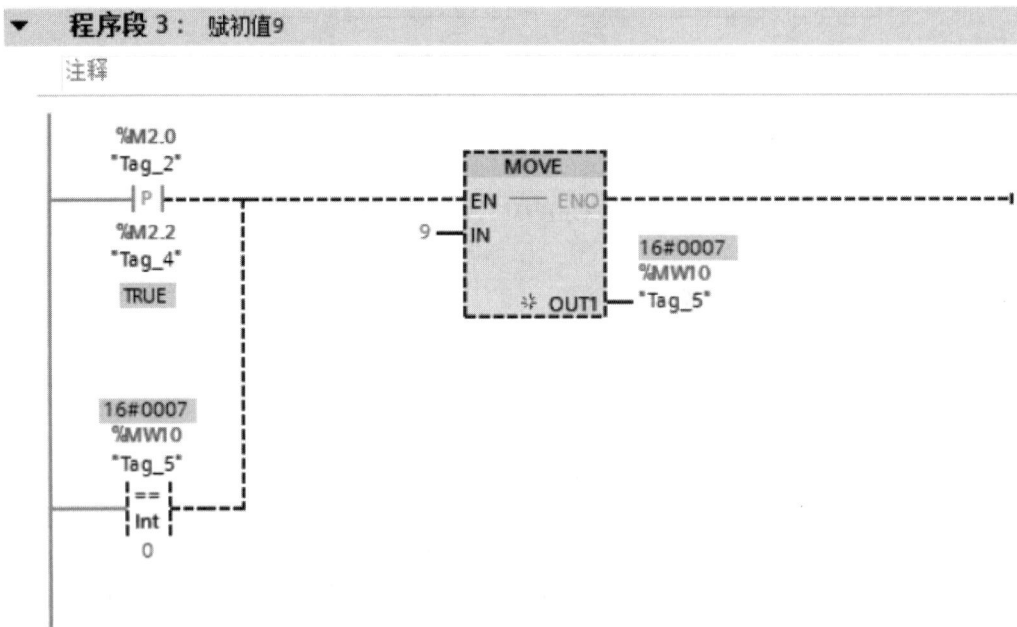

(b)

程序段 4： 每秒减1

注释

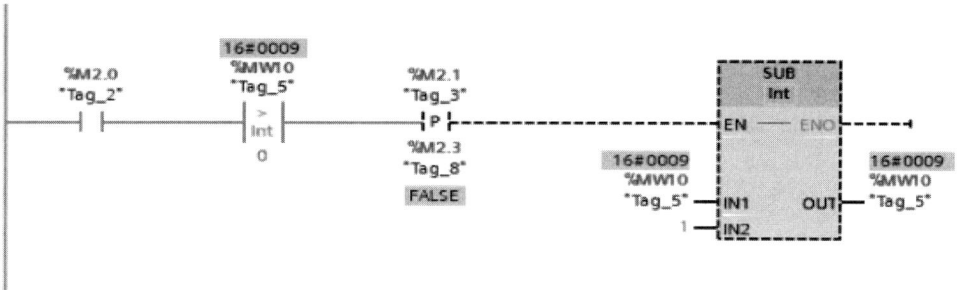

程序段 5： 所有彩灯灭

注释

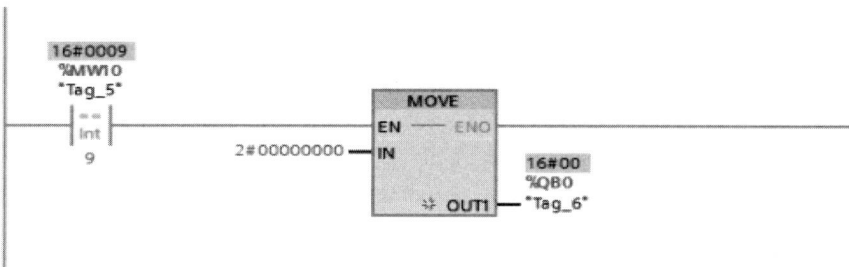

(c)

程序段 6： 1个彩灯亮

注释

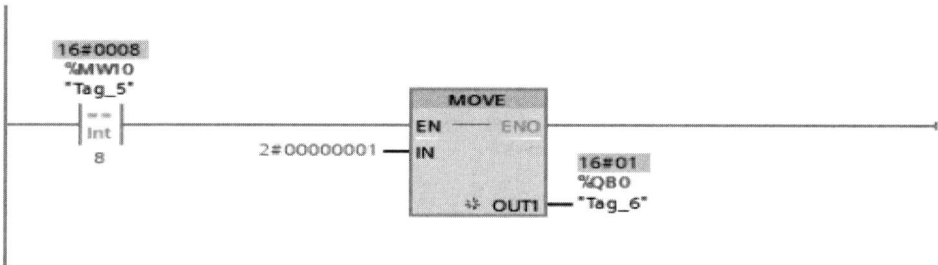

程序段 7： 2个彩灯亮

注释

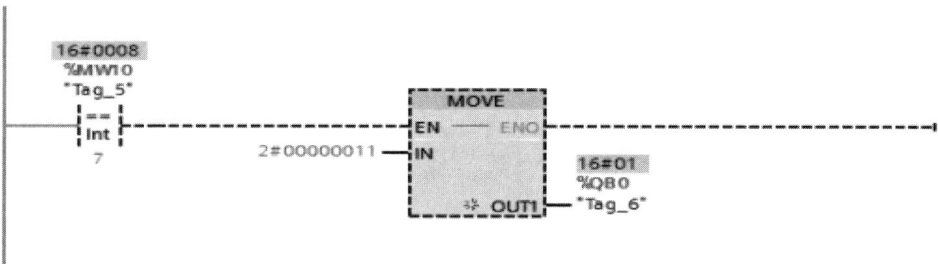

(d)

程序段 7: 2个彩灯亮

注释

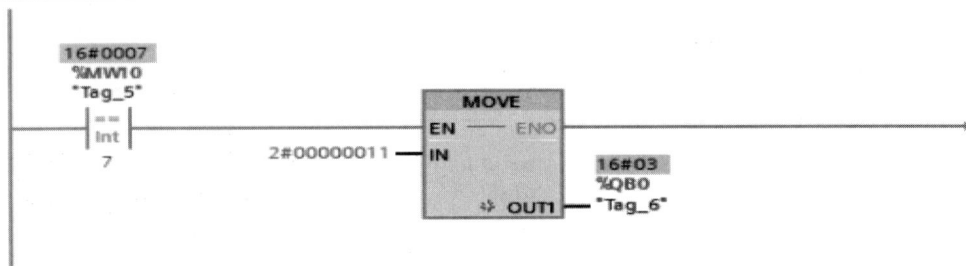

程序段 8: 3个彩灯亮

注释

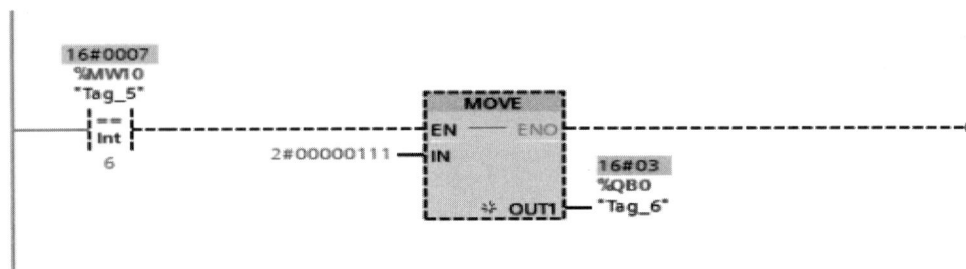

(e)

程序段 8: 3个彩灯亮

注释

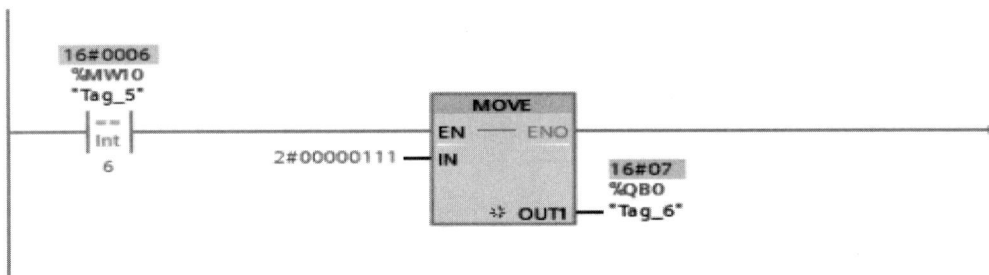

程序段 9: 4个彩灯亮

注释

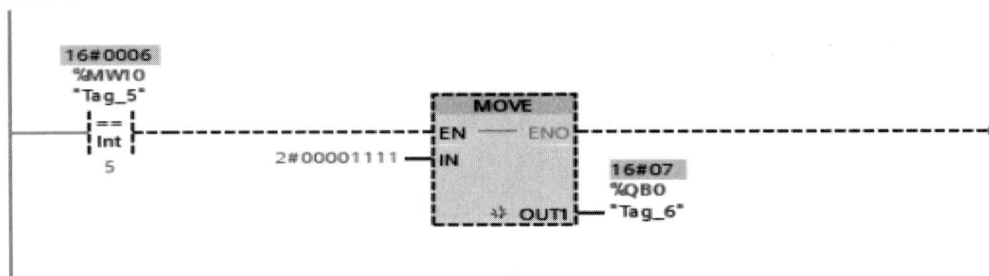

(f)

▼ **程序段 9:** 4个彩灯亮

注释

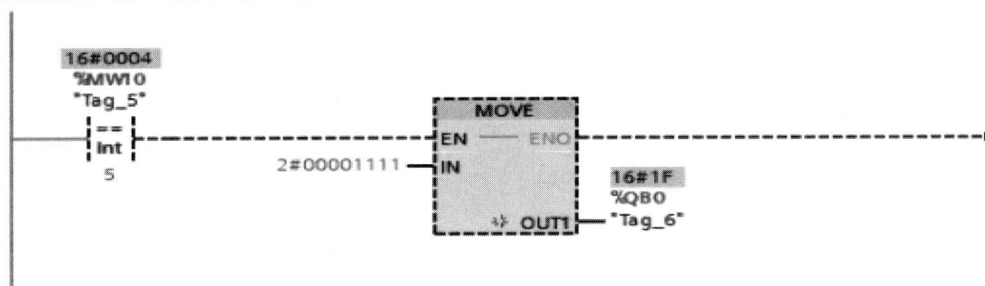

▼ **程序段 10:** 5个彩灯亮

注释

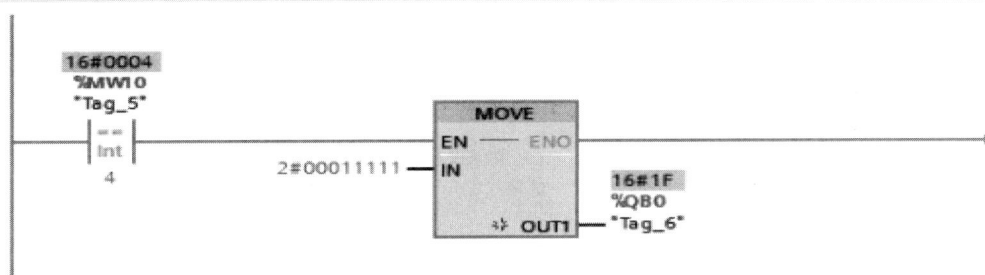

(g)

▼ **程序段 11:** 6个彩灯亮

注释

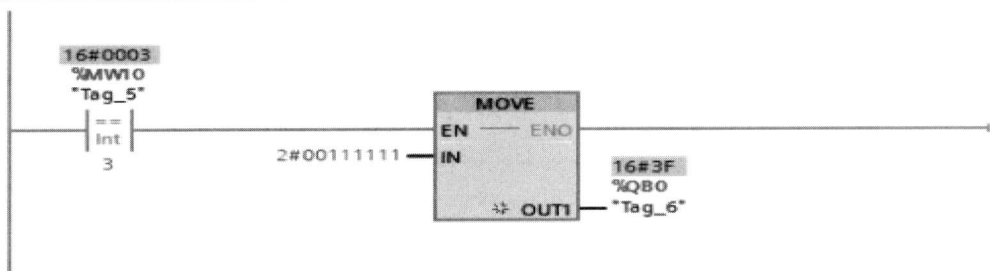

▼ **程序段 12:** 7个彩灯亮

注释

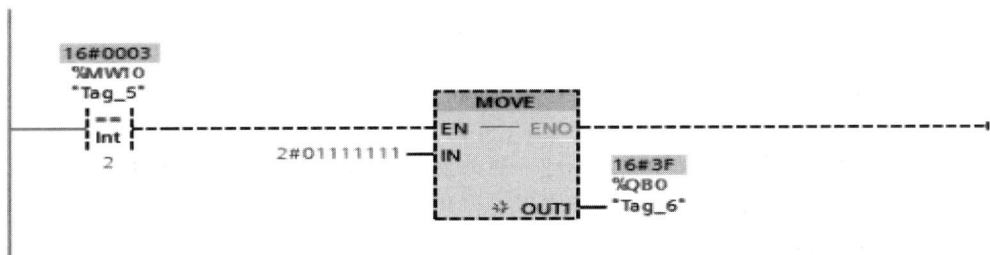

(h)

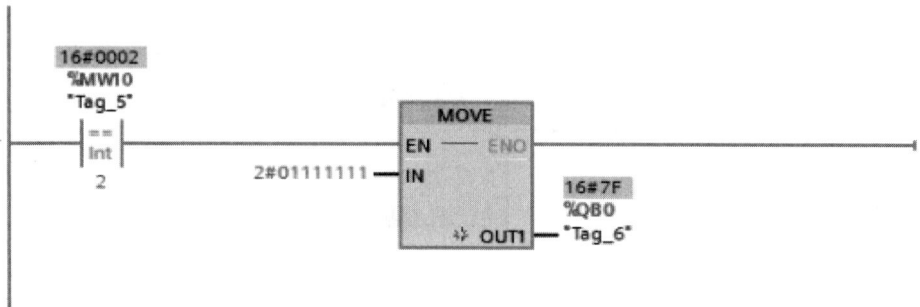

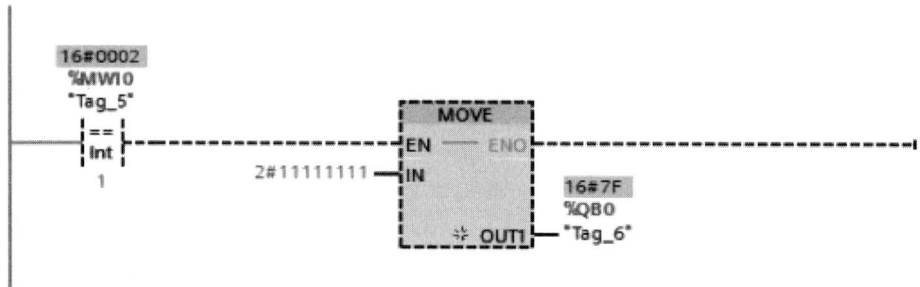

(i)

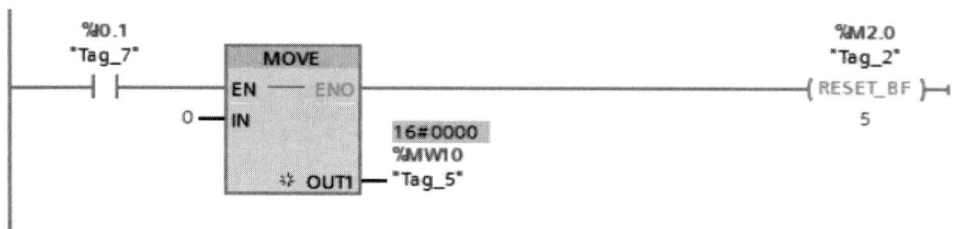

(j)

图 7-22 调试运行程序

7.4.4 仿真实现

参照之前项目的仿真调试经验，创建农家乐彩灯装饰装置仿真工程项目，对项目进行仿真调试，呈现仿真效果。具体的仿真实现操作步骤如下。

1. 添加变量参数

将 PLC_1 站点下载到仿真器中，打开仿真器项目视图，将本项目添加进去，在项目树中，双击“SIM 表格_1”，打开“SIM 表格_1”，点击“添加变量”按钮，所有变量名称即会显示在“名称”栏中。在初始状态下，“I0.0:P”“I0.1:P”“M2.0”“M2.1”“M2.2”“M2.3”“M2.6”的监视/修改值都为布尔型“FALSE”。

2. 启动设备仿真

双击“I0.0:P”所在行“位”列中的方框，模拟启动按钮 SB1 的按下和释放操作，之后可看到 SIM 表格_1 中各触点、定时器、线圈名称的监视/修改值也会随着仿真作业过程而动态改变，如图 7-23 所示。

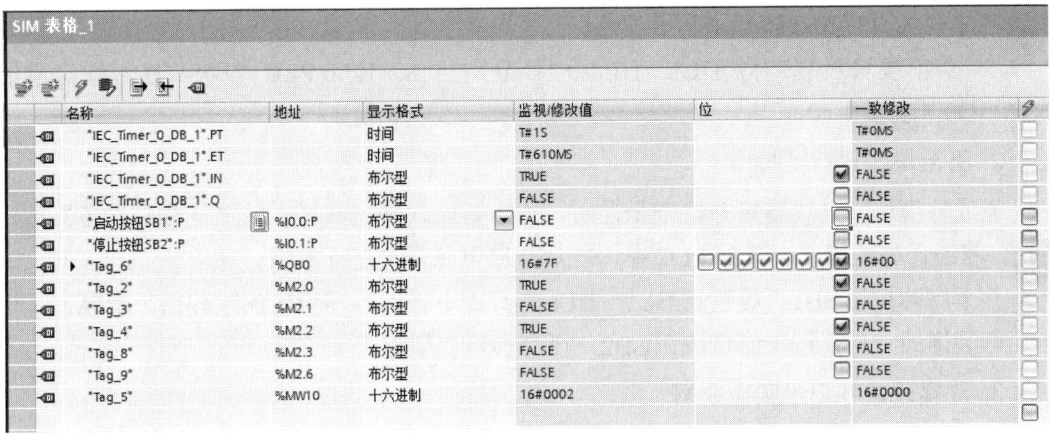
SIM 表格_1

名称	地址	显示格式	监视/修改值	位	一致修改
"IEC_Timer_0_DB_1".PT		时间	T#1S		T#0MS
"IEC_Timer_0_DB_1".ET		时间	T#610MS		T#0MS
"IEC_Timer_0_DB_1".IN		布尔型	TRUE		FALSE
"IEC_Timer_0_DB_1".Q		布尔型	FALSE		FALSE
"启动按钮SB1":P	%I0.0:P	布尔型	FALSE		FALSE
"停止按钮SB2":P	%I0.1:P	布尔型	FALSE		FALSE
"Tag_6"	%QB0	十六进制	16#7F		16#00
"Tag_2"	%M2.0	布尔型	TRUE		FALSE
"Tag_3"	%M2.1	布尔型	FALSE		FALSE
"Tag_4"	%M2.2	布尔型	TRUE		FALSE
"Tag_8"	%M2.3	布尔型	FALSE		FALSE
"Tag_9"	%M2.6	布尔型	FALSE		FALSE
"Tag_5"	%MW10	十六进制	16#0002		16#0000

图 7-23　按下启动按钮 SB1 后的仿真界面

3. 停止设备仿真

在仿真作业执行过程中，双击“I0.1:P”所在行“位”列中的方框，模拟停止按钮 SB2 的按下和释放操作，之后可看到 SIM 表格_1 中各变量的监控/修改值都变为 FALSE，说明装置停止作业，如图 7-24 所示。

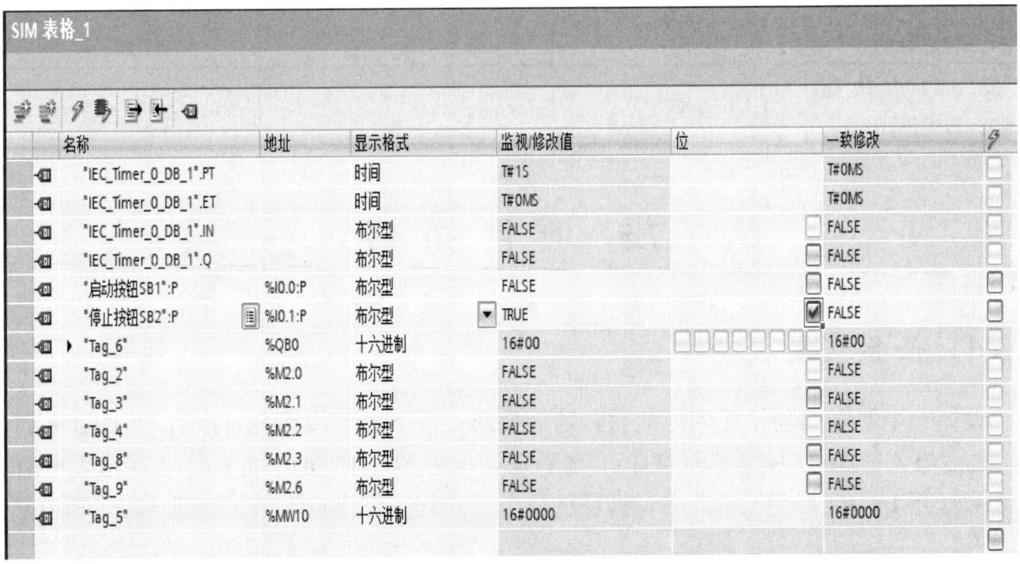
SIM 表格_1

名称	地址	显示格式	监视/修改值	位	一致修改
"IEC_Timer_0_DB_1".PT		时间	T#1S		T#0MS
"IEC_Timer_0_DB_1".ET		时间	T#0MS		T#0MS
"IEC_Timer_0_DB_1".IN		布尔型	FALSE		FALSE
"IEC_Timer_0_DB_1".Q		布尔型	FALSE		FALSE
"启动按钮SB1":P	%I0.0:P	布尔型	FALSE		FALSE
"停止按钮SB2":P	%I0.1:P	布尔型	TRUE		FALSE
"Tag_6"	%QB0	十六进制	16#00		16#00
"Tag_2"	%M2.0	布尔型	FALSE		FALSE
"Tag_3"	%M2.1	布尔型	FALSE		FALSE
"Tag_4"	%M2.2	布尔型	FALSE		FALSE
"Tag_8"	%M2.3	布尔型	FALSE		FALSE
"Tag_9"	%M2.6	布尔型	FALSE		FALSE
"Tag_5"	%MW10	十六进制	16#0000		16#0000

图 7-24　按下停止按钮 SB2 后的仿真界面

7.4.5　模拟实操

参照之前项目的模拟实操经验，在实训平台上对本项目进行模拟实操演示，并记录时序结果。具体的模拟实操步骤如下。

1. 连接各模块间导线

(1) PLC 模块接线。将 S7-1200 PLC 的外部电源端子连接好。

(2) 输入模块接线。将启动控制按钮 SB1 和停止控制按钮 SB2 分别与 S7-1200 PLC 模块数字量输入端的 I0.0 和 I0.1 端子相连。

(3) 输出模块接线。将 HL1～HL8 彩灯分别与 S7-1200 PLC 模块数字量输出端的 Q0.0～Q0.7 端子相连。

2. 开启电源进行实操

完成各模块间导线连接并检查无误后，点击博途软件工具栏上的"下载到设备"按钮，将编译好的程序下载到 PLC 中，之后开启电源开关进行实操。

按下启动按钮 SB1，观察到 HL1～HL8 彩灯能够按照程序设定的规律循环点亮，呈现出彩灯装饰的效果；按下停止按钮 SB2，所有彩灯立即熄灭。

3. 观察现象并记录实操数据

在遵守实训操作安全规范的基础上，严格按照实训操作规范完成本项目模拟实操，细心观察实操现象，记录相关数据，并将实操结果填到表 7-6 中。

表 7-6　实操数据记录表

状　态	现　象	电压值/V	电流值/A
启动按钮 SB1 断开	HL1～HL8:	$U_{Q0.0\text{-}Q0.7}=$	$I_{Q0.0\text{-}Q0.7}=$
按下启动按钮 SB1，装置启动后	HL1～HL8:	当彩灯点亮时，彩灯上的输出电压 $U_{HLn}=$	当彩灯点亮时，彩灯上的输出电流 $I_{HLn}=$
按下停止按钮 SB2，装置停止后	HL1～HL8:	$U_{Q0.0\text{-}Q0.7}=$	$I_{Q0.0\text{-}Q0.7}=$

7.5　项　目　拓　展

7.5.1　任务拓展

设计一个彩灯间隔循环闪烁装置，功能要求：按下启动按钮 SB1，HL1、HL3 彩灯亮 1 s，之后熄灭→HL2、HL4 彩灯亮 1 s，之后熄灭→HL5、HL7 彩灯亮 1 s，之后熄灭→HL6、HL8 彩灯亮 1 s，之后熄灭。此后，循环往复上述过程，直至按下停止按钮 SB2，所有彩灯均熄灭。

根据上述设计需求分配输入/输出地址，如表 7-7 所示。与项目 7 相比，拓展项目在硬件结构上并无差别，在软件程序上亦可参照修改。具体的程序由学习者自行思考。

表 7-7 拓展项目输入/输出地址分配表

输　　入		输　　出	
输入地址	元器件标号及功能	输出地址	元器件标号及功能
I0.0	启动按钮 SB1	Q0.0	彩灯 HL1
I0.1	停止按钮 SB2	Q0.1	彩灯 HL2
		Q0.2	彩灯 HL3
		Q0.3	彩灯 HL4
		Q0.4	彩灯 HL5
		Q0.5	彩灯 HL6
		Q0.6	彩灯 HL7
		Q0.7	彩灯 HL8

7.5.2 思政拓展

农家乐助力乡村振兴丨农家乐成为金川群众乡村振兴的"发力点"

"一年春光惹人醉，万顷梨花作雪飞。"三月的金川万亩梨花竞相绽放，八方游客纷至沓来，信步花海，用镜头定格下中国梨乡的动人春色。

一朵花开万家富。梨花带来的不仅是人气，也为当地老百姓找到了更多的致富门路。依托庞大的客流量，不少村民瞄准梨花经济带来的致富机遇，趁机改造自家闲置的农房，办起了农家乐和民宿，一股农家接待的新风在金川兴起，成为吸引游客的"创收点"。风景如画的金川县特色农家乐如图 7-25 所示。

步入咯尔乡金江村，花海与村民朱学英的农家乐相互掩映，小院里停满了各地游客的车辆，浓郁的饭菜香味扑鼻而来。走近一看，只见店内干净整洁，客人络绎不绝，女主人朱学英正招呼客人，泡茶、上菜，忙得不可开交。

据介绍，今年 50 岁的朱学英是村里出了名的能干人，会手工编织、会打月饼，还做得一手好饭菜。近几年，金川春日的梨花、秋日的红叶吸引了众多游客，这让家有十来间闲置农房的朱学英萌生了开农家乐的想法。说干就干，2016 年，她下定决心，吃住一体的"梨花苑生态农家乐"正式开张。

"一开始就想着试一试，没想到几年下来一年比一年好。而且大多数客人都是回头客，还有的是通过朋友介绍来的。"看着好风景带来好"钱"景，朱学英脸上笑开了花。

和朱学英一样，瞄准"赏花经济"这一良机的还有家住梨花红叶核心景区德胜村的李和英。早在七八年前，她就经营起了自家的"乡情农家乐"，近几年，每当梨花盛开的时候，她家的农家乐生意也很红火。

记者走进农家小院，冒着热气的柴火鸡、腊肉香肠、玉米馍馍等金川特色饭菜在饭桌上摆开，这让外地游客大饱口福，不停称赞。

图 7-25　金川县梨花特色农家乐

"农家乐办得好不好，游客说了算，除了要有好环境，还要看饭菜香不香。"李和英大方地道出她的经营秘诀。

"是赏花之旅，也是一次美食之旅。"金川县乡村春季美食的重要食材，主题集中在"健康、生态、营养"上。"凉拌苦苦菜""菜豆花""凉拌土鸡"等菜肴在选料环节上讲究就地取材，菜肴制作结合本地特色，乡土风味浓郁。

"赏梨花美景，品农家风味，住在这里简直太享受了。"再次来到德胜村的都江堰游客钟玥不禁赞叹，今年的梨花开得比往年更漂亮，风景也更美了，如诗如画的梨乡，不愧是赏花休闲的好去处。

农的特色、家的感觉、乐的天地。在金川，梨花经济的发展模式辐射范围广，朱学英和李和英经营的农家乐仅是一道剪影。目前，该县已有百余家农家乐、特色民宿，家家都能吃到地道、原生态、无污染的金川美食。而闲置农房变身"温馨农家乐"的背后，离不开金川县乡村经济形态的不断跃升。

"今年，金川县将进一步加大对旅游市场的综合整治力度，对旅游企业、民俗接待户实行动态管理，提高旅游业服务准入门槛，进一步凸显地域民俗文化特色，带动农民增收。"金川县政府相关工作人员说道。

如今，吃农家饭、住农家屋、享农家乐已经成为一种时尚的休闲方式，乘着旅游发展东风，金川县越来越多的老百姓吃上了"旅游饭"，他们的致富梦正一步步实现。

【思政拓展小任务】

同学们，在认真研读完本项目的思政拓展文章后，你对特色农家乐助力乡村振兴发展有什么认识？请结合这篇文章，以及本项目的理论和技能学习内容，完成以下思政拓展任务：

(1) 以校内图书馆、网络资源库等作为载体，自主查询有关自动化技术助力农家乐发展的应用案例，汇总整理成图片、文字、视频素材库，在班上分组进行汇报。

(2) 班上同学自主组合成若干小组，走访校园周边的村镇及农业企业，与农民或智能农企技术人员进行访谈交流，深入调研自动化技术在乡村振兴发展中的作用和价值，撰写一篇不少于 1500 字的分析报告。

(3) 结合本项目的学习，谈一谈你对 PLC 技术赋能农家乐产业发展的理解。

思考与练习

1. 数据处理指令包含_____、_____、_____和_____。

2. MW1 是由_____、_____两个字节组成的，其中_____是 MW1 的高字节，_____是 MW1 的低字节。

3. WORD(字)是 16 位_____符号数，INT(整数)是 16 位_____符号数。

4. 逻辑运算指令包括_____、_____、_____和_____等。

5. 在程序中设置跳转指令可提高_____执行速度，在没有执行跳转指令时，各个程序段按_____的先后顺序执行。

6. 使用数学运算指令实现$[8 + 9 \times 6/(12 + 10)] / (6 - 2)$的运算过程，并将运算结果保存在 MW11 中。

7. 使用定时器及比较指令编写占空比为 2∶1、周期为 1.5 s 的连续脉冲信号。

8. 将浮点数 12.5 取整后传送至 MB0，编写梯形图。

项目 8　生产线定时启停控制系统设计与实现

理论知识目标

1. S7-1200 PLC 函数、函数块和数据块的概念。
2. 常用数据处理指令及其应用。
3. 掌握不同优先级组织块的功能。

实操技能目标

1. 掌握调用函数和函数块的方法。
2. 掌握循环中断组织块的使用方法。

思政素养目标

1. 遵守操作规范，培养安全第一的意识。
2. 培养刻苦钻研、锲而不舍的学习品质。

8.1　项目导入

农企自动化生产线是指在农产品包装运输过程中，运用自动化技术、传感器技术、控制技术等，实现全自动化生产的装置。农企自动化生产线可以解决劳动力短缺、生产成本高、劳动强度大等问题，提高农产品的生产效率和市场竞争力。随着科技的飞速发展，传统农企的生产方式已经不再适应现代社会的需求，越来越多的农企开始引进自动化生产线来提高生产效率和品质。农企生产线中，PLC 的应用能够实现对生产设备的精确控制、数据采集与处理、故障监测与报警等功能，从而提升整个生产线的运行效率和智能化水平。

本项目基于西门子 S7-1200 PLC 设计农企生产线定时启停控制系统。要求每天早上 9 点，农企生产线启动运行，工作 8 小时后自动停止运行；同时若在生产线工作时按下停止按钮或生产线过载时，能够立即停止运行。此外，要求使用延时中断实现延时，采用硬件中断实现停机功能。

8.2　项 目 分 析

本项目希望通过引入 PLC 技术提升农企生产线的生产效率，降低人工成本，所设计装置的控制原理为：按下启动按钮 SB1 后，农企生产线系统装置启动，系统装置启动后读取实时时间，当时间达到 9 点时，生产线装置开始运行，并且触发延时中断。装置由 PLC 控制器、驱动电机、传送带、继电器、开关等机构组成。生产线工作 8 小时后，生产线自动停止运行。在生产线运行的过程中，若要停止产线，只需按下停止按钮 SB2，系统就会停止运行。整个装置的设计框架如图 8-1 所示。

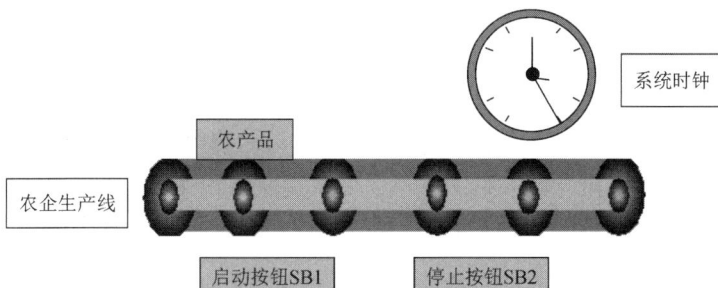

图 8-1　农企生产线定时启停系统整体框架

8.3　配 套 知 识 点

西门子 1200PLC 将程序分为系统程序和用户程序两大类，其中系统程序是用于维护用户程序与系统硬件的操作系统，而用户程序根据功能的不同可以分为不同的块，即将程序分解为独立的、自成体系的各个部件；块类似于子程序的功能，但类型更多，功能更强大。在工业控制中，程序一般来说都是非常庞大和复杂的，采用块的概念便于大规模的设计和程序阅读理解，还可以设计标准化的块程序进行重复调用，使得程序结构更加清晰明了、简单易懂、调试方便。S7-1200 PLC 提供了四种不同类型的块，分别是组织块(OB)、数据块(DB)、函数(FC)和函数块(FB)，如表 8-1 所示。

表 8-1　S7-1200 PLC 用户程序中的不同块

块	简 要 描 述
组织块(OB)	操作系统与用户程序之间的接口，决定用户程序的结构
函数(FC)	用户编写的代码块，无专用的存储器，但可使用全局数据块存储器
函数块(FB)	用户编写的代码块，有专用的存储器(即输入/输出参数存储到背景数据块中)
数据块(DB)	用于存储用户数据及程序中间变量的数据区域

S7-1200 PLC 中不同类型的块的关系如图 8-2 所示。其中数据块包括全局数据块和背景数据块，组织块中除了包含全局数据块，还可以调用函数和函数块，函数块也可以调用函数或函数块。

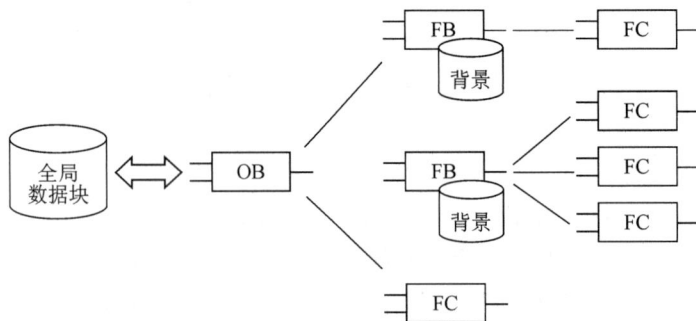

图 8-2　不同块之间的调用关系

下面对组织块、函数与函数块进行详细介绍。

8.3.1　组织块

组织块(Organization Block，OB)是操作系统与用户程序的接口，由操作系统调用，用于编写和执行 PLC 的控制逻辑。组织块不仅可以用来实现 PLC 扫描循环控制，还可以完成 PLC 的启动、中断程序的执行和错误处理等功能。熟悉各类组织块的使用对于提高编程效率和程序的执行速率有很大的帮助。

1. 事件

S7-1200 PLC 操作系统的基础，分别是能够启动 OB 和无法启动 OB 这两种类型事件。能够启动 OB 的事件会调用已分配给该事件的 OB 或按照事件的优先级将其输入队列，如果没有为该事件分配 OB，则会触发默认系统响应。无法启动 OB 的事件会触发相关事件类别的默认系统响应。因此，用户程序循环取决于事件和给这些事件分配的 OB，以及包含在 OB 中的程序代码或 OB 中调用的程序代码。

组织块用于控制用户程序的执行，每个组织块都需要一个唯一的编号，小于 123 的某些编号留给响应特定事件的组织块使用，CPU 中的特定事件可触发组织块的执行，其他组织块、功能或功能块不能调用组织块。

表 8-2 为能够启动 OB 的事件，其中包含了相关事件的类别。表 8-3 为无法启动 OB 的事件，其中包含操作系统的相应响应。

表 8-2　能够启动 OB 的事件

事件类别	OB 性能指标				
	OB 号	OB 数目	启动事件	OB 优先级	优先级组
程序循环	1 或≥123	≥1	启动或结束上一个循环 OB	1	1
启动	100 或≥123	≥0	STOP 到 RUN 的转换	1	
延时中断	20~23 或≥123	≥0	延时时间到	3	2
循环中断	30~38 或≥123	≥0	固定的循环时间到	4	
硬件中断	40~47 或≥123	≤50	上升沿≤16 个，下降沿≤16 个	5	

事件类别	OB 性能指标				
	OB 号	OB 数目	启动事件	OB 优先级	优先级组
硬件中断	40~47 或≥123	≤50	HSC：计数值＝参考值 （最多 6 次） HSC：计数方向变化 （最多 6 次） HSC：外部复位 （最多 6 次）	6	2
诊断错误 中断	82	0 或 1	模块检测到错误	9	
时间错误	80	0 或 1	超过最大循环时间时，若调用 的 OB 正在执行，则队列溢出， 因中断负载过高而丢失中断	26	3

表 8-3   无法启动 OB 的事件

事件类型	事件	事件优先级	系统响应
插入/卸下	插入/卸下模块	21	STOP
访问错误	刷新过程映像的 I/O 访问错误	22	忽略
编程错误	块内的编程错误	23	STOP
I/O 访问错误	块内的 I/O 访问错误	24	STOP
超过最大循环时间两倍	超过最大循环时间两倍	27	STOP

每个 CPU 事件都有它的优先级，不同优先级的事件分为 3 个优先级组。事件一般按优先级的高低来处理，先处理高优先级的事件，优先级相同的事件则按"先来先服务"的原则处理。优先级的编号越大，优先级越高，其中时间错误中断则具有最高的优先级 26。

高优先级组的事件可以中断低优先级组的事件的 OB 的执行，例如第 2 优先级组所有的事件都可以中断第 1 优先组中的程序循环 OB 的执行，第 3 优先级组的时间错误 OB 可以中断所有其他组的 OB。一个 OB 正在执行时，如果出现了另一个具有相同或较低优先级组的事件，后者不会中断正在处理的 OB，而是根据它的优先级将其添加到对应的中断队列排队等待。当前的 OB 处理后再处理排队的事件。

当前的 OB 执行完后，CPU 将执行队列中最高优先级的事件的 OB，对于优先级相同的事件，则按照出现的先后次序处理。如果高优先级组中没有排队的事件了，CPU 将返回较低的优先级中断的 OB，从被中断的地方开始继续处理。

不同的事件或不同的 OB 均有它们自己的中断队列和不同的队列深度。对于特定的事件类型，如果队列中的事件个数达到上限，下一个事件将使队列溢出，新的中断事件被丢弃，同时产生时间错误中断事件。

有的 OB 用它的临时局部变量提供触发它的启动事件的详细信息，可以在 OB 中编程，做出相应的反应，例如触发报警。中断的响应时间是指从 CPU 得到中断事件出现的通知，到 CPU 开始执行该事件 OB 中一条指令之间的时间。如果在事件出现时只是在执行循环程序 OB，则中断响应时间小于 175 μs。

2. 组织块

组织块由操作系统调用，用于处理启动行为、循环程序的执行、中断驱动程序的执行和错误事件，在添加组织块时，可以选择相应的组织块的类型，如图 8-3 所示。

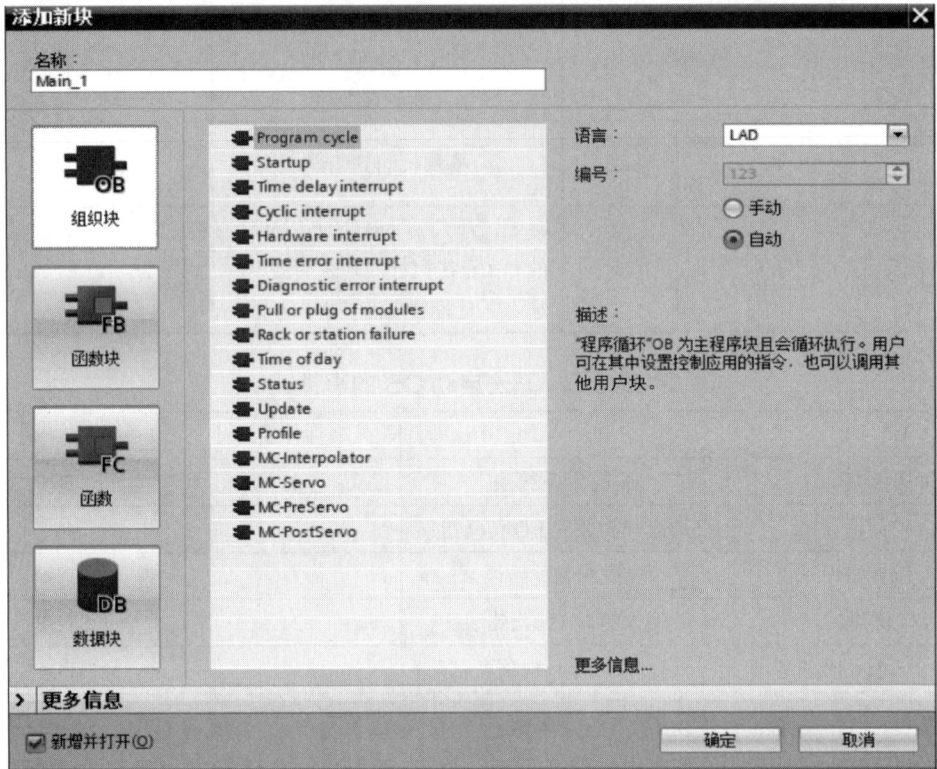

图 8-3　组织块的类型

1) 程序循环组织块

在每个扫描周期都会被执行到的组织块叫作循环组织块，一般将需要连续执行的程序放在程序循环组织块中，默认的循环组织块为 OB1，因此 OB1 也被称为主程序(Main)。若在一个项目中生成了多个循环组织块，CPU 则会按照 OB 的编号顺序从主程序循环组织块(默认 OB1)开始执行每个程序循环组织块。例如，首先执行主程序 OB1，再执行编号大于等于 123 的循环组织块 OB。一般只需要一个程序循环组织块。

打开博途软件的项目视图，生成一个名为"程序循环案例"的新项目。双击项目树中的"添加新设备"，添加一个新设备，CPU 型号选择 1215C。再打开项目视图中的文件夹"\PLC_1\程序块"，双击其中的"添加新块"，单击"添加新块"对话框中的"组织块"按钮，选中列表中的"Program cycle"，生成一个程序循环组织块。OB 默认的编号为 123(可手动设置 OB 的编号，最大编号为 32767)，单击右下角的"确认"按钮，OB 块被自动生成，可以在项目树的文件夹\PLC_1\程序块中看到新生成的 OB123，如图 8-4 所示。

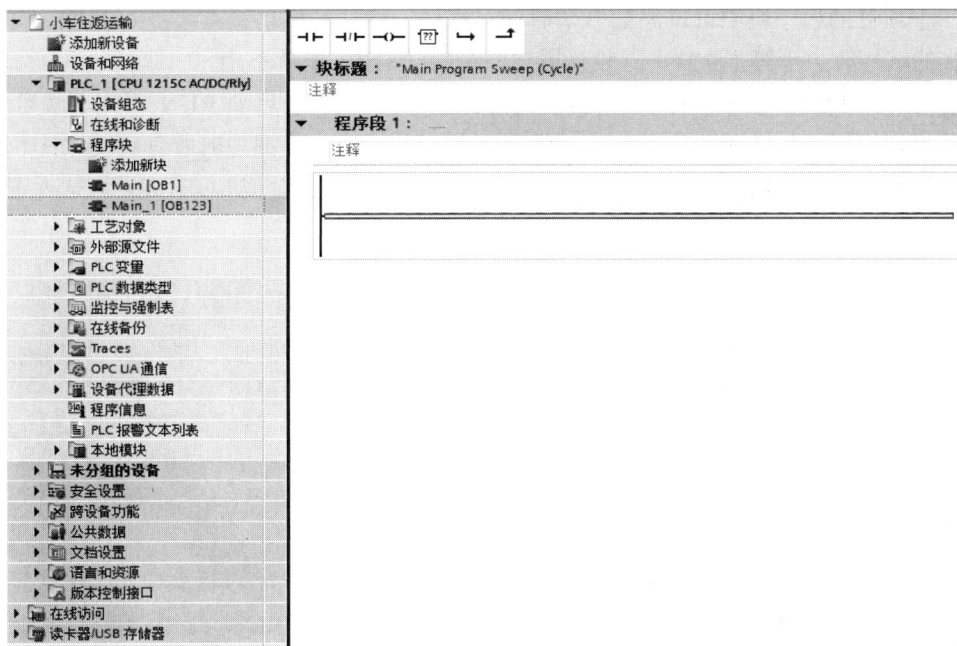

图 8-4　生成程序循环组织块

分别在 OB1 和 OB123 中输入简单的程序，如图 8-5 和图 8-6 所示，将编写好的程序下载到 CPU 中，通过 I0.0 和 I0.1 分别控制 Q0.0、Q0.1 和 Q0.2，可以发现按下 I0.0 按钮后，组织块 OB1 中的程序被执行，Q0.0 和 Q0.1 输出高电平，再按下 I0.1 按钮后，组织块 OB123 中的程序被执行，Q0.2 输出高电平，同时 Q0.1 被复位。

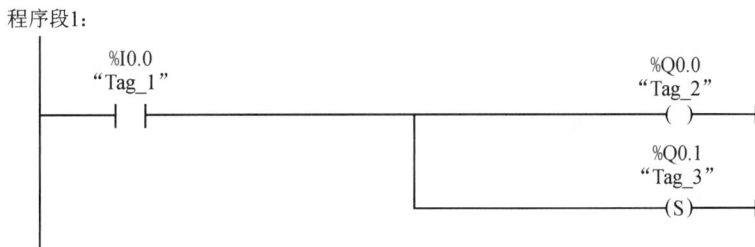

图 8-5　组织块 OB1 中的程序

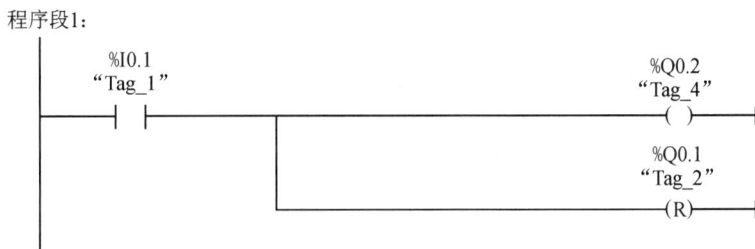

图 8-6　组织块 OB123 中的程序

2) 启动组织块

当 CPU 的工作模式从 STOP 切换到 RUN 时，PLC 在开始执行用户程序循环组织块之前首先会执行启动组织块。由于启动组织块只执行一次，因此一般用于初始化项目中的变量。一个项目的程序块中可以添加多个启动组织块，默认的启动组织块是 OB100，其他启动 OB 的编号应大于等于 123，一般只需要一个启动 OB，或者不用。

S7-1200 PLC 中支持 3 种启动模式：不重新启动模式、暖启动-RUN 模式、暖启动-断电前的操作模式，如图 8-7 所示。不管选择哪种启动模式，已编写的所有启动 OB 都会执行，并且 CPU 是按 OB 编号顺序执行它们的，首先执行启动组织块 OB100，再执行编号大于等于 123 的启动组织块 OB。

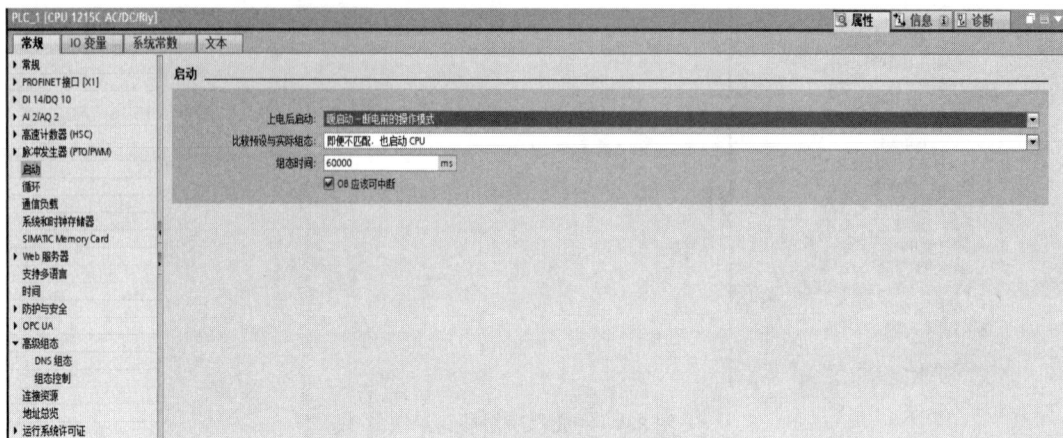

图 8-7　启动模式

用上述方法生成启动组织块 OB100 和 OB124。分别在启动组织块 OB100 和 OB124 中生成初始化程序，并将它们下载到 CPU，切换到 RUN 模式后，可以看到在 OB100 组织块中 OB0 被初始化为 16#F0，再执行组织块 OB124 中的程序，最后 OB0 被初始化为 16#FF。

3) 延时中断组织块

中断是指 CPU 在执行程序的过程中，由于内部或外部事件(如定时器事件、外部设备请求、程序错误等)的触发，而暂时停止当前程序的执行，转而处理新事件的一种机制。中断发生时，CPU 会保存当前程序的执行状态(如程序计数器、寄存器内容等)，然后跳转到中断服务程序去执行，执行完毕后返回原程序继续执行。

中断在计算机系统中的作用主要体现在以下几个方面：

(1) 提高系统实时性。中断机制允许 CPU 在处理重要或紧急事件时，暂停当前程序的执行，从而保证了系统的实时性。例如，当外部设备(如键盘、鼠标)发出请求时，CPU 能够立即响应并处理，从而提高了系统的交互性和用户体验感。

(2) 实现多任务并发执行。通过中断机制，操作系统可以实现多个任务的并发执行。当一个任务等待某个事件(如 I/O 操作)时，CPU 可以转而执行其他任务，待该事件发生时再通过中断通知 CPU 处理，从而提高了系统的整体性能。

(3) 处理异常情况。中断机制还可以用于处理程序执行过程中的异常情况，如算术错误、内存访问越界等。当这些异常发生时，CPU 会接收到一个异常中断信号，并跳转到相应的异常处理程序去执行，从而保证了程序的稳定性。

(4) 实现硬件和软件之间的通信。中断是硬件和软件之间进行通信的一种重要手段。

硬件通过中断信号向软件发送请求或通知，软件则通过中断服务程序来响应这些请求或通知，从而实现了硬件和软件之间的协同工作。

中断程序是由用户编写的，在编写中断程序时应使得中断程序尽量短小，以减少中断程序的执行时间，减少对其他任务处理的延迟，否则可能引起主程序控制的设备操作异常。因此，设计中断程序要遵循"越短越好"的原则。

S7-1200 PLC 提供了延时中断、循环中断、硬件中断和诊断错误中断，下面首先介绍延时中断组织块。

打开"添加新块"对话框，选中组织块中的"Time delay interrupt"选项，如图 8-8 所示，生成延时中断 OB，其编号为 20～23 或大于等于 123。S7-1200 PLC 最多支持 4 个延时中断 OB，分别通过调用"SRT_DINT""CAN_DINT""QRY_DINT"指令启动中断、停止中断和查询中断的状态，指令的功能如表 8-4 所示。

图 8-8　生成循环中断组织块

表 8-4　延时中断相关指令功能

指令名称	功　能　介　绍
SRT_DINT	启动延时中断 OB
CAN_DINT	停止延时中断 OB
QRY_DINT	查询延时中断 OB 的状态

由于定时器指令的定时误差较大，若需要高精度的延时，则可以采用时间延时中断。

在过程事件出现后,延时一定的时间再执行时间延时中断 OB。下面给出使用延时中断的实例:在用户程序中插入一个延时中断 OB20,要实现按下按钮 I0.0,延时 10 s 后延时中断 OB20 启动,输出 Q0.0 置位指示灯点亮。

首先创建延时中断 OB20,在延时中断 OB20 中编写输出 Q0.0,如图 8-9 所示。再在 OB1 中调用"SRT_DINT"指令,如图 8-10 和图 8-11 所示。当"SRT_DINT"指令的 EN 使能输入处于下降沿时,延时中断启动,OB_NR 用来指定延时时间到后要调用的 OB 编号,DTIME 上设置延时时间范围为 1～60 000 ms,S7-1200 PLC 未使用参数 SIGN,可以设置任意的值,RET_VAL 是指令执行的状态代码。

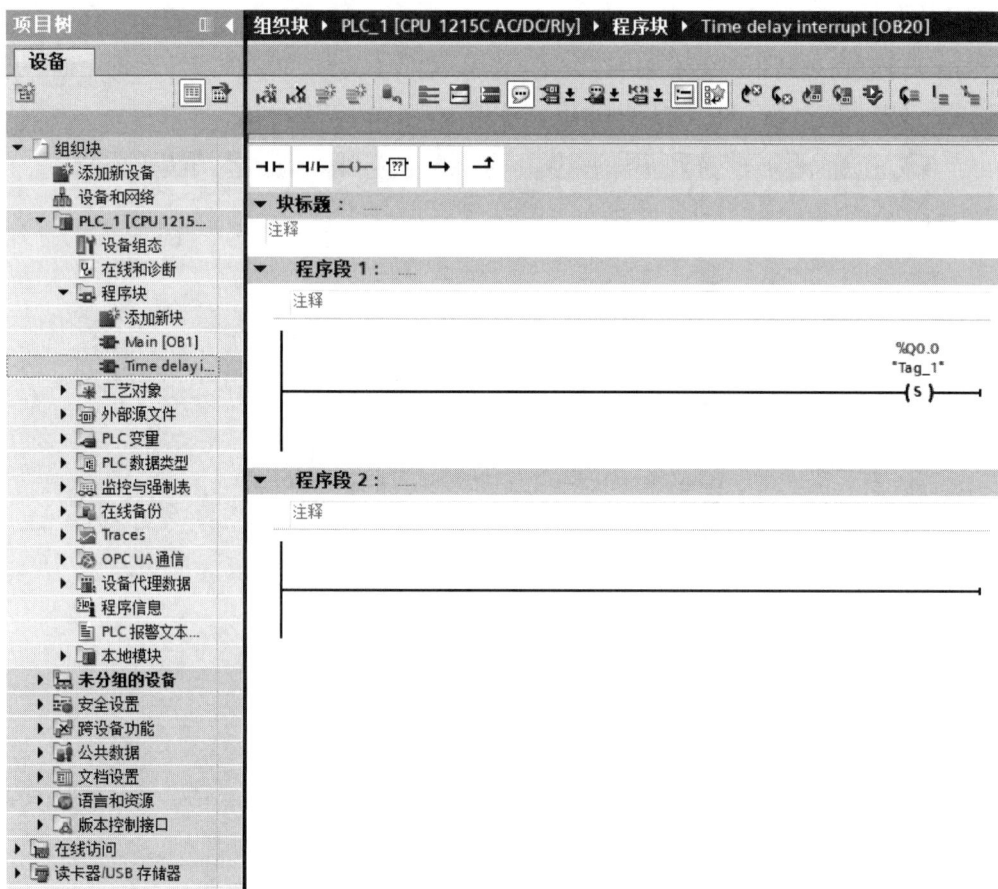

图 8-9　在 OB20 中编写置位输出

当程序段 1 中的 I0.0 的状态由"1"变为"0"后,延时中断开始计时,到达 10 s 后,OB20 中的 Q0.0 置位指示灯点亮。延时中断结束后,若不再需要延时中断,则可以使用"CAN_DINT"指令来取消已启动的延时中断 OB。如:当 I0.0 的状态由"1"变为"0"后,在延时的 10 s 到达之前,程序段 2 中的 I0.1 由"0"变为"1",则停止执行延时中断。

要使用延时中断 OB,需要调用"SRT_DINT"指令且将延时中断 OB 作为用户程序的一部分下载到 CPU,只有 CPU 处于运行状态时,才执行延时中断 OB,暖启动将清除延时中断 OB 的所有启动事件。

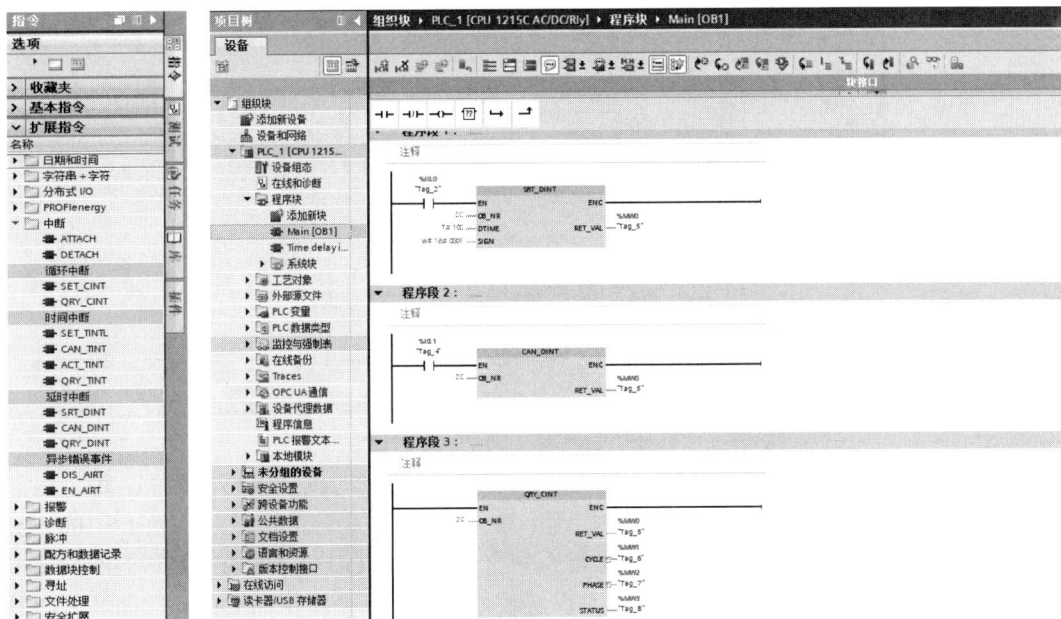

图 8-10　调用中断指令　　　　　　　　图 8-11　OB1 中的程序

4) 循环中断组织块

循环中断组织块在西门子 S7-1200 等 PLC 系统中是一种特定的程序块,用于在经过一段固定的时间间隔后执行相应的中断程序,循环中断 OB 的编号为 30~38 或大于等于 123。用上述的方式生成循环中断组织块 OB30,如图 8-12,从图中可以看出循环中断的时间间隔(循环时间)的默认值为 100 ms,设置范围为 1~60 000 ms。

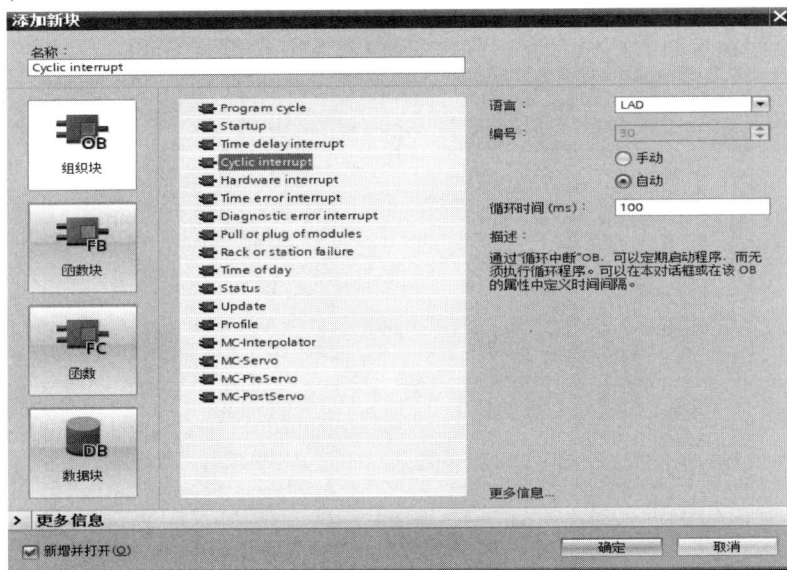

图 8-12　循环中断组织块 OB30

用鼠标右键单击项目树下已生成的 Cyclic interrupt[OB30],选择"属性"选项,打开循环中断 OB 的属性对话框,如图 8-13 所示,在"常规"选项中可更改循环中断 OB 的编号,在"循环中断"选项中可以修改循环时间和相移。

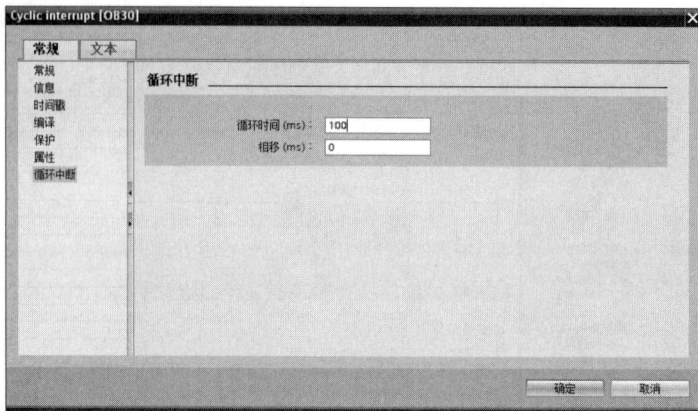

图 8-13 循环中断组织块 OB30 的属性对话框

相移(相位偏移，默认值为 0)是指基本时间周期相比启动时间所偏移的时间，用于错开不同时间间隔的几个循环中断 OB，使它们不会被同时执行。相移的设置范围为 1～100 ms，其数值必须是 0.001 的整数倍。例如：假设有两个循环中断 OB30 和 OB31，它们的循环中断时间分别设置为 100 ms 和 50 ms，若不设置相移时间，当循环中断 OB30 的循环时间到后，循环中断 OB31 第 2 次到达启动时间，而此时循环中断 OB30 是第 1 次到达启动时间。因此，需要在循环中断 OB30 或 OB31 上设置相移时间，使得两个循环中断不同时执行，从而避免冲突。

5) 硬件中断组织块

硬件中断(Hardware Interrupt)组织块是 PLC 程序中用于处理特定硬件事件的程序块，如出现输入/输出模块的信号变化、通信处理器的通信事件或功能模块的状态变化，CPU 立即中止当前正在执行的程序，改为执行对应的硬件中断 OB。硬件中断组织块没有启动信息。生成硬件中断组织块如图 8-14 所示，硬件中断 OB 默认的编号为 40。

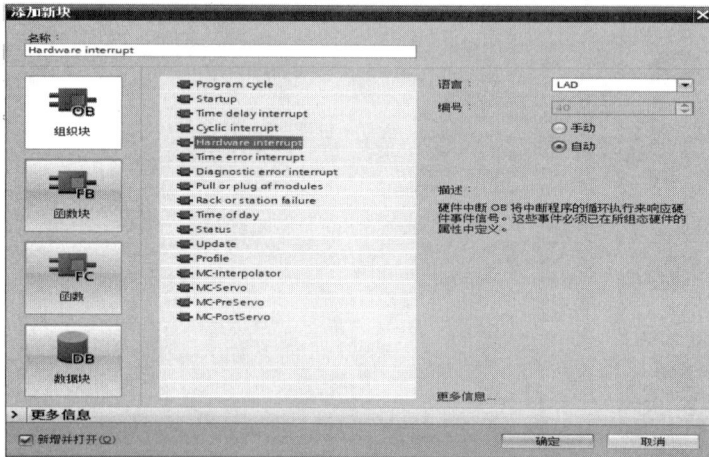

图 8-14 硬件中断组织块 OB40

S7-1200 PLC 最多可生成 50 个硬件中断 OB，在硬件组态时定义中断事件，硬件中断 OB 的编号为 40～47 或大于等于 123，S7-1200 PLC 支持以下中断事件。

(1) 上升沿事件。CPU 内置的数字量输入(根据 CPU 型号而定，最多为 12 个)和 4 点信号板上的数字量输入由 OFF 变为 ON 时，产生的上升沿事件。

（2）下降沿事件。上述数字量由 ON 变为 OFF 时，产生的下降沿事件。

（3）高速计数器 1～6 的实际计数值等于设置值(CV=PV)。

（4）高速计数器 1～6 的方向改变，计数值由增大变为减小，或由减小变为增大。

（5）高速计数器 1～6 的外部复位。某些高速计数器的数字量外部复位输入由 OFF 变为 ON 时，将计数值复位为 0。

用鼠标双击项目树的文件夹"PLC_1"中的"设备组态"，打开设备视图，打开工作区下面的巡视窗口的"属性"选项卡，选中左边的"数字量输入"的通道 0，即为 I0.0，选中复选框激活"启用上升沿检测"功能，如图 8-15 所示。单击"硬件中断"右边的按钮，在弹出的 OB 列表中选中 Hardware interrupt[OB40]，如图 8-16 所示，然后单击按钮☑以确认，确认后会将 OB40 指定给 I0.0 的上升沿中断事件，出现该中断事件后，将会调用 OB40。

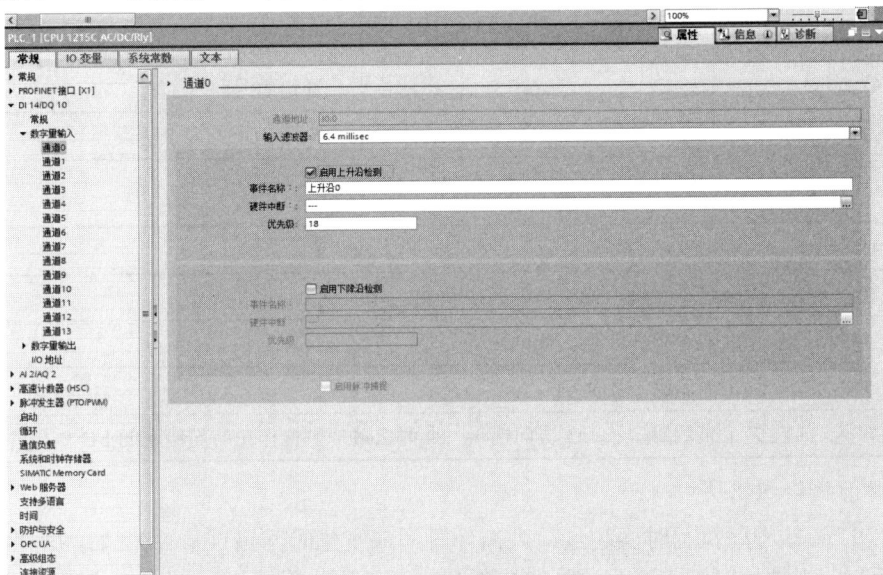

图 8-15　组态硬件中断 OB

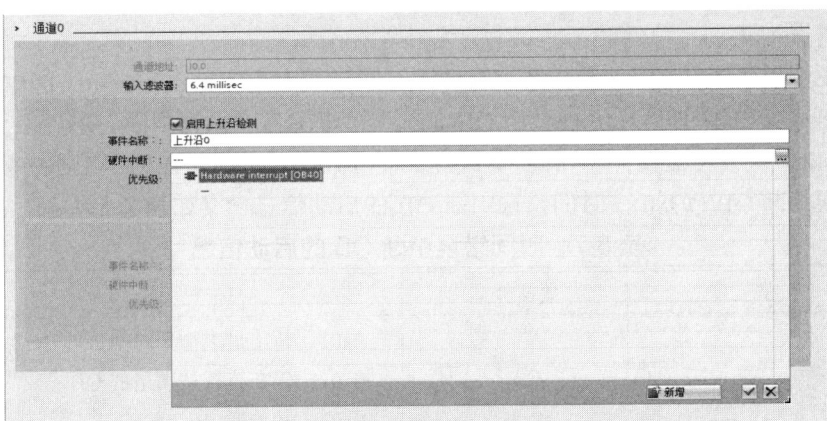

图 8-16　为中断事件选择硬件中断组织块

6）诊断错误组织块

诊断错误组织块是西门子 S7 系列 PLC 中的一个特殊程序块，用于处理与 PLC 连接的硬件模块(如 I/O 模块、通信模块等)的诊断错误信息。诊断错误组织块可以为具有诊断功能的模块启用诊断错误中断功能，使模块能检测到 I/O 状态变化，因此模块会在出现故障(进入事件)或故障不再存在(离开事件)时触发诊断错误中断。如果没有其他中断 OB 激活，则调用诊断错误中断 OB，若正在执行其他中断 OB，诊断错误中断 OB 将置于同优先级的队列中。在用户程序中只能使用一个诊断错误中断 OB(OB82)。

诊断错误中断 OB 的启动信息如表 8-5 所示，表 8-6 列出了局部变量 IO_state 所包含的可能的 I/O 状态。

表 8-5　诊断错误中断 OB 的启动信息

变　量	数据类型	描　述
IO_state	WORD	包含具有诊断功能的模块的 I/O 状态
Laddr	HW_ANY	HW-ID
Channel	UINT	通道编号
Multi_error	BOOL	为 1 表示有多个错误

表 8-6　IO_state 状态

IO_state	含　义
位 0	组态是否正确，为 1 表示组态正确
位 4	为 1 表示存在错误，如断路等
位 5	为 1 表示组态不正确
位 6	为 1 表示发生了 I/O 访问错误，此时 Laddr 包含存在访问错误的 I/O 的硬件标识符

7) 时间错误组织块

当 CPU 中的程序执行时间超过最大循环时间或发生时间错误事件(例如，循环中断 OB 仍在执行前一次调用时，该循环中断 OB 的启动事件再次发生)时，将触发时间错误中断。由于时间错误中断的优先级最高，它将中断所有正常循环程序或其他所有 OB 事件而优先执行时间错误中断。

如果发生以下事件之一，操作系统将调用时间错误中断(Time error interrupt)OB：① 循环程序超出最大循环时间；② 被调用 OB(如延时中断 OB 和循环中断 OB)当前正在执行；③ 中断 OB 队列发生溢出；④ 中断负载过大而导致中断丢失。在用户程序中只能使用一个时间错误中断 OB(OB80)，时间错误中断 OB 的启动信息含义如表 8-7 所示。

表 8-7　时间错误中断 OB 的启动信息

变　量	数据类型	描　述
Fault_id	BYTE	0x01：超出最大循环时间 0x02：仍在执行被调用的 OB 0x07：队列溢出 0x09：中断负载过大导致中断丢失
csg_OBnr	OB_ANY	出错时要执行的 OB 的编号
Csg_prio	UINT	出错时要执行的 OB 的优先级

8.3.2 函数与函数块

函数(Function，FC)和函数块(Function Block，FB)都是用户编写的程序块，类似于子程序功能，它们包含完成特定任务的程序。用户可以对具有相同或相似控制过程的程序编写好 FC 或 FB，然后在主程序 OB1 或其他程序块(包括组织块函数和函数块)中调用 FC 或 FB。FC 或 FB 与调用它的块共享输入、输出参数，执行完 FC 和 FB 后，将执行结果返回给调用它的程序块。

1. 函数

函数是一种快速执行的子程序块，包含用于完成特定任务的代码和参数，通常用于根据输入参数执行指令。在程序中的不同点可以多次调用函数，没有分配给函数的背景数据块，函数使用临时堆栈临时保存数据，函数退出运行后，临时堆栈中的数据将丢失。函数分为有参函数和无参函数两大类，有参函数在调用时必须提供函数的实参。

1) 生成 FC

打开项目视图中的文件夹"\PLC_1\程序块"，点击列表中的"添加新块"，打开"添加新块"的对话框，如图 8-17 所示，选择"函数"，FC 默认编号方式为"自动"，编号为 1，语言为 LAD(梯形图)，设置函数名称为"Hanshu"。勾选左下角的"新增并打开"选择项，然后单击"确定"按钮，自动生成 FC1，并打开其编程窗口，此时可以在项目树的文件夹中看到新生成的 FC1 程序块，如图 8-18 所示。

图 8-17 添加函数   图 8-18 生成 FC

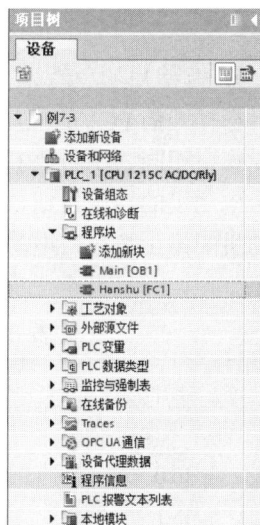

2) FC 的局部数据

将鼠标放在 FC1 程序区最上面的分割条上，按住鼠标左键，往下拉动分割条，如图 8-19 所示，分割条上面为块接口区(Interface)，下面为程序编辑区。在块接口区中生成局部变量，但只能在它所在的块中使用，且为符号寻址访问。块的局部变量的名称由字符(包括汉字)、

下画线和数字组成，在编程时程序编辑器自动地在局部变量名前加上#号来标识它们，FC
中主要有 6 种局部变量，如表 8-8 所示。

表 8-8　FC 参数类型

参数名称	参数类型	功　　能
Input	输入参数	由程序块读取参数值，参数名称可作为触点符号名称
Output	输出参数	由程序块写入参数值，参数名称可作为线圈符号名称
InOut	输入/输出参数	调用时由程序块读取参数值，执行后再写入参数，既作为触点又作为线圈的变量则需采用该参数
Temp	临时局部数据	只保留一个周期的临时数据，可能为随机数，需初始化后使用
Constant	常数	具有符号名称的常量
Return	返回值	返回到调用块的值

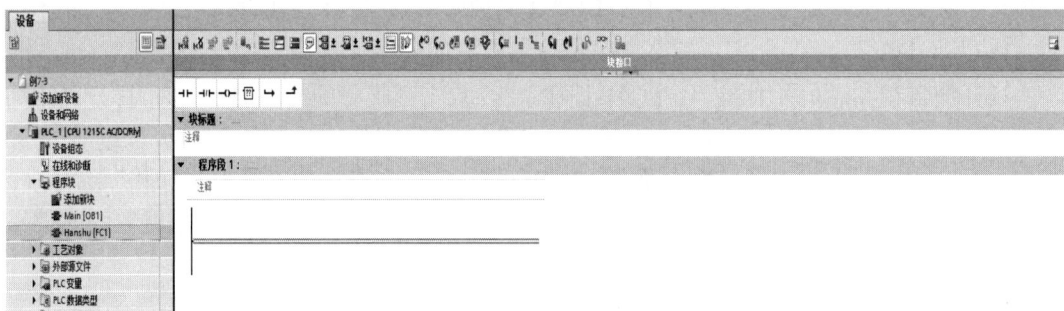

图 8-19　FC 的接口区

3) 编写 FC 程序

在打开的 FC1 的程序编辑窗口中编写梯形图程序，程序编辑窗口与主程序 Main[OB1]
编辑窗口相同。在函数 FC1 中实现两种电动机的连续运行控制，控制模式相同：分别按下
两台电动机的启动按钮，两台电动机启动运行，并且电动机运行时运行指示灯点亮；按下
电动机的停止按钮，电动机立即停止运行。两台电动机的 I/O 地址分配表如表 8-9 和 8-10
所示。

表 8-9　第一台电动机运行 PLC 控制 I/O 分配表

输　　入		输　　出	
输入继电器	元器件	输出继电器	元器件
I0.0	启动按钮 SB1	Q0.0	电动机 KM1
I0.1	停止按钮 SB2	Q0.1	指示灯 HL1

表 8-10　第二台电动机运行 PLC 控制 I/O 分配表

输　　入		输　　出	
输入继电器	元器件	输出继电器	元器件
I0.2	启动按钮 SB3	Q0.2	电动机 KM2
I0.3	停止按钮 SB4	Q0.3	指示灯 HL2

　　下面编写上述电动机启停控制的函数局部变量。首先在图 8-20 中填写输入参数，在名称列"Input"下面填写变量"Start"和"Stop"，单击"数据类型"按钮，点击下拉列表设置其数据类型为 Bool，默认为 Bool 型。在"InOut"下面生成变量"Dispaly"，在"Output"下面生成变量"Motor"，选择数据类型都为 Bool。生成局部变量时，不需要为变量指定存储器地址，根据各变量的数据类型，程序编辑器会自动地为所有局部变量指定存储器的地址。

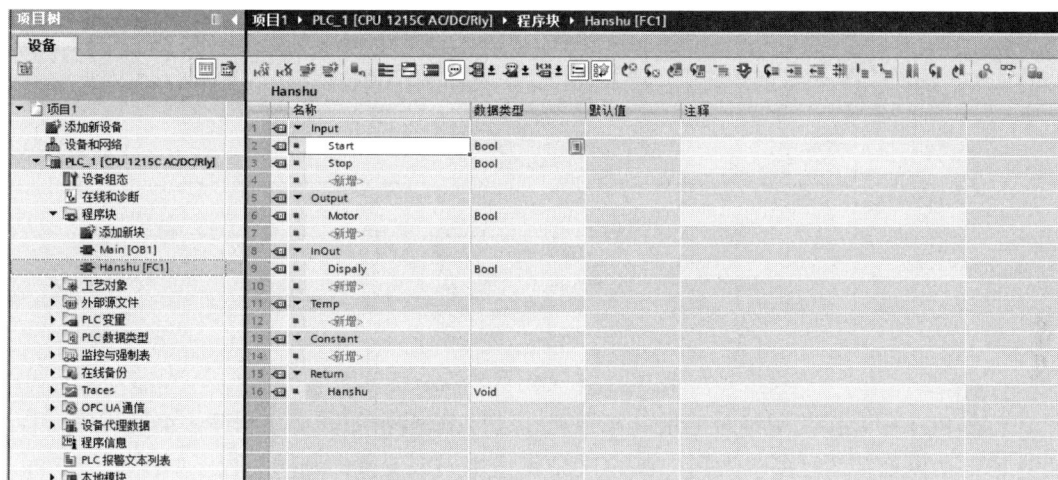

图 8-20　在接口区中填写输入参数

　　在 FC1 程序编辑窗口中编写上述电动机连续运行控制的程序，FC1 程序编辑窗口与主程序 Main[OB1]编辑窗口相同，电动机连续运行程序如图 8-21 所示。编程时单击触点或线圈上方的<??.?>时，可手动输入其名称，或再次单击<??.?>并通过弹出的▦按钮用下拉列表选择其变量。

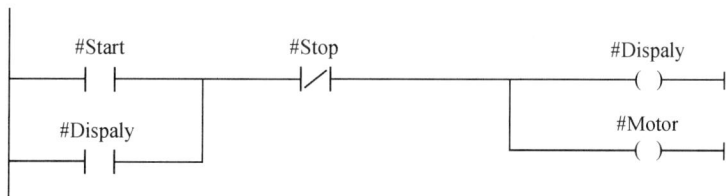

图 8-21　FC1 中电动机连续运行程序

4) 调用 FC1 程序

　　打开 OB1 程序编辑窗口，鼠标选中项目树中的 FC1，将 FC1 拖放到 OB1 窗口中的程序编辑区的水平"导线"上，如图 8-22 所示。从图中可以看到"Start""Stop"等参数，这是 FC1 接口区中定义的输入参数、输入/输出参数和输出参数，这些参数被称为 FC 的形式参数，简称为形参。形参是在 FC 内部的程序中使用的，通常具有默认值，但在函数调用时需要使用不同的实参进行覆盖。在其他逻辑块(包括组织块、函数和函数块)调用FC 时，需要为每个形参指定实际的参数，简称为实参。实参与它对应的形参应具有相同的数据类型。

程序段1：电机1启停控制

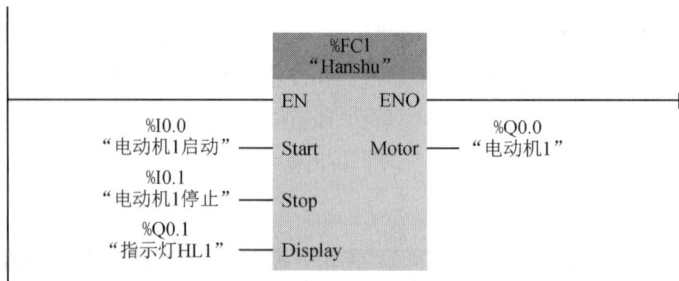

程序段2：电机2启停控制

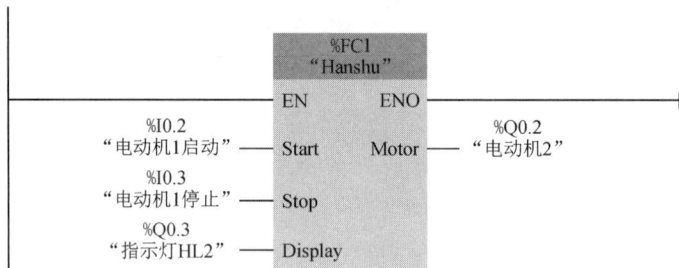

图 8-22 在 OB1 中调用 FC1

若在 FC1 中直接使用绝对地址或符号地址进行编程,则如同在主程序中编写程序一样,以上述电动机连续运行要求为例,在 FC1 中未使用局部变量,则编写程序如图 8-23 所示,此时将 FC1 的程序在 OB1 调用,则如图 8-24 所示。未使用形参相比于使用形参进行 FC1 调用更缺乏灵活性,使用形参进行程序调用会更加便捷方便,特别是对于功能相同的程序来说,只需要在调用的逻辑块中改变 FC1 的实参即可。

程序段1：电动机1启停控制

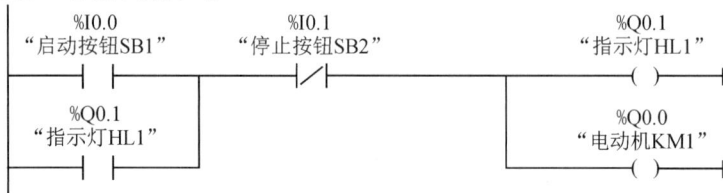

程序段2：电动机2启停控制

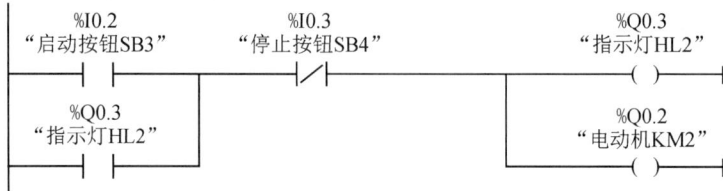

图 8-23 无形式参数 FC1 的编程

程序段1：电动机1和电动机2的启停控制

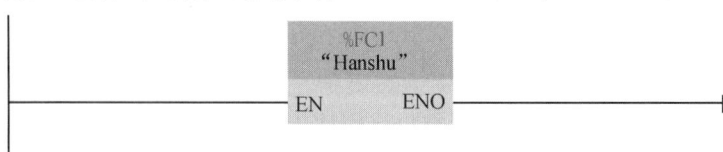

图 8-24 有形参数 FC1 的调用

2. 函数块

1) 生成 FB

打开文件夹"\PLC_1 程序块",双击"添加新块",打开"添加新块"对话框,单击其中的"函数块"按钮,FB 默认编号方式为"自动",且编号为 1,编程语言为梯形图。设置函数块的名称"Hanshu_kuai",勾选左下角的"新增并打开"选择,然后单击"确定"按钮,自动生成 FB1,并打开其编程窗口,此时可以在项目树的文件夹"\PLC_1 程序块"中看到新生成的 FB1,如图 8-25 所示。

图 8-25　FB1 的局部变量

2) 生成 FB 的局部数据

生成的 FB1 程序块与 FC1 程序块类似,如图 8-26 所示,将鼠标的光标放在 FB1 的程序区最上面的分割条上,往下拉分割条,分割条上面是功能接口区,下面是程序编辑区。与函数相同,函数块的局部变量中也有 Input 参数、Output 参数、InOut 参数和 Temp 参数,但增加了静态(Static)参数,该类型参数初始化后除非对其修改,否则其值一直保持不变。

函数块的输入参数、输出参数和静态变量被自动指定为一个默认值,可以修改这些默认值。变量的默认值被传送给 FB 的背景数据块,作为同一变量的初始值。可以在背景数据块中修改变量的初始值。调用 FB 时没有指定实参的形参使用背景数据块中的初始值。

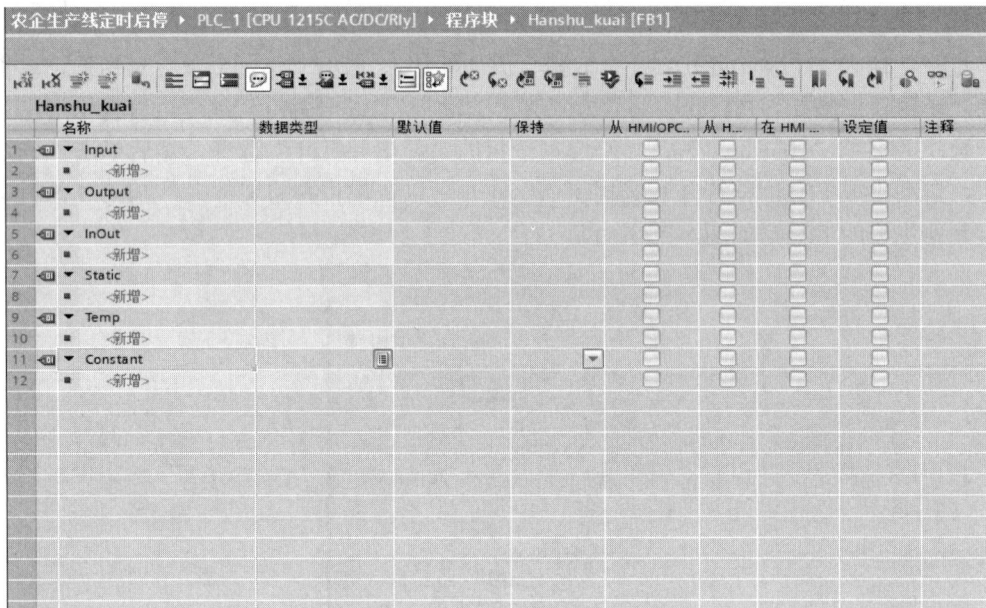

图 8-26　FB1 的功能接口区

3) 编写 FB 程序

在打开的 FB1 的程序编辑窗口中编写梯形图程序，控制要求如下：按下启动按钮后，电动机立即启动运行，过一段时间后指示灯点亮；按下停止按钮后，电动机停止运行，指示灯熄灭。输入用 Start 和 Stop 控制电动机启动和停止，采用接通延时定时器(TON)进行定时，TON 参数用静态变量 TimerDB 来保存，数据类型为 IEC_TIMER，电动机运行 PLC 控制 I/O 分配表如表 8-11 所示，梯形图程序如图 8-27 所示。

表 8-11　电动机运行 PLC 控制 I/O 分配表

输　　入		输　　出	
输入继电器	元器件	输出继电器	元器件
I0.1	启动按钮 SB1	Q0.1	电动机 KM1
I0.2	停止按钮 SB2	Q0.2	指示灯 HL1

程序段1：电动机启停控制

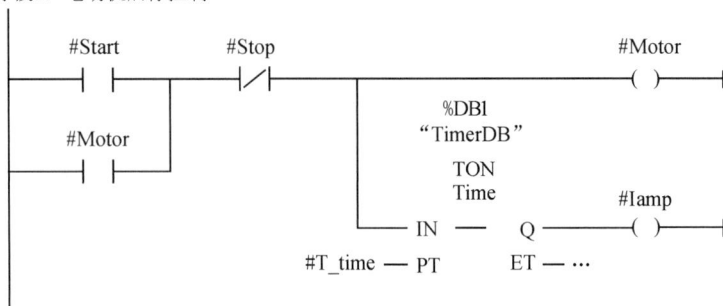

图 8-27　FB1 中的程序

在主程序中添加控制程序块 FB 时，TIA 会自动弹出调用选项对话框以创建 DB 块。在 OB1 程序编辑窗口中，将项目树中的程序块 FB1 拖放到 OB1 程序区的水平"导线"上，在弹出的"调用选项"对话框中，输入 FB1 背景数据块名称，如图 8-28 所示，单击"确定"按钮后，则自动生成 FB1 的背景数据块 DB2(DB1 为接通延时定时器 TON 的背景数据块)。

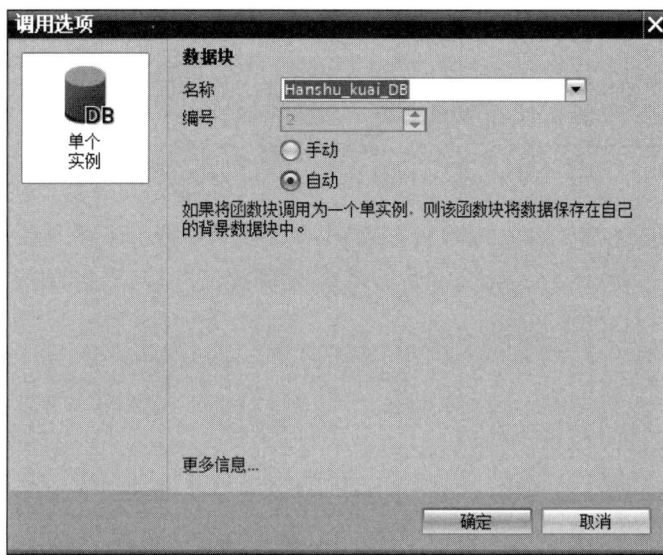

图 8-28 创建背景数据块

TIA 提供三种不同的 DB 创建方式：单个实例、多重实例和参数实例，如表 8-12 所示。

表 8-12 DB 块创建方式

创建类别	说 明
单个实例	与函数块 FB 匹配的数据块，用于存储 FB 中所定义的参数，同一个 FB 可创建多个 DB 以实现控制不同对象
多重实例	将调用 FB 时所需的实例 DB 以静态变量形式保存在单个实例中，实现多个被调用 FB 共享实例，使用该方式可减少 DB 数据块个数，使得程序便于管理
参数实例	将待使用块实例作为 InOut 参数传送到调用块中

在 OB1 中调用 FB1 后的程序如图 8-29 所示，由图中可知，DB2 数据块方框的左边的"start""stop""Motor"等是 FB1 在接口区定义的输入参数和输入/输出参数，方框右边的"lamp"则是输出参数，这些参数都是 FB1 的形参，因此需要为它们的实参分别赋值 I0.1、I0.2、T#10 s、Q0.1、Q0.2。此时，按下启动按钮 I0.0，电动机 Q0.1 运行，10 s 之后指示灯 HL1 点亮，再按下停止按钮 I0.1 后，电动机停止运行，指示灯熄灭。

注意：在 OB1 中已经调用了 FB1 后，OB1 中被调用的 FB1 的方框、字符、背景数据块将变为红色，此时若要在 FB1 中增/减某个参数，修改某个参数的名称、默认值等，可以用鼠标右键点击调用的 FB1 模块，在弹出的选项中点击更新实时数据，此时 FB1 的红色标记会消失，或者在 OB1 中直接删除出现红色标记的 FB1 模块，重新再调用 FB1 即可。

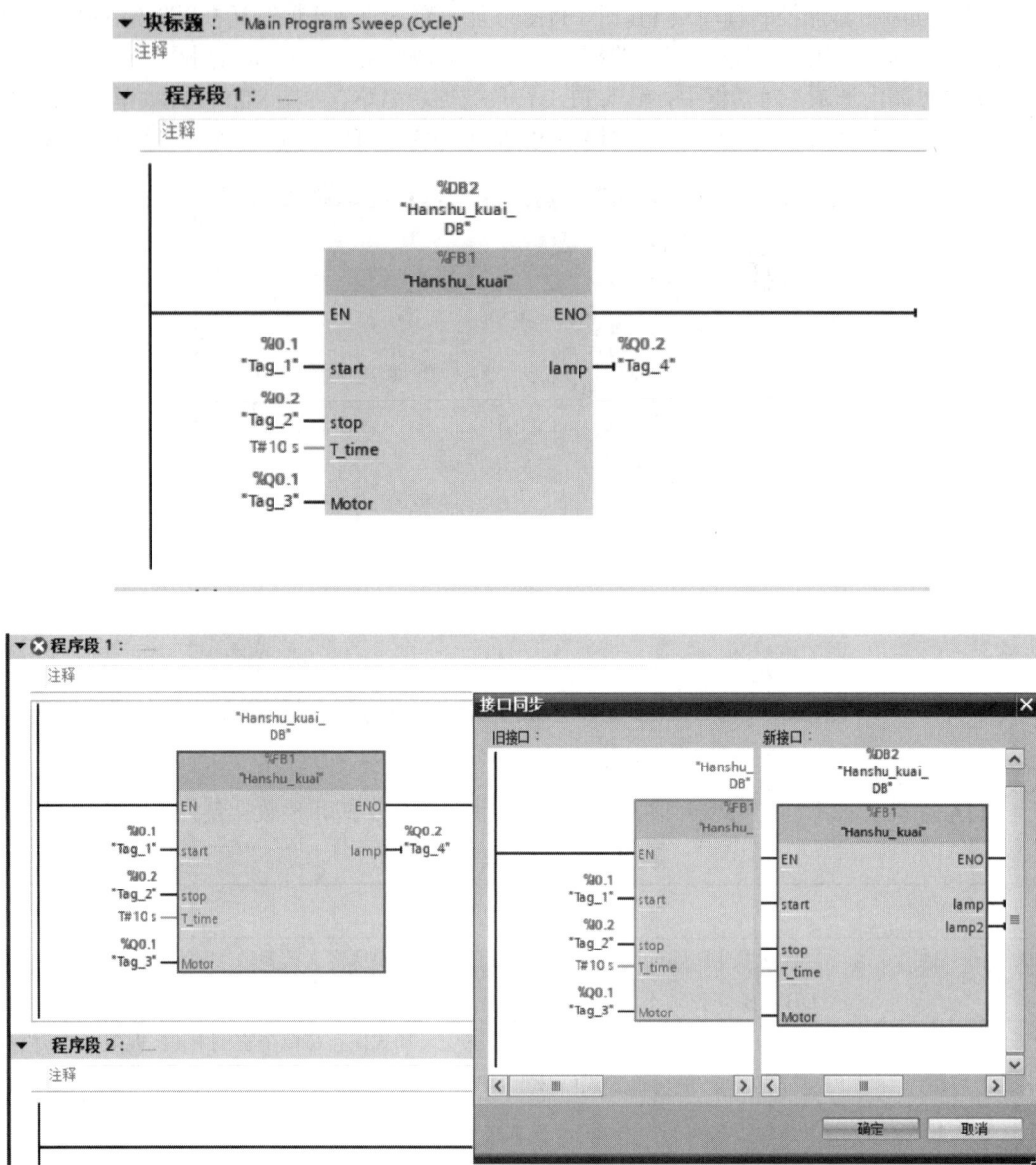

图 8-29　OB1 调用 FB1

8.4　项 目 实 施

8.4.1　硬件设计

1. 硬件设备选型

根据农企生产线定时启停装置的设计需求,选择主要硬件元件和设备,如表 8-13 所示。

表 8-13　农企生产线定时启停装置主要硬件选型

序号	名　称	型　号	描　述
1	可编程控制器	西门子 S7-1200	CPU 1215C AC/DC/Rly
2	生产线	EP-200	防撕裂型传送带
3	驱动电机	SX-105	三相异步交流电机
4	装置启动开关	ZSJY-1	触点压力型控制开关
5	装置停止开关	ZSJY-2	触点压力型控制开关
6	传送带与驱动电机连接轴承	UPC-216	内径 80 mm，外径 82.6 mm，宽度 305 mm

2. 控制电路及 I/O 接线图

根据本装置控制要求，农企生产线定时启停装置的驱动电机为直接启动，装置的 PLC 控制电路及 I/O 接线图如图 8-30 所示，所有硬件按照表 8-13 中的元件类型选择并确定。

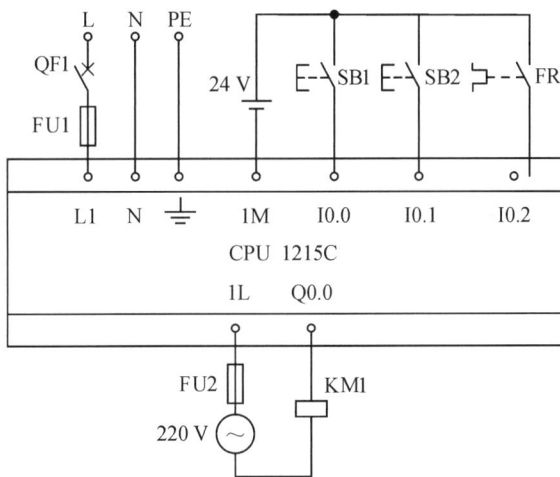

图 8-30　农企生产线定时启停装置 PLC 控制电路

3. 控制电路硬件连接

在断开 PLC 外部电源的前提下，进行装置控制电路连接，主要包含 PLC 输入端和输出端两部分电路连接。

(1) PLC 输入端外部电路连接：先将 S7-1200 PLC 自带的 DC24V 电源正极性端子与启动按钮 SB1、停止按钮 SB2 和过载保护热继电器的进线端连接起来，之后将 SB1、SB2 和 FR 的出线端分别与 S7-1200 PLC 的输入端 I0.0、I0.1 和 I0.2 相连。

(2) PLC 输出端外部电路连接：将交流电源 220 V 的火线端 L 经熔断器 FU2 连接至 S7-1200 PLC 输出点内部电路公共端 1 L，再将交流电源 220 V 零线端 N 连接至交流接触器 KM1 线圈出线端，之后将 KM1 的进线端与 S7-1200 PLC 的输出端 Q0.0 相连。

8.4.2　软件设计

1. 输入/输出地址分配

依据硬件主电路、PLC 控制电路和 I/O 接线图，设计农企生产线定时启停装置的输入/输出地址分配表，如表 8-14 所示。

表 8-14　农企生产线定时启停装置输入/输出地址分配表

输　　入		输　　出	
输入地址	元器件标号及功能	输出地址	元器件标号及功能
I0.0	启动按钮 SB1	Q0.0	电动机运行 KM1
I0.1	停止按钮 SB2		
I0.2	过载保护 FR		

2. 梯形图程序设计

农企生产线定时启停装置主要在不同的组织块内进行编程，程序设计思想如下。

1) 生成组织块 OB40，组态硬件中断 OB40

双击项目树的文件夹"PLC_1"中的"设备组态"，选中 CPU 后打开工作区下面的巡视窗口的"属性"选项卡，选中"数字量输入"的通道 1 和 2，即 I0.1 和 I0.2，再点击"启用上升沿检测"功能，单击"硬件中断"右边按钮，在弹出的列表中选择 Hardware interrupt [OB40]。以上操作能够将 OB40 同时指定给 I0.1 和 I0.2 的上升沿中断事件，出现中断事件时(按下停止按钮或电动机过载)，将会调用 OB40。

图 8-31 所示为农企生产线定时启停控制的 OB40 程序，OB40 程序不仅需要对系统启动的标志位 M2.0 和生产线运行 Q0.0 起到复位作用，还需要能够取消延时中断功能。

程序段1: 农企生产线复位

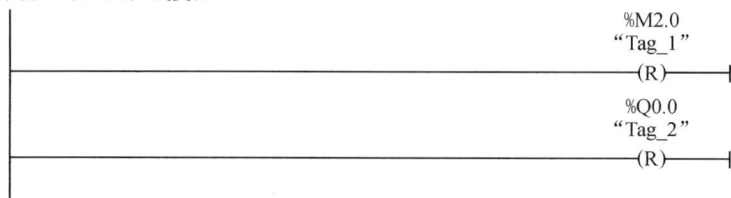

程序段2: 取消延时中断的功能

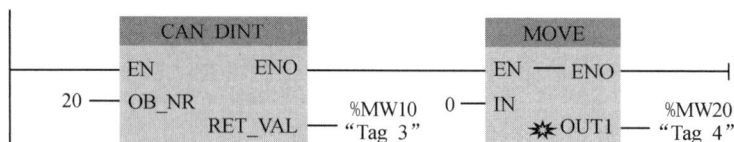

图 8-31　农企生产线定时启停控制的 OB40 程序

2) 添加延时中断 OB20

程序如图 8-32 所示，采用 INC 指令对延时中断进行计数，计数结果存入存储器 MW20中。延时时间设置为 8 小时，在延时中断组织块中对循环次数计数，当时间到达后农企生产线停止运行。

程序段1：延时中断计数及重新触发延时中断

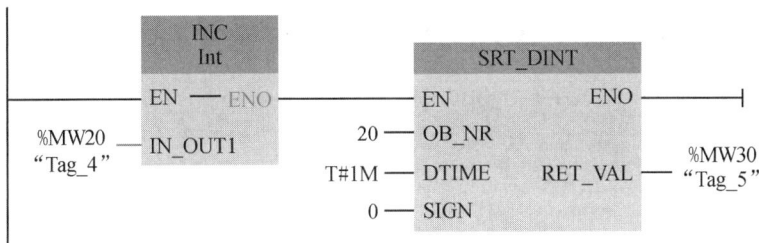

程序段2：生产线达到8小时后停止运行，并对延时中断计数值清0

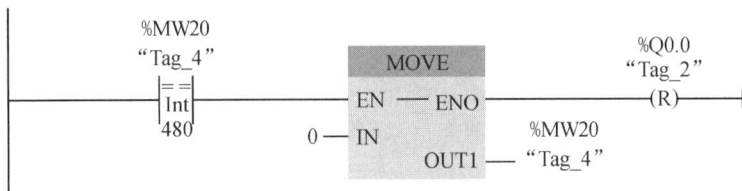

图 8-32　农企生产线定时启停控制的 OB20 程序

3) 编写 OB1 程序

主程序 OB1 中主要完成系统启动、CPU 时间的读取、电动机启动及启动延时中断功能。为了读取正确的 CPU 时间，首先要对 CPU 进行时间设置。

(1) 设置 CPU 系统时间。双击项目树的文件夹"PLC_1"中的"设备组态"，单击 CPU 选择常规属性下的"时间"，将本地时间改为"北京时间"。设置完后将 CPU 转入"在线"状态，打开项目树下的"在线访问\网卡(Realtek PCIE GBE Family Controller)\更新可访问的设备\plc_1\在线和诊断"中的系统设置时间的对话框，如图 8-33 所示，选中对话框中"从 PG/PC 获取"后，单击"应用"按钮，便可使 CPU 的时间与 PC 同步。

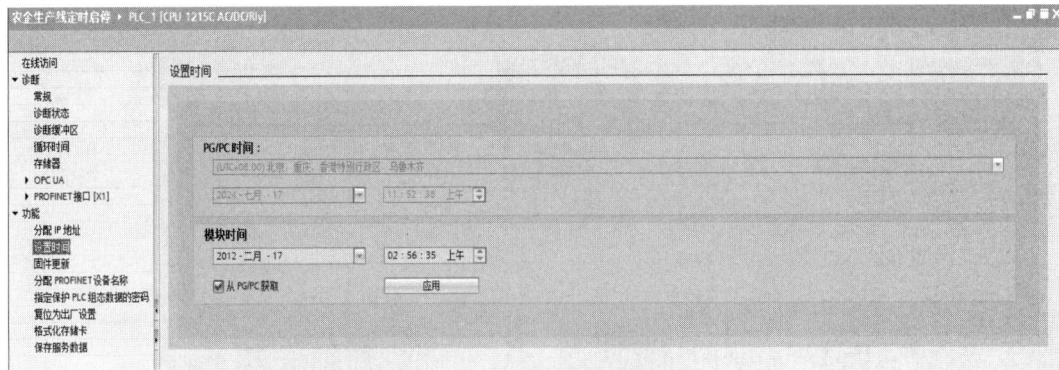

图 8-33　系统设置时间对话框

还可以通过扩展指令来设置 CPU 的本地时间和系统时间，采用扩展指令中有关日期和时间的"WR_LOC_T(写入本地时间)和 WR_SYS_T(设置时间)"指令写入本地时间和系统时间。

(2) 读取 CPU 系统时间。通过扩展指令中有关读取本地或系统时间指令来读取时间，这两个指令分别是"RD_LOC_T(读取本地时间)和 RD_SYS_T(读取系统时间，即 UTC 时间)"。如图 8-34 所示，在 OB1 的接口区生成局部变量 D_T，数据类型为 DTL，用来作为指令 RD_LOC_T 的输出参数的实参。

图 8-34 OB1 中定义的局部变量 D_T

农企生产线定时启停装置 OB1 梯形图程序如图 8-35 所示，按下启动按钮 I0.0 后，系统设备启动，设备启动后会实时读取系统当前时间，当前时间大于等于 9 点时，农企生产线正式启动运行，并触发延时中断。

程序段1：系统启动

程序段2：读CPU时间

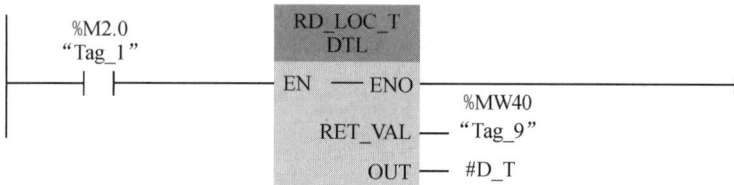

程序段3：9点及以后生产线启动

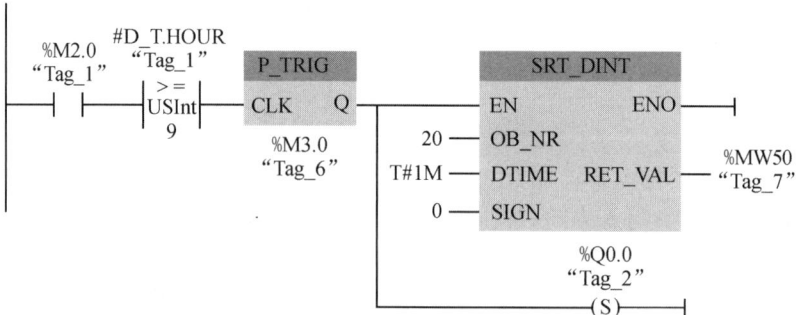

图 8-35 农企生产线定时启停装置 OB1 梯形图程序

8.4.3　程序调试与监控

设计完本装置的梯形图程序后，可在博途编程软件中编写项目程序，并进行程序调试和运行监控，如图 8-36 所示。完成项目程序下载后，将 PLC 设置为 RUN 模式，可发现 PLC 运行指示灯变为绿色。按下启动按钮 SB1 后，若当时系统时间处于 9 点，观察到农企生产线正常运行，延时中断组织块正常计数，当计时时间到达 8 个小时后，农企生产线自动停止运行。若在生产线运行过程中中断运行状态，按下停止按钮 SB2 后，生产线会立刻停止运行。生产线程序调试结果与控制要求一致，达到了任务目的。

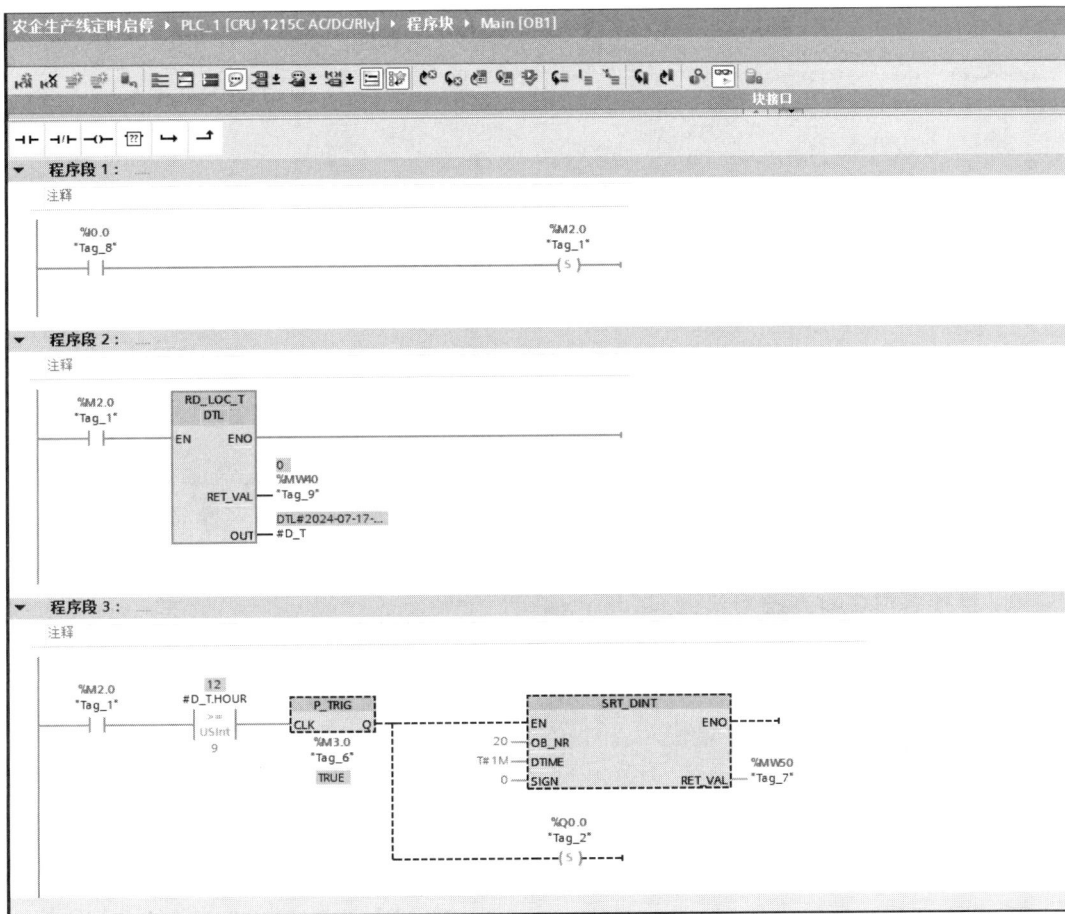

图 8-36　调试运行程序

8.4.4　仿真实现

参照之前项目的仿真调试经验，建立农企生产线定时启停装置仿真工程项目，对项目进行仿真调试，呈现仿真效果。具体的仿真实现操作步骤如下。

1. 添加变量参数

将 PLC_1 站点下载到仿真器中，打开仿真器项目视图，将本项目添加进去，在项目树中，双击“SIM 表格_1”，打开“SIM 表格_1”，点击“添加变量”按钮，所有变量名称即会显示在“名称”栏中。在初始状态下，“I0.0:P”“Q0.0”“M2.0”“M3.0”等变量的监视/修改值都为布尔型“FALSE”。

2. 启动设备仿真

双击“I0.0:P”所在行“位”列中的方框，模拟启动按钮 SB1 的按下和释放操作，之后可看到 SIM 表格_1 中输出线圈名称的监视/修改值也会随着时间仿真作业过程而动态改变，如图 8-37 所示。

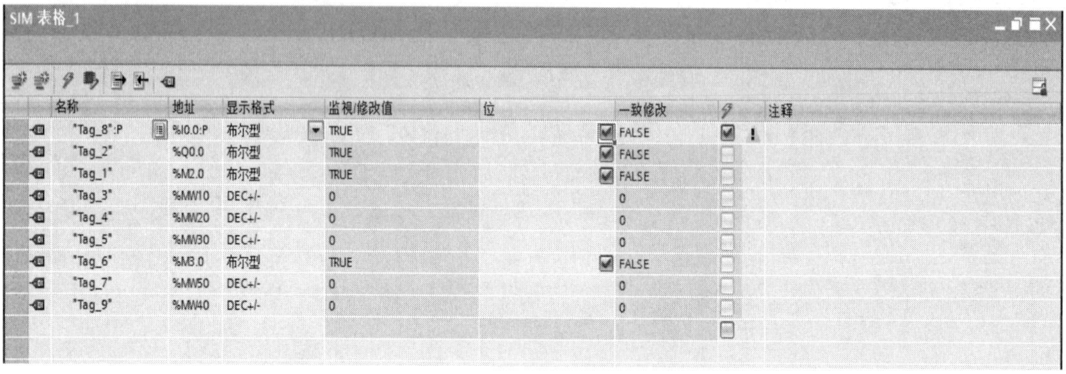
SIM 表格_1

名称	地址	显示格式	监视/修改值	位	一致修改		注释
"Tag_8":P	%I0.0:P	布尔型	TRUE		FALSE	!	
"Tag_2"	%Q0.0	布尔型	TRUE		FALSE		
"Tag_1"	%M2.0	布尔型	TRUE		FALSE		
"Tag_3"	%MW10	DEC+/-	0		0		
"Tag_4"	%MW20	DEC+/-	0		0		
"Tag_5"	%MW30	DEC+/-	0		0		
"Tag_6"	%M3.0	布尔型	TRUE		FALSE		
"Tag_7"	%MW50	DEC+/-	0		0		
"Tag_9"	%MW40	DEC+/-	0		0		

图 8-37　按下启动按钮 SB1 后的仿真界面

8.4.5　模拟实操

参照之前项目的模拟实操经验，在实训平台上对本项目进行模拟实操演示，并记录时序结果。具体的模拟实操步骤如下。

1. 连接各模块间导线

(1) PLC 模块接线。将 S7-1200 PLC 的外部电源端子连接好。

(2) 输入模块接线。将启动控制按钮 SB1、停止控制按钮 SB2 和热继电保护 FR 的端子分别与 S7-1200 PLC 模块数字量输入端的 I0.0、I0.1 和 I0.2 端子相连。

(3) 输出模块接线。将农企生产线的电机线圈触点 KM1 与 S7-1200 PLC 模块数字量输出端的 Q0.0 端子相连。

2. 开启电源进行实操

完成各模块间导线连接并检查无误后，点击博途软件工具栏上的“下载到设备”按钮 ，将编译好的程序下载到 PLC 中，按下启动按钮 SB1 后，若系统检测到当前时间处于早上 9 点—下午 5 点之间，农企生产线则会处于工作状态，同时延时中断组织块正常计数，当系统时间达到下午 5 点后，农企生产线则会自动停止运行。若在生产线运行过程中中断运行状态，按下停止按钮 SB2 后，生产线也会立刻停止运行。

3. 观察现象并记录实操数据

在遵守实训操作安全的基础上，严格按照实训操作规范完成本项目模拟实操，细心观察实操现象，记录相关数据，并将实操结果填到表 8-15 中。

表 8-15 实操数据记录表

状 态	现象(运行或停止)	电压值/V	电流值/A
启动按钮 SB1 断开	农企生产线:	$U_{Q0.0}=$	$I_{Q0.0}=$
按下启动按钮 SB1,装置启动作业后	检测到系统时间处于 9 点—5 点之间,农企生产线:	$U_{Q0.0}=$	$I_{Q0.0}=$
按下停止按钮 SB2,装置停止作业后	农企生产线:	$U_{Q0.0}=$	$I_{Q0.0}=$

8.5 项 目 拓 展

8.5.1 任务拓展

在本项目的基础上,用循环中断组织块实现电动机断续运行,即在农企生产线中实现生产线工作 5 小时,休息 2 小时,再工作 5 小时,休息 2 小时,如此循环;按下停止按钮后农企生产线也可以立即停止运行。根据上述设计需求分配输入/输出地址,如表 8-16 所示。与本项目相比,拓展项目采用的是循环中断组织块,应对循环中断组织块进行认真学习和理解,在此基础上对本任务设计梯形图程序。具体的程序由学习者自行思考。

表 8-16 拓展项目输入/输出地址分配表

输 入		输 出	
输入地址	元器件标号及功能	输出地址	元器件标号及功能
I0.0	启动按钮 SB1	Q0.0	电机运行 KM
I0.1	停止按钮 SB2		
I0.3	过载保护 FR		

8.5.2 思政拓展

山东青岛:打造中国农业自动化生产新高地

习近平总书记指出:"要强化科技和改革双轮驱动,加大核心技术攻关力度,改革完善'三农'工作体制机制,为农业现代化增动力、添活力。"当前,伴随新一轮科技革命和产业变革的深入发展,发挥好机电一体化、自动化、人工智能等前沿技术的驱动引领作用,对于推进乡村全面振兴、加快建设农业强国具有重要意义。青岛市各地锚定生产智能化方向,积极开展农业生产领域"机器换人"行动,用机械解放人力,用自动化赋能增效,加快促进传统农业向未来农业蝶变升级。

其一,打造"无人农场"生产场景。推广应用自动化农机设备,配备北斗自动驾驶系统 800 多套,播种、收获等作业效率提高 20% 以上,作业偏差控制在 2.5 cm 以内。安装配备智能深松监测仪 2000 多台,在全省率先实现了深松信息化全覆盖。农用无人机达到 2000 多台,年植保面积 2000 多万亩,作业效率是人工的 30 倍。建设智慧农机数字化管理服务平台,重点建设"政策数据支撑、生产作业调度、精准农机作业、自动化农场管理、便民服务、普惠金融保险、生产托管服务、农机节本用油、农机数据追溯"九大功能，推动 100 个农机服务网点、200 家主要农机合作社、20 家智能牧场实现数字化升级改造、农机联网。实时监测 1.2 万台机具大田作业情况，在"三夏""三秋"生产中实现科学调度，确保丰产丰收、颗粒归仓。

其二，打造自动化"蔬菜工厂"生产场景(如图 8-38 所示)。大力发展设施农业，青岛本地的农业自动化企业在莱西市建成亚洲最大的单体自动化控制温室，通过物联网设备高密度采集、传输作物生长周期内的环境要素数据，依托自主研发的数字孪生系统和自动化生产设备，实现从定植到采收的全过程环境及农事自动化管控，每年可实现连续 9 个月采摘，亩均产量 50 吨，较传统方式提高 3～4 倍，生产成本降低近 30%。青岛首个智慧菌棒生产基地七河生物在平度市建成投产，通过香菇菌棒的智能化、工厂化种植，年产菌棒 5000 多万个，每个菌棒 1 美元左右。创设了"国内发菌、国外出菇、鲜菇就地上市"的经营模式，即在国内建立基地投料生产菌棒，待菌棒培养成熟，通过集装箱发货到进口国生产基地上架出菇，鲜菇当地销售，出口美国、日本、韩国等 40 多个国家和地区。

图 8-38　青岛本地的自动化监测农业日光温室

在农业自动化发展的大背景下，青岛市将持续推进自动化技术与"三农"工作深度融合，坚持以自动化技术为基、技术为驱、应用为本，坚持以自动化技术赋能现代农业，打造农业自动化生产新高地，实现"三农"工作"一图速览、一屏统管、一键直达"，有效推动农业增效、农民增收、农村发展。

思考与练习

1. S7-1200 PLC 用户程序中的块包括＿＿＿＿、＿＿＿＿、＿＿＿＿和＿＿＿＿。
2. 函数和函数块有什么区别？
3. 什么是符号地址？采用符号地址有哪些优点？
4. 组织块可否调用其他组织块？
5. 当多个中断事件同时触发时，组织块是按照什么顺序响应的？
6. 延时中断与定时器都可以实现延时，它们有什么区别？

模块五　农企生产控制类项目实战

项目 9 谷物烘干系统设计与实现

理论知识目标

1. 了解模拟量的概念和类型。
2. 掌握模拟量模块的类型及功能。

实操技能目标

1. 掌握使用模拟量指令编写项目程序的方法。
2. 掌握本项目硬件组态与接线方法。

思政素养目标

1. 培养安全谨慎、持之以恒的意识。
2. 培养求真务实、勤于观察的态度。

9.1 项 目 导 入

谷物烘干系统是一类专门用于粮食类作物烘干的自动化系统，也可以称为粮食烘干系统，例如玉米烘干系统、稻谷烘干系统、水稻烘干系统、酒渣烘干系统等，都可以称为谷物烘干系统。对于现代粮食类生产加工企业来说，谷物烘干系统的作用非常大，它能够根据工艺要求烘干各类谷物产品，为储藏、运输、保存谷物产品奠定基础。

目前，很多中小型农业企业限于成本投入、控制水平等因素影响，仍采用手工方式烘干谷物产品，存在效率低下、烘干质量低等问题，基于此，设计一种自动化程度较高、采购投入成本较低、适用于中小型农企应用的谷物烘干设备具有一定的现实应用价值。

本项目基于西门子 S7-1200 PLC 设计一款自动化程度较高的谷物烘干系统。该系统分为三个加热烘干挡位(低挡为 35℃、中挡为 45℃、高挡为 55℃)，三个挡位可由挡位选择开关 SA 进行切换，当按下装置启动按钮 SB1 后，本装置可根据所选挡位对谷物进行烘干加热，当烘干仓温度比设置值高 5℃时，加热器自动停止加热；当烘干仓温度比设置值低 5℃

时，加热器自动停止加热。按下停止按钮 SB2，系统停止工作。烘干仓内的温度由温度传感器实时检测，温度传感器的输出为 0～10 V，对应烘干仓温度为 0～100℃。

9.2 项目分析

本项目希望通过引入 PLC 技术提升谷物加工企业烘干作业的自动化水平，降低企业的研发投入成本。所设计的谷物烘干系统的控制原理为：在谷物烘干仓内安装 1 个温度传感器，实时采集烘干仓内的温度模拟量，并将结果以数字量的形式反馈给 PLC 控制器，PLC 控制器则根据预设的程序自动控制加热器启动或停止，完成谷物的烘干作业流程。整个系统由 S7-1200 PLC 控制器、加热器、转换开关、温度传感器、指示灯、烘干仓等构成，系统所需元件较少，研发投入成本较低，能够满足中小型谷物加工企业烘干作业的基本需求，具有一定的实用价值。整个装置的设计框架如图 9-1 所示。

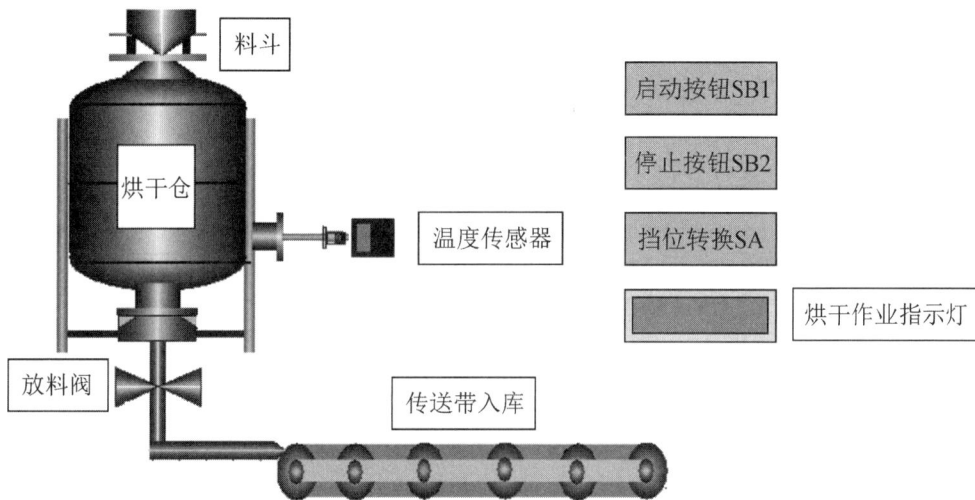

图 9-1 谷物烘干系统整体框架

9.3 配套知识点

9.3.1 模拟量

模拟量是一种连续变化的物理量，如温度、压力、液位、流量、速度等，可用传感器进行实时采集，再通过变送器将采集到的模拟量输送到模拟量输入模块，对其完成 A/D 转换后，生成数字量送给 PLC 的 CPU 进行数据处理。同时，PLC 的 CPU 也能够将数字量输送到模拟量输出模块，将其转换为模拟量后加载到外部的执行机构。模拟量的采集和变送过程如图 9-2 所示。

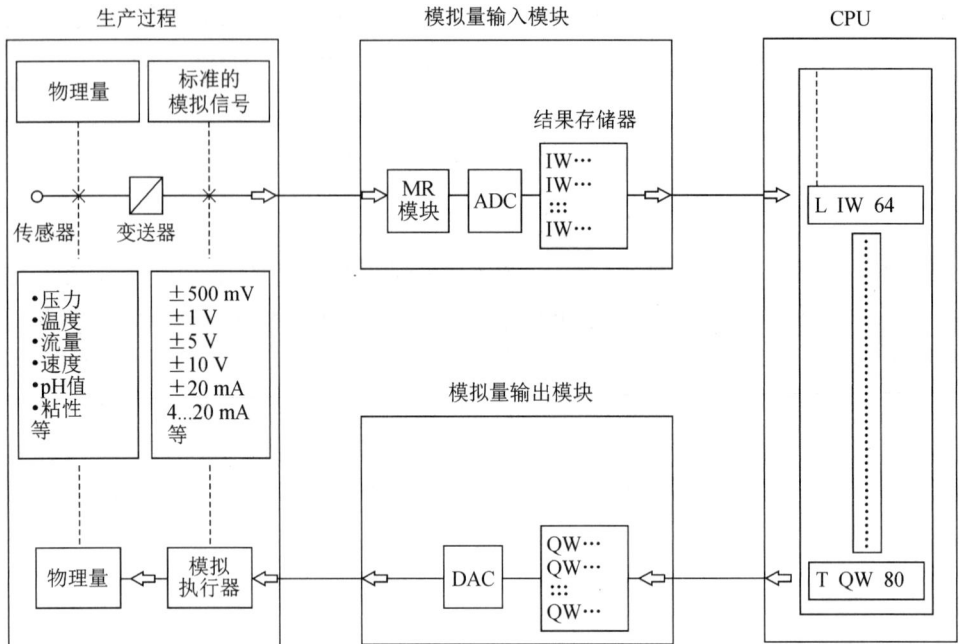

图 9-2 模拟量的采集和变送过程

9.3.2 模拟量模块

S7-1200 PLC 的模拟量模块包括模拟量输入模块、模拟量输出模块和模拟量输入/输出模块三类。

1. 模拟量输入模块

模拟量输入模块主要用于将传感器采集到的模拟量信号转换为 S7-1200 PLC 的 CPU 可处理的数字量信号，内部主要部件是 A/D 转换器，可分为 13 位、16 位两种 A/D 转换器，这两种转换器都可以将标准的电流或电压模拟量信号转换为数字量。S7-1200 PLC 可扩展的模拟量输入模块如图 9-3 所示。

目前，最常用的模拟量输入模块是 SM1231，该模块又可分为 AI 4 × 13/16 位、AI 4/8 × RTD、AI 4/8 × TC 三种类型，直流信号包含 ±1.25 V、±2.5 V、±5 V、±10 V 电压信号和 0～20 mA、4～20 mA 电流信号，根据模拟量输入模块的订货号可以确定其输入路数、分辨率、信号类型及大小等参量。

以较为常用的模拟量输入模块 SM1231 AI 4 × 13 位(订货号 6ES7 231-4HD30-0XB0)为例，其测量类型为电压信号，测量范围为 −2.5 V～+2.5 V、−5 V～+5 V、−10 V～+10 V，输入电阻大于等于 9 MΩ，额定范围的电压转换后对应的数

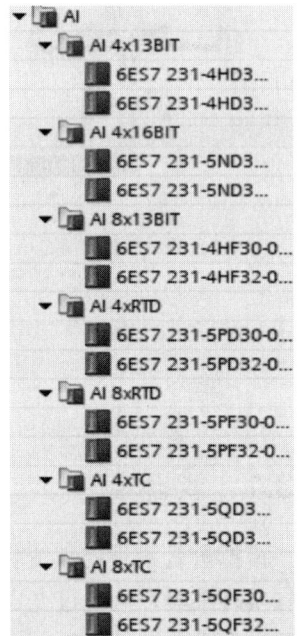

图 9-3 S7-1200 PLC 可扩展的
模拟量输入模块

字为 −27 648～27 648，25℃或 0℃～55℃满量程的最大误差为 ±0.1%或 ±0.2%。

2．模拟量输出模块

模拟量输出模块主要用于将 S7-1200 PLC 的 CPU 传送来的数字量信号转换成电流或电压等模拟量信号，对外部执行机构的状态进行控制和调节，其内部主要部件是 D/A 转换器。S7-1200 PLC 可扩展的模拟量输出模块如图 9-4 所示。

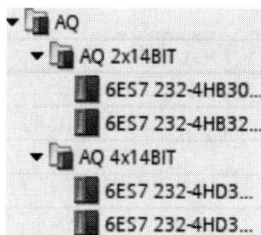

图 9-4　S7-1200 PLC 可扩展的模拟量输出模块

目前，最常用的模拟量输出模块是 SM1232，该模块又可分为 AQ 2 × 14 位和 AQ 4 × 14 位两种类型，其输出电压为 ±10 V，输出电流为 0～20 mA。

以较为常用的模拟量输入模块 SM1232 AQ 2 × 14 位为例，该模块输出电压为 −10 V～+10 V 时，最小负载阻抗为 1000 MΩ，分辨率为 14 位；输出电流为 0～20 mA 时，分辨率为 13 位，最大负载阻抗为 600 Ω。数字 −27 648～+27 648 被转换为 −10 V～+10 V 的电压，数字 0～27 648 被转换为 0～20 mA 的电流。

3．模拟量输入/输出模块

S7-1200 PLC 的模拟量输入/输出模块是 SM1234，其输入和输出通道的性能指标分别与 SM1231 AI 4 × 13 位和 SM1232 AQ 2 × 14 位的相同，相当于这两种模块的组合。

SM1234 模块只有 4 通道模拟量输入/2 通道模拟量输出两种类型，在控制系统需要的模拟量通道较少的情况下，可通过信号板来增设模拟量通道。目前，比较常用的信号板有 AI 1 × 12 位、AI 1 × RTD 位、AI 1 × TC 位和 AQ 1 × 12 位四种。S7-1200 PLC 可扩展的模拟量输入/输出模块如图 9-5 所示。

图 9-5　S7-1200 PLC 可扩展的模拟量输入/输出模块

4．模拟量模块的组态

实际应用中，由于模拟量的输入/输出模块可输入/输出多种类型的信号，且每种信号又包含多种测量选择范围，因此，必须在编程软件中通过组态的方式设定模拟量模块的信号类型和测量范围。现以 SM 1234 AI 4 × 13 位/AQ 2 × 14 位模块为例，介绍模拟量模块的组态方法。

(1) 设置输入通道。在项目视图中打开"设备组态"，单击选中第 1 号槽上的模拟量模块，再单击巡视窗口上方右边的 按钮，展开模拟量模块的属性窗口，如图 9-6 所示。在

"常规"属性下的"AI 4/AQ 2"选项的"模拟量输入"选项中可设置模拟量测量信号的类型、范围和滤波级别(一般选择"弱"级)。

单击"测量类型"后面的 ▼ 按钮，倘若"测量类型"为"电流"，则"电流范围"选择 0～20 mA 和 4～20 mA；若"测量类型"为"电压"，则"电压范围"选择 +/-2.5 V、+/-5 V、+/-10 V。根据模拟量信号采集需要，在此对话框中还可以勾选"启用溢出诊断""启用下溢诊断"两种功能。

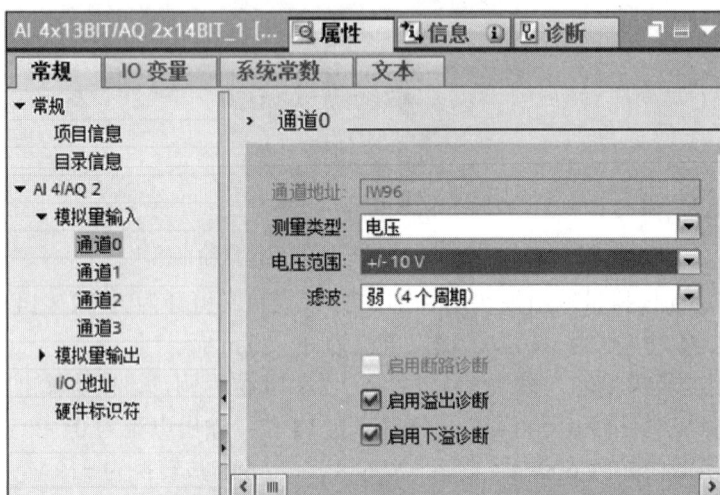

图 9-6　模拟量模块的输入通道设置

(2) 设置输出通道。可在"模拟量输出"选项中设置模拟量的信号类型、范围、对 CPU STOP 模式的响应方式、从 RUN 模式切换到 STOP 模式时通道的替代值等参数。此外，还可以激活"启用短路诊断"功能，如图 9-7 所示。

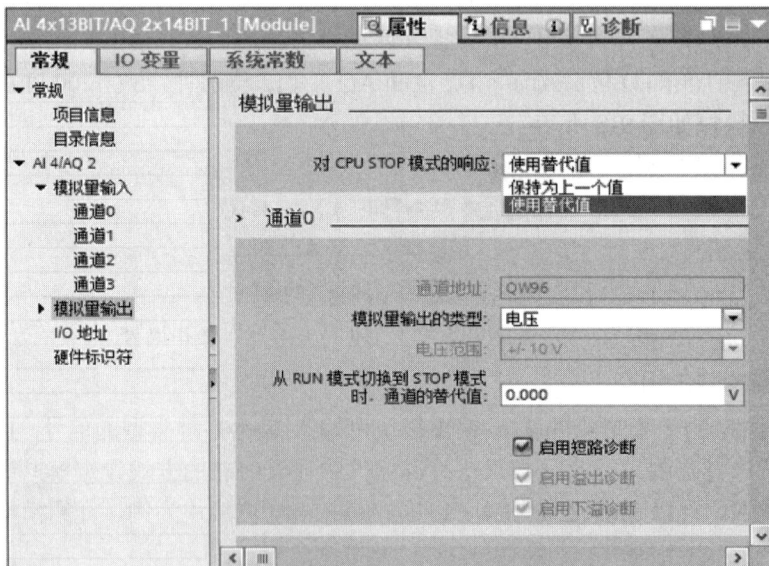

图 9-7　模拟量模块的输出通道设置

(3) 设置 I/O 地址属性。用户可在"I/O 地址"选项中自定义输入/输出通道的起始和结束地址(这些地址可在设备组态中更改,范围为 0～1022),如图 9-8 所示。

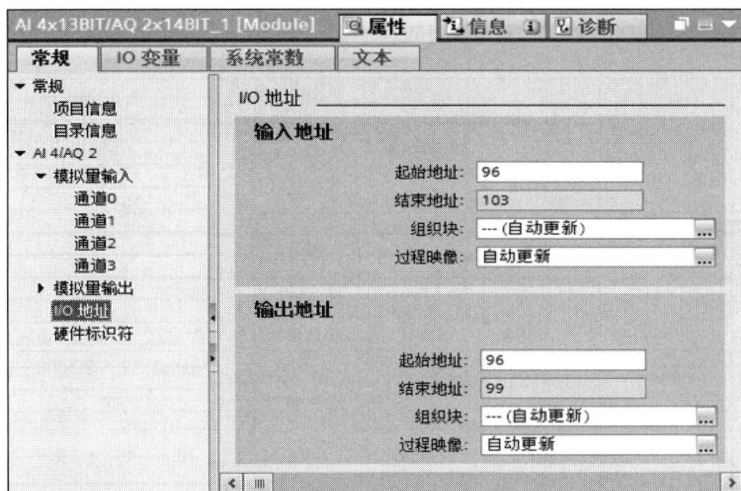

图 9-8　模拟量模块 I/O 地址属性设置

9.3.3　模拟量的表达方式

模拟量的表达方式包含模拟量输入转换后的表达方式和模拟量输出转换后的表达方式两类。

1. 模拟量输入转换后的表达方式

图 9-9 所示为不同测量范围的模拟量与转换后的模拟量之间的对应关系,额定测量范围单极性为 0～27 648,双极性为 -27 648～+27 648,极限值为 -32 768～+32 768。对于温度传感器而言,额定测量范围内转换值与测量值之间呈线性关系。

范围	电压 例如: 测量范围 ±10 V	单位	电流 例如: 测量范围 4～20 mV	单位	电阻 例如: 测量范围 0～300 Ω	单位	温度 例如Pt100 测量范围 -200～+850℃	单位
超上限	≥11.759	32 767	≥22.815	32 767	≥352.778	32 767	≥1000.1	32 767
超上界	11.7589 ⋮ 10.0004	32 511 ⋮ 27 649	22.810 ⋮ 20.0005	32 511 ⋮ 27 649	352.767 ⋮ 300.011	32 511 ⋮ 27 649	1000.0 ⋮ 850.1	10000 ⋮ 8501
额定范围	10.00 7.50 ⋮ -7.5 -10.00	27 648 20 736 ⋮ -20 736 -27 648	20.000 16.000 ⋮ 4.000	27 648 20 736 ⋮ 0	300.000 225.000 ⋮ 0.000	27 648 20 736 ⋮ 0	850.0 ⋮ -200.0	8500 ⋮ -2000
超下界	-10.0004 ⋮ -11.759	-27 649 ⋮ -32 512	3.9995 ⋮ 1.1852	-1 ⋮ -4864	不允许 负值	-1 ⋮ -4864	-200.1 ⋮ -243.0	-2001 ⋮ -2430
超下限	≤-11.76	-32 768	≤-1.1845	-32 768		-32 768	≤-243.1	-32 768

图 9-9　不同测量范围的模拟量与转换后的模拟量之间的关系

2. 模拟量输出转换后的表达方式

模拟量输出转换后不同测量范围的电流或电压的对应关系如图 9-10 所示。

范围	单位	电压 输出范围： 0～10 V	电压 输出范围： 1～5 V	电压 输出范围： ±10 V	电流 输出范围： 0～20 mA	电流 输出范围： 4～20 mA	电流 输出范围： ±20 mA
超上限	≥32 767	0	0	0	0	0	0
超上界	32 511 ⋮ 27 649	11.7589 ⋮ 10.0004	5.8794 ⋮ 5.0002	11.7589 ⋮ 10.0004	23.515 ⋮ 20.0007	22.81 ⋮ 20.006	23.515 ⋮ 20.0007
额定范围	27 648 ⋮ 0 ⋮ −6912 −6913 ⋮ −27 648	10.0000 0 — 0	5.0000 1.0000 0 — 0.9999 0 — 0	10.0000 ⋮ 0 ⋮ −10.0000	20.000 ⋮ 0 — 0	20.000 ⋮ 4.000 — 3.9995 0 — 0	20.000 ⋮ 0 ⋮ −20.000
超下界	−27 649 ⋮ −32 512			−10.0004 ⋮ −11.7589			−20.007 ⋮ −23.515
超下限				0			0

图 9-10　模拟量输出转换后不同测量范围的电流或电压的对应关系

模拟量控制应用举例如下。

【例 9-1】 流量变送器的量程为 0～150 L，输出信号为 4～20 mA，模拟量输入模块的量程为 4～20 mA，转换后的数字量为 0～27 648，假设转换后得到的数字量为 M，试求以 L 为单位的流量值。

解析：根据题意，0～150 L 对应的转换后的数字量为 0～27 648，则流量值的转换公式为

$$I=\frac{150M}{27\,648}$$

【例 9-2】 某温度变送器的量程为 −300～+900℃，输出电流范围为 4～20 mA，某模拟量输入模块将 0～20 mA 的电流信号转换为数字量 0～27 648，假设转换后的数字量为 M，试求以℃为单位的温度值 T。

解析：根据题意，0～20 mA 的电流信号转换为数字量 0～27 648，据此画出模拟量与转换值的关系曲线，如图 9-11 所示，且根据比例关系得到

$$\frac{T-(-300)}{M-5530}=\frac{900-(-300)}{27\,648-5530}$$

整理后得到温度 T(单位为℃)的计算公式为

$$T=\frac{1200\times(M-5530)}{22\,118}-300$$

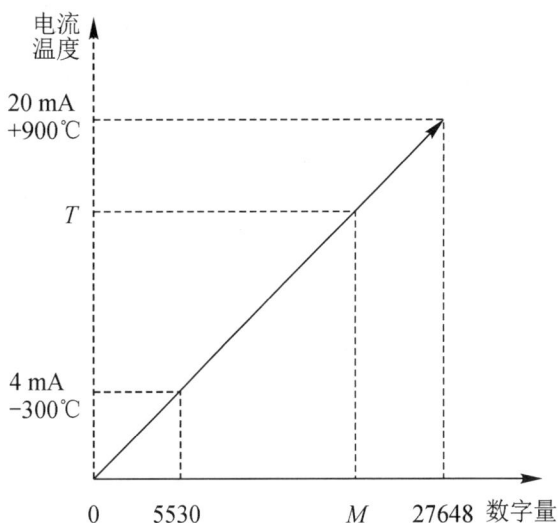

图 9-11　模拟量与转换值的关系曲线

9.4　项 目 实 施

9.4.1　硬件设计

1. 硬件设备选型

根据谷物烘干系统的设计需求，选择系统所需主要硬件元件和设备，如表 9-1 所示。

表 9-1　谷物烘干系统主要硬件选型

序　号	名　称	型　号	描　述
1	可编程控制器	西门子 S7-1200	CPU 1215C AC/DC/Rly
2	加热器	JRD-50W	铝合金加热器/AC 220 V
3	转换开关	LA38-11X	铜触点/三挡/DC +24 V
4	启动开关	ZSJY-1	触点压力型控制开关
5	停止开关	ZSJY-2	触点压力型控制开关
6	温度传感器	0.075 级	PT100 转 4～20 mA
7	指示灯	HL-1	DC +24 V 供电

2. 控制电路及 I/O 接线图

根据本装置控制要求，设计 PLC 控制电路及 I/O 接线图，如图 9-12 所示，所有硬件按照表 9-1 中的元件类型选择并确定。

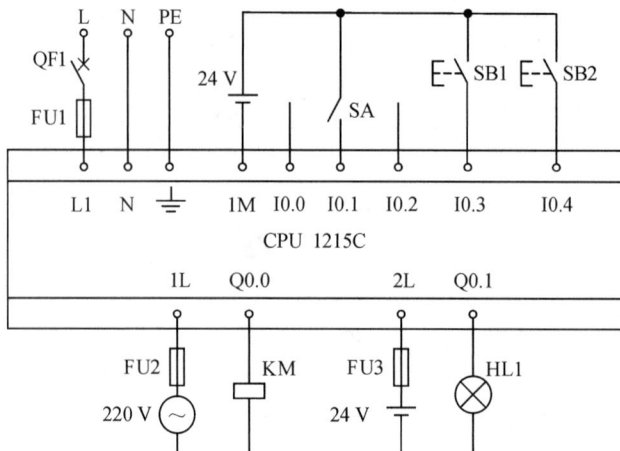

图 9-12　谷物烘干装置 PLC 控制电路

3. 控制电路硬件连接

在断开 PLC 外部电源的前提下，进行装置控制电路连接，主要包含 PLC 输入端和输出端两部分电路连接。

(1) PLC 输入端外部电路连接：先将 S7-1200 PLC 自带的 DC 24 V 电源正极性端子与启动按钮 SB1、停止按钮 SB2 的进线端连接起来，之后将 SB1 和 SB2 的出线端分别与 S7-1200 PLC 的输入端 I0.3 和 I0.4 相连，并将转换开关 SA 的三个挡位分别与 PLC 的输入端 I0.0、I0.1 和 I0.2 相连。

(2) PLC 输出端外部电路连接：将熔断器 FU2 的一端连接至 S7-1200 PLC 输出点内部电路公共端 1L，并将 FU2 的另一端连接至 AC 220 V 电源的一端，再将 AC 220 V 电源的另一端连接至加热器的输出触点，最后将加热器的输入触点连接至 PLC 的 Q0.0 端口。此外，将 2L 端通过 DC +24 V 电源与加热指示灯 HL1 的一端连接，并将 HL1 的另一端连接至 PLC 的 Q0.1 端口。

9.4.2　软件设计

1. 输入/输出地址分配

依据硬件主电路、PLC 控制电路和 I/O 接线图，设计谷物烘干系统的输入/输出地址分配表，如表 9-2 所示。

表 9-2　谷物烘干系统输入/输出地址分配表

输　　入		输　　出	
输入地址	元器件标号及功能	输出地址	元器件标号及功能
I0.0	转换开关 SA1	Q0.0	加热器触点 KM
I0.1	转换开关 SA2	Q0.1	加热指示灯 HL1
I0.2	转换开关 SA3		
I0.3	启动按钮 SB1		
I0.4	停止按钮 SB2		

2. 梯形图程序设计

谷物烘干系统的梯形图如图 9-13 和图 9-14 所示，这里主要应用了移动指令、减法指令、比较指令和循环中断 OB30 进行编程，程序设计思想如下：

(1) 温度采集。编写循环中断 OB30 程序，每 500 ms 采集 1 次烘干仓内的温度信号，所采集的温度信号通过移动指令输送至 MW5 地址。

(2) 设定烘干作业温度。转换开关 SA 的三个挡位分别连接 I0.0、I0.1 和 I0.2 端口，其中，I0.1 对应低挡位 35℃、I0.1 对应中挡位 45℃、I0.2 对应高挡位 55℃，通过移动指令编写温度设定程序，MW7 存储器用于保存设定的烘干作业温度值。

(3) 系统启/停控制。采用"启—保—停"思想编写，启动开关 SB1 按下并松开，I0.3 常开触点导通，M3.0 线圈得电并保持，系统启动；停止开关 SB2 按下并松开，M3.0 线圈断电，系统停止工作。

(4) 设定温度与采集温度比较。主程序 OB1 的程序段 3 中，当系统启动工作时，设定温度值和烘干仓内的温度会实时相减，温度差值存储在 MW9 存储器中。

(5) 彩灯按规律点亮。主程序 OB1 的程序段 4 中，当设定温度和烘干仓内的温度差值超过 5℃(对应数字量为 1382)时，加热器通电进行烘干作业；反之，加热器断电，烘干作业停止。

程序段1：每500 ms采集一次烘干仓内的温度

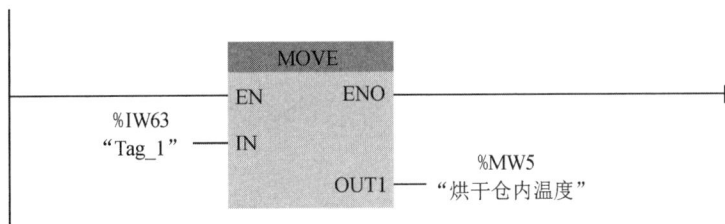

图 9-13　烘干仓温度信号采集 OB30 程序

程序段1：设定烘干温度

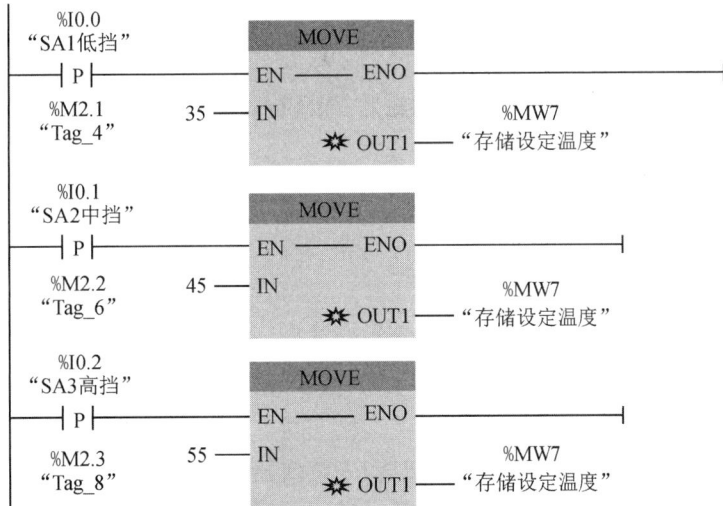

(a)

程序段2：系统启停控制

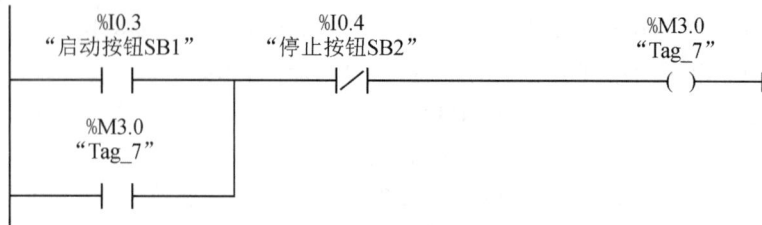

程序段3：设定温度与采集温度差值

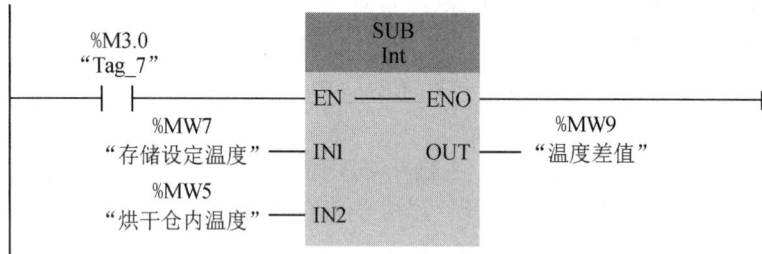

(b)

程序段4：温度判断与烘干作业控制

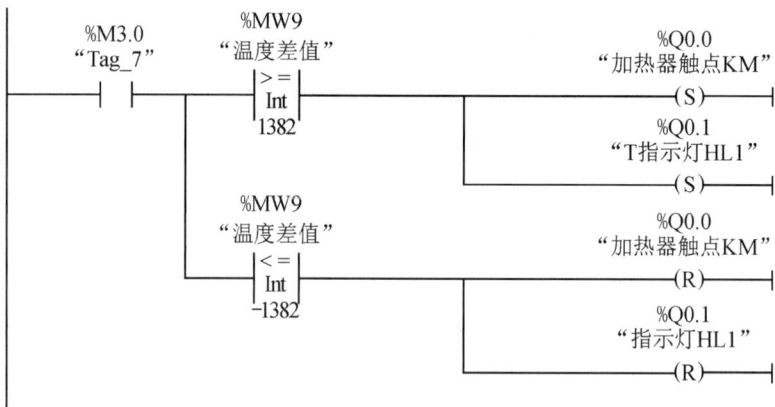

(c)

图 9-14　谷物烘干系统 OB1 主程序

9.4.3　程序调试与监控

设计完本装置的梯形图程序后，可在博途编程软件中编写项目程序，并进行程序调试和运行监控。

1. 调试程序

完成项目程序下载后，将 PLC 设置为 RUN 模式，可发现 PLC 运行指示灯变为绿色。此时，打开"MAIN[OB1]"窗口，单击工具栏上的"启用/禁止监控"按钮，博途软件即进入对项目程序运行状态的查看界面，同时程序编辑器标题栏会变为橙红色，用户可在该界面观察项目程序的运行效果，并对程序运行进行调试。完成程序基本调试后，可在编程软件的变量表中查看本项目程序的变量名称、数据类型和地址。本程序的变量表如图 9-15 所示。

图 9-15　谷物烘干系统变量表

2. 监控程序

本项目的程序状态监控界面如图 9-16 所示。以加热烘干温度 35℃的设定和采集为例，将转换开关 SA 打到 I0.0 端口，按下启动按钮 SB1，之后系统会根据设定温度和采集温度的差值自动进行启停作业。

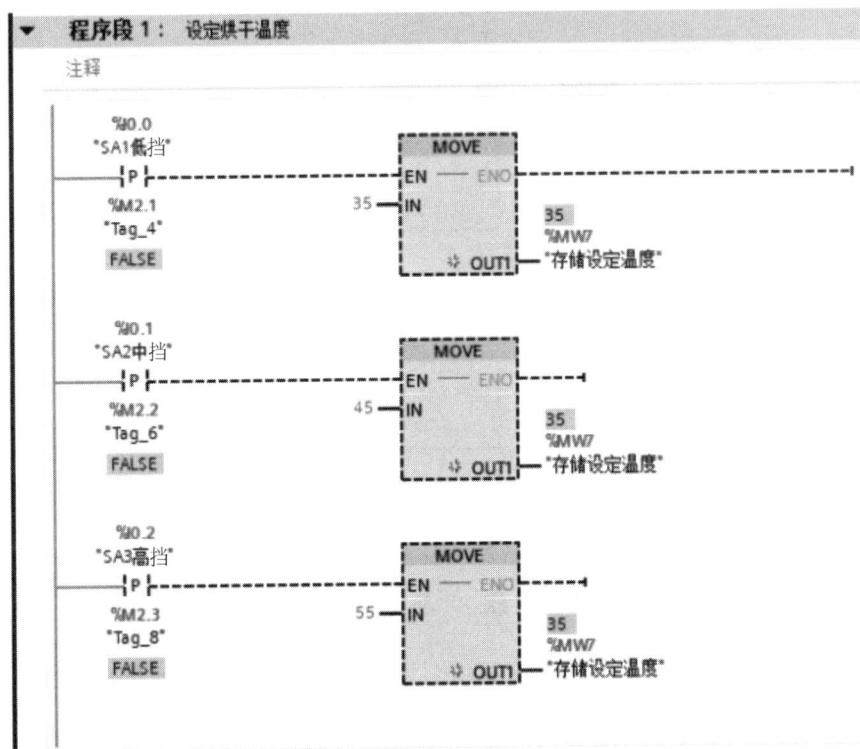

(a)

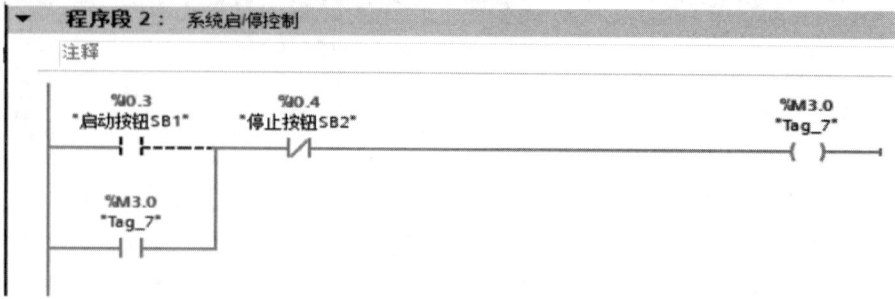

(b)

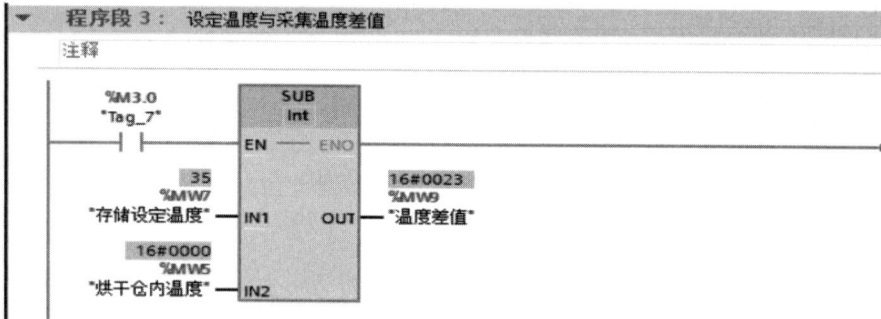

(c)

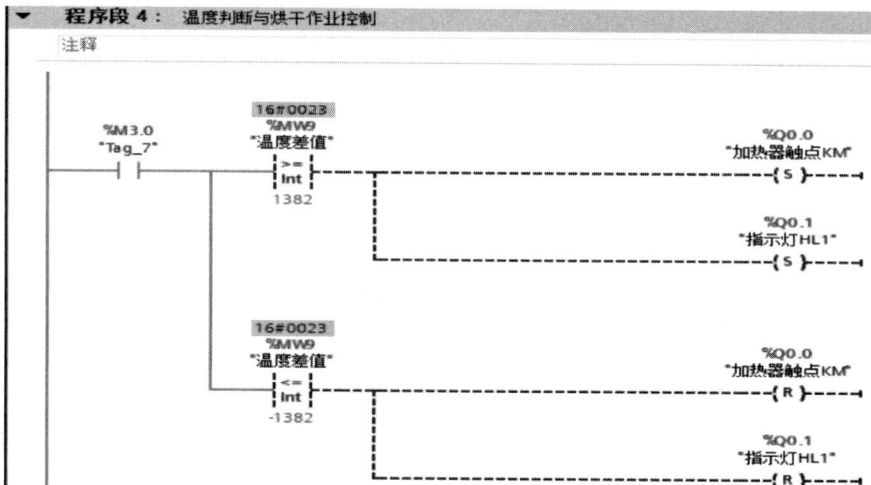

(d)

图 9-16 调试运行程序

9.4.4 建立 MCGS 人机交互组态界面

本项目运用 MCGS 软件设计人机交互组态界面，以便通过触摸屏实施现场控制，具体实现操作步骤如下。

1. 添加 PLC 设备

在 MCGS 软件"设备组态：设备窗口"中，点击"设备工具箱"→"设备管理"，在"设备管理"窗口中，依次点击"所有设备""PLC""西门子""1200 驱动""Siemens_1200"，将西门子 S7-1200 PLC 添加至右侧"选定设备"区域，完成后点击"确认"按钮，如图 9-17 所示。

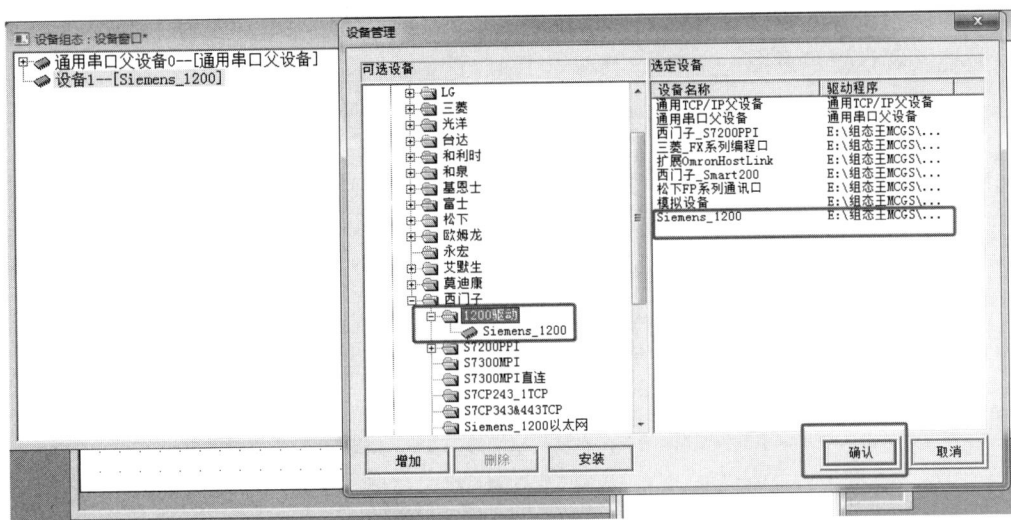

图 9-17　添加 S7-1200 PLC 设备

2. 添加构件

在 MCGS 的用户窗口中点击"新建窗口"，并将新建窗口重命名为"谷物烘干系统"。双击窗口进入组态搭建界面，根据本系统的设计需要，在"工具箱"→"插入元件"中找到"储藏罐 26""阀 106""传感器 18""传送带 4""指示灯 6"，并在"工具箱"中找到"标准按钮"构件(3 个)，添加至组态界面。

3. 添加标识

在"工具箱"中选择"标签"构件，按照图 9-18 在各标签中添加相应文字信息，并摆放至恰当的位置。

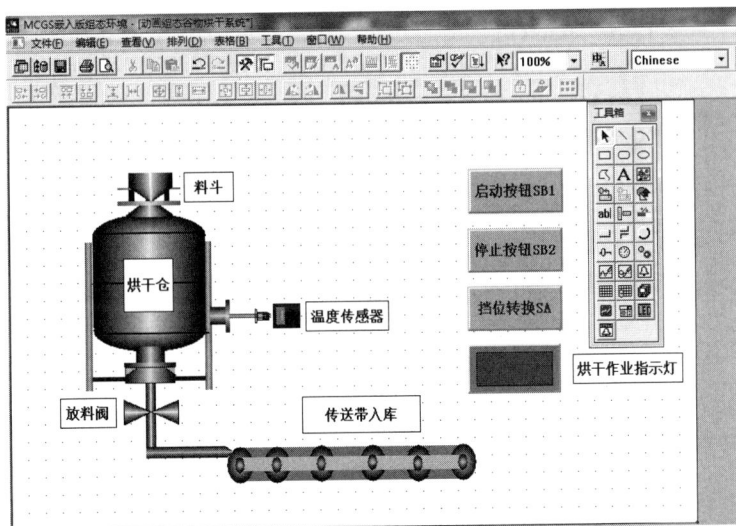

图 9-18　系统组态界面

4. 连接变量

根据图 9-15 的变量表信息，将"启动按钮 SB1""停止按钮 SB2""挡位转换开关 SA""烘干作业指示灯"等构件连接至 PLC 的相应输入/输出端子。图 9-19 为"启动按钮 SB1"的变量连接和设置示意图。

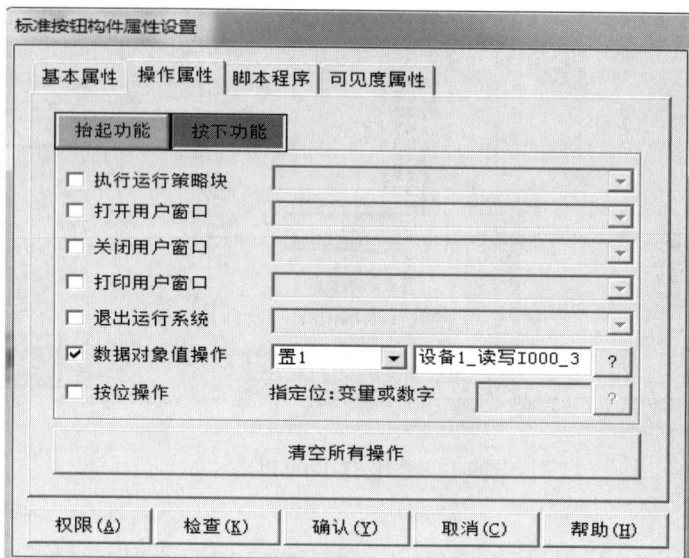

(a)

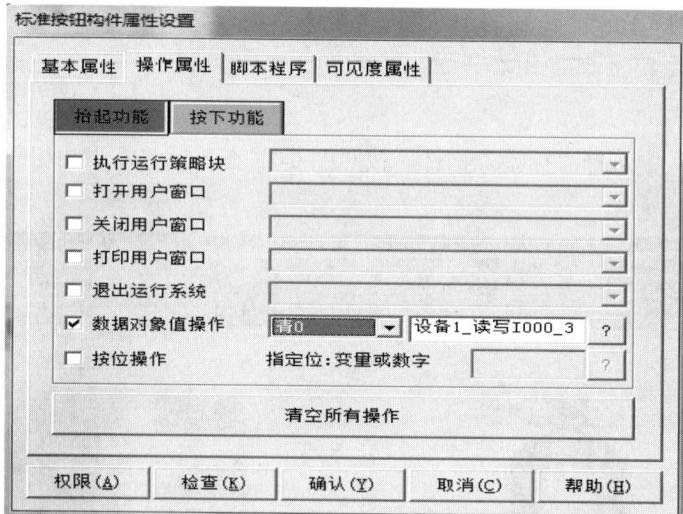

(b)

图 9-19   "启动按钮 SB1"的变量连接和设置

9.4.5   模拟实操

参照之前项目的模拟实操经验，在实训平台上对本项目进行模拟实操演示，并记录时序结果。具体的模拟实操步骤如下。

1. 连接各模块间导线

(1) PLC 模块接线。将 S7-1200 PLC 的外部电源端子连接好。

(2) 输入模块接线。将启动控制按钮 SB1 和停止控制按钮 SB2 分别与 S7-1200 PLC 模块数字量输入端的 I0.3 和 I0.4 端子相连，再将转换开关 SA 的三个挡位分别与 I0.0、I0.1 和 I0.2 端子相连。

(3) 输出模块接线。将加热器触点 KM 和指示灯 HL1 的相应端子分别与 S7-1200 PLC 模块数字量输出端的 Q0.0 和 Q0.1 端子相连。

2. 开启电源进行实操

完成各模块间导线连接并检查无误后，点击博途软件工具栏上的"下载到设备"按钮 ⬇，将编译好的程序下载到 PLC 中，之后开启电源开关进行实操。

根据谷物烘干加热需要，调节转换开关 SA 至相应挡位后，按下启动按钮 SB1，观察 PLC 的输出端 Q0.0 的动作情况(即加热器的工作情况)。按下停止按钮 SB2，加热器应停止工作，指示灯 HL1 熄灭。若上述调试现象与控制要求一致，说明本案例任务实现。

3. 观察现象并记录实操数据

在遵守实训操作安全规范的基础上，严格按照实训操作规范完成本项目模拟实操，细心观察实操现象，记录相关数据，并将实操结果填到表 9-3 中。

表 9-3 实操数据记录表

状　态	现象(亮或灭)	电压值/V	电流值/A
启动按钮 SB1 断开	指示灯 HL1:	$U_{Q0.0} =$ $U_{Q0.1} =$	$I_{Q0.0} =$ $I_{Q0.1} =$
按下启动按钮 SB1，SA 转换开关选择合适挡位后	指示灯 HL1:	$U_{Q0.0} =$ $U_{Q0.1} =$	$I_{Q0.0} =$ $I_{Q0.1} =$
系统正常工作时，设定温度和烘干仓内的温度差值超过 5℃	指示灯 HL1:	$U_{Q0.0} =$ $U_{Q0.1} =$	$I_{Q0.0} =$ $I_{Q0.1} =$
系统正常工作时，设定温度和烘干仓内的温度差值小于 5℃	指示灯 HL1:	$U_{Q0.0} =$ $U_{Q0.1} =$	$I_{Q0.0} =$ $I_{Q0.1} =$
按下停止按钮 SB2	指示灯 HL1:	$U_{Q0.0} =$ $U_{Q0.1} =$	$I_{Q0.0} =$ $I_{Q0.1} =$

9.5 项　目　拓　展

9.5.1 任务拓展

设计一个液体混合控制系统，由一个投入式液位传感器(输出电压为 0～10 V)检测液位高度。现要求将 A、B 两种液体原料按比例混合，具体控制要求如下：

按下启动按钮 SB1 后，进液泵 X1 打开，A 液体流入容器中，容器中的液位升高 35%

后，关闭进液泵 X1，打开进液泵 X2，B 液体流入容器中，当容器中的液位高度达到 85%时，关闭进液泵 X2，启动搅拌器，搅拌 20 s 后，关闭搅拌器，打开出液泵 X3，当容器中的液体排空后，延伸 5 s 关闭出液泵 X3，如此循环。按下停止按钮 SB2，系统在循环作业一个周期后自动停止工作。

根据系统控制要求，将模拟量输入信号加载到 CPU 板载的模拟量输入端，地址为 IW64，将模拟量输出信号加载到信号板上，地址为 QW80，输入/输出地址分配表如表 9-4 所示。

表 9-4 拓展项目输入/输出地址分配表

输　入		输　出	
输入地址	元器件标号及功能	输出地址	元器件标号及功能
I0.0	启动按钮 SB1	Q0.0	低液位 L 指示灯 HL1
I0.1	停止按钮 SB2	Q0.1	35%液位指示灯 HL2
		Q0.2	85%液位指示灯 HL3
		Q0.3	进液泵 X1
		Q0.4	进液泵 X2
		Q0.5	出液泵 X3
		Q0.6	搅拌器 KM

9.5.2 思政拓展

粮食烘干设备里的中国自动化丨推广粮食烘干机械化　助力农业发展提质增效

粮食产地烘干是保障粮食品质、减少粮食产后灾后损失、确保粮食丰收到手的重要环节和关键措施，加快提升粮食产地烘干能力，对于保障国家粮食安全意义重大。2023 年 5 月 9 日，农业农村部、国家发展改革委等六部门联合印发《关于加快粮食产地烘干能力建设的意见》，提出加快补上设施装备短板，建成布局合理、体系完善的粮食产地烘干体系，烘干能力基本满足全国粮食产地烘干需求，应急烘干作业能力齐备，粮食产后损失显著下降。近年来，农村粮食仓库和储粮大户不断增多，加快粮食干燥机械化的技术推广已是当务之急。

1. 强化粮食烘干基础设施建设

在现有基础上，综合考虑粮食作物分布位置、市场需求，坚持先规划后建设、改造与新建并举的原则，对一些功能低下、配套设施不全的烘干设备进行改造升级，适度新建粮食烘干中心，创新服务机制，提升设备共享与服务能力。

2. 完善粮食烘干政策保障体系

如图 9-20 所示，要完善粮食烘干政策保障体系，一是要加大烘干机械及其配套设施的补贴力度，加快粮食烘干成套设备推广应用步伐；二是要增设粮食烘干作业环节补贴，定向在用气、用电及用燃气设备等方面给予补助；三是要大力培育粮食烘干经营主体，对具有一定规模的农机专业合作社和种粮大户，实行政策上支持，资金上补助，技术上服务的扶持政策，鼓励和支持他们发展粮食烘干机械化。

图 9-20　田野里架起的粮食烘干集成系统

3. 解决粮食烘干中心用地问题

要解决好粮食烘干中心的用地问题，可从两方面考虑：一是将粮食干燥与储存用地按设施农业用地管理，减少审批环节，缩短审批时间，充分利用农村荒山荒坡、滩涂等未利用地和低效闲置的校舍、厂房等建设粮食烘干设施；二是建议在新农村建设规划中，按照生产经营与生活分离的要求，把农机经营用地和农机具仓储列入规划中。

4. 构建集约化经营模式

要创新发展模式，积极推行粮食烘干和储存集约化经营。对于新建粮食烘干企业和农户，应统筹做好金融贷款、用电、用地、建设等协调工作，科学引导大型农机合作社、种植合作社等经营主体联合粮食加工储存企业开展订单作业，实现由单一的经营模式向种植、收购、烘干、储存、出售等整体经营模式转变，减少中间环节，实现粮食收贮不落地，降低粮食损耗和成本，为确保粮食安全和乡村振兴作出更大的贡献。

【思政拓展小任务】

在认真研读完本项目的思政拓展文章后，你对我国粮食烘干自动化设备的发展有什么认识？请结合这篇文章，以及本项目的理论和技能学习内容，完成以下思政拓展任务：

(1) 以校内图书馆、网络资源库等作为载体，自主查询有关我国粮食烘干自动化设备发展的相关资料，汇总整理成图片、文字、视频素材库，在班上分组进行汇报。

(2) 班上同学自主组合成若干小组，走访校园周边的村镇及农业企业，与农民或农企技术人员进行访谈交流，深入调研我国粮食烘干自动化设备的应用现状，撰写一篇不少于1500 字的分析报告。

(3) 结合本项目的学习，谈一谈你对 PLC 技术赋能粮食烘干设备发展的理解。

思考与练习

1. 模拟量信号可分为＿＿＿＿＿＿和＿＿＿＿＿＿＿。

2. S7-1200 PLC 常用的模拟量信号模块为＿＿＿＿＿＿、＿＿＿＿＿＿＿＿、＿＿＿＿＿＿等。

3. 标准模拟量信号经过模拟量输入模块转换后，其数据范围是＿＿＿＿＿＿。

4. 用电位器调节模拟量的输入实现 8 个小灯的流水控制，0～10 V 对应流水灯显示的速度为 0.5～1 s (速度若为 0.5 s，指的是每隔 0.5 s 依次增加点亮 1 个灯)。

5. 试列举 5 种常见的模拟量。

6. 请谈一谈模拟量与数字量的区别。

项目 10　农企流水线传动电机两地控制系统设计与实现

理论知识目标

1. 了解 S7-1200 PLC 的通信类型。
2. 掌握 S7-1200 PLC 自由口通信的概念。
3. 掌握 S7-1200 PLC 以太网通信的概念。

实操技能目标

1. 掌握使用自由口通信指令编写程序的方法。
2. 掌握使用以太网通信指令编写程序的方法。
3. 掌握本项目的硬件组态与接线方法。

思政素养目标

1. 强化安全谨慎、精益求精的意识。
2. 强化认真钻研、乐于探索的态度。

10.1　项 目 导 入

　　传动系统是现代农企流水线控制系统中的重要组成部分，其中，对传动电机进行多样化控制，能够提升整个流水线控制系统的灵活性，方便企业技术人员、生产人员设计更为多元化的传输运送作业模式。

　　目前，很多中小型农业企业限于编程水平较低、控制方法单一等因素，仍采用常规的单站式控制思维组建流水线传动系统，仅能够实现在单一地点对单个传动系统的控制，不能实现在多个地点对多个传动系统的协同控制，这种单一化、离散化的控制形式，不利于农企流水线传动功能的最大化开发。基于此，设计一种自动化程度更高，能够在多个地点实现对传动设备协同控制的流水线传动控制系统，具有一定的应用价值。

　　本项目基于西门子 S7-1200 PLC 的以太网控制功能设计一款农企流水线传动电机两地控制系统。该系统由本地和远程两个流水线传动系统模块组成，两个模块通过以太网连接，本地按钮控制本地流水线传动系统的启停，若按下本地正向启动按钮 SB1，本地流水线正向启动运行，则远程流水线也正向启动运行；若按下本地反向启动按钮 SB2，本地流水线反向启动运行，则远程流水线也反向启动运行。同样地，若先启动远程流水线，则本地流水线也与远程流水线的运行方向一致。上述控制功能可用于对农企内不同车间、场景生产加工型流水线传动系统的网络化协同控制。

10.2 项 目 分 析

本项目希望通过引入 PLC 技术提升农企流水线传动系统的自动化和网络化控制水平。所设计系统的控制原理为：使用两台 S7-1200 PLC 分别外接一个流水线传动硬件系统，系统包括三相异步电动机、控制按钮、接触器、指示灯等构件，两台 S7-1200 PLC 通过以太网通信设备连接，工作于以太网通信模式下，实现对农企一车间和二车间两套流水线传动电机系统的协同控制。整个装置的设计框架如图 10-1 所示。

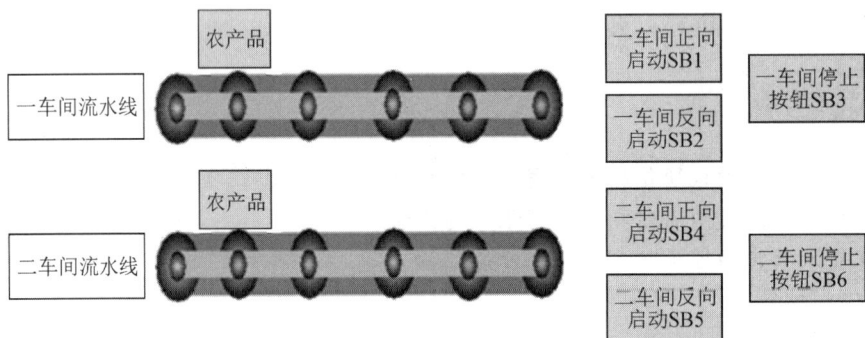

图 10-1 农企流水线传动电机两地控制系统整体框架

10.3 配 套 知 识 点

10.3.1 S7-1200 PLC 支持的通信类型

S7-1200 PLC 本体上集成了一个 PROFINET 通信接口，该通信接口支持 10 Mb/s、100 Mb/s 的 RJ-45 口，且能够自适应电缆交叉连接，支持基于 TCP/IP 和以太网的通信标准。应用 PROFINET 通信接口能够实现 S7-1200 PLC 与编程设备、HMI 触摸屏等设备之间的通信，以及与其他 CPU 之间的通信。

此外，S7-1200 PLC 扩展通信模块能进行串口通信，且串口通信模块有 3 种型号，分别是 CM1241 RS232 接口模块、CM1241 RS485 接口模块及 CM1241 RS422/485 接口模块。

(1) CM1241 RS232 接口模块。该模块支持基于字符的点到点(PTP)通信，如 MODBUS RTU 主从协议、自由口协议等。

(2) CM1241 RS485 接口模块。该模块支持基于字符的点到点(PTP)通信，如 MODBUS

RTU 主从协议、自由口协议、USS 驱动协议等。

(3) CM1241 RS422/485 接口模块。该模块支持的协议包括 ASCII 协议、MODBUS RTU 主从协议、USS 驱动协议等。

以上三种通信模块都必须安装在 CPU 的左侧，都由 CPU 模块供电，且数量之和不能超过 3 块。各模块上都有一个 DIAG(诊断)指示灯，人们能够根据指示灯的状态判断模块状态。模块上部盖板下方有 Tx(发送)和 Rx(接收)两个指示灯，用于对数据收发情况进行指示。

具体到硬件通信连接方式上，可采用网络连接通信和直接连接通信两种方式，实现 S7-1200 PLC 之间、S7-1200 PLC 与 HMI、S7-1200 PLC 与上位机、S7-1200 PLC 与各通信接口模块之间的连接，如图 10-2 和图 10-3 所示。

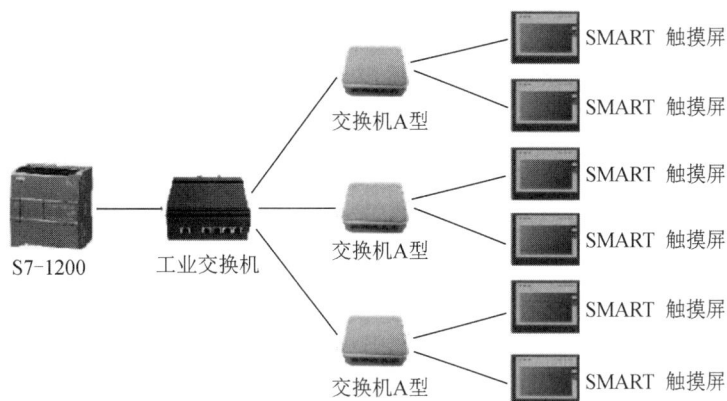

图 10-2 网络连接通信

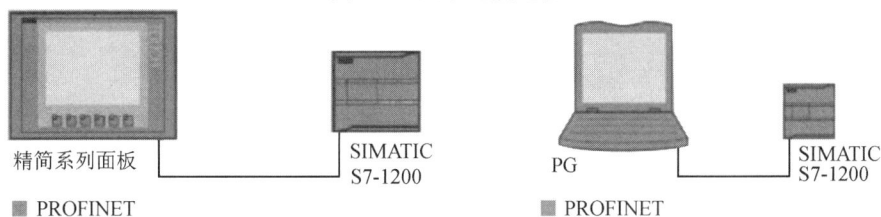

图 10-3 直接连接通信

10.3.2 自由口通信

S7-1200 PLC 的自由口通信主要包含 S7-1200 PLC 之间的通信、S7-1200 PLC 与 S7-200 SMART PLC 之间的通信两类。

1. S7-1200 PLC 之间自由口通信

1) 通信模块的组态方法

通常可采用两种方法进行通信模块的组态：

(1) 应用博途软件的设备视图组态接口参数。采用该种组态方法，组态的参数将永久地保存在 CPU 中，即使 CPU 进入 STOP 模式，组态参数也不会丢失。

(2) 使用自由口通信指令进行组态。该类指令包括 SEND_CFG(用于组态发送数据的属性)、RCV_CFG(用于组态接收数据的属性)、PORT_CFG(用于组态通信接口)。采用该种组态方法，设置的参数仅在 CPU 处于 RUN 模式时有效。倘若切换到 STOP 模式或断电后又上电，这些参数便会恢复为设备组态时设置的参数。

2) 自由口通信指令

自由口通信指令包含发送指令和接收指令，如图 10-4 和图 10-5 所示，两类指令的操作是异步的，用户程序可采用轮询的方法确认数据发送和接收的状态，这两类指令可以同时执行。通信模块发送及接收报文缓冲区的最大值为 1024 B。

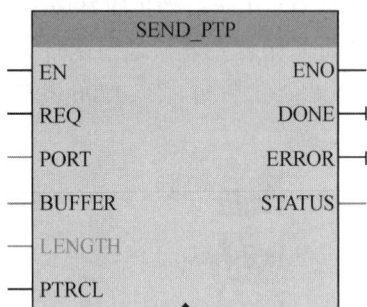

图 10-4　SEND_PTP 指令　　　　　图 10-5　RCV_PTP 指令

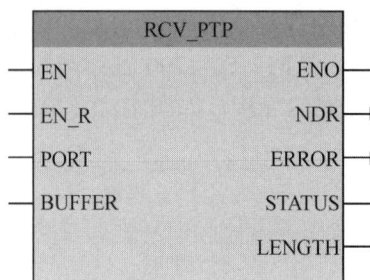

下面对这两类指令的功能进行描述。

· REQ：发送请求，每个信号的上升沿发送一个消息帧。通常使用时钟存储器字节中的某个位来触发请求信号。

· PORT：串口通信模块的硬件标识符。

· BUFFER：指定的发送缓冲区，通常将待发送的数据放在全局数据块中。

· LENGTH：发送缓冲区的长度。表示发送消息帧中包含多少字节的数据，数据类型为无符号整型。

· PTRCL：等于 0 时，表示使用用户定义的通信协议。

· DONE：状态参数。等于 1 时，表示已经执行发送操作，并且没有错误；等于 0 时，表示尚未启动或正在执行发送操作。

· ERROR：状态参数。等于 1 时，表示出现错误；等于 0 时，表示没有错误。

· STATUS：执行指令操作的状态。

· EN_R：接收请求。等于 1 时，检测通信模块接收的消息，如果成功接收则将接收到的数据传送到 CPU 中。如果程序中既有发送也有接收指令，可将该位置 1，在发送指令发送数据完成后再通过接收指令的 EN 端启动接收指令。

· PORT：串口通信模块的硬件标识符。

· BUFFER：接收数据存储的区域。

· NDR：等于 1 时，表示已经接收到数据，并且没有错误；等于 0 时，表示尚未启动或正在执行接收操作。

· ERROR：状态参数。等于 1 时，表示出现错误；等于 0 时，表示没有错误。

· STATUS：执行指令操作的状态。

· LENGTH：接收缓冲区中消息的长度。

3) 通信程序的轮询结构

必须周期性地调用 S7-1200 PLC 的点到点通信指令，实时检查接收到的报文，才能够确保通信程序正常执行。具体来说，通信程序的轮询包括主站轮询结构和从站轮询结构两类。

(1) 主站轮询顺序：

· 在 SEND_PTP 指令的 REQ 信号的上升沿，启动数据发送过程。

· 持续执行 SEND_PTP 指令，完成报文发送。

· SEND_PTP 的输出位 DONE 置 1，指示发送完成，用户程序准备接收从站返回的响应报文。

· 循环执行 RCV_PTP，模块接收到响应的报文后，RCV_PTP 指令的输出位 NDR 置 1，说明已经接收到新的数据。

· 用户程序处理响应报文。

· 返回首步，循环上述过程。

(2) 从站轮询顺序：

· 在 OB1 中调用 RCV_PTP 指令。

· 模块接收到请求报文后，RCV_PTP 指令输出位 DONE 被置 1，指示新数据准备完成。

· 用户程序处理请求报文，并生成响应报文。

· 用 SEND_PTP 指令将响应报文发送给主站。

· 反复执行 SEND_PTP，直到所有数据完成发送。

· 返回首步，重复上述循环。

注：① 在从站等待响应期间，应尽量调用 RCV_PTP 指令，以便在主站超时之前接收来自主站发送的数据。

② 可以在循环中断 OB 中调用 RCV_PTP 指令，但循环时间间隔不能太长。

S7-1200 PLC 之间自由口通信应用举例如下。

【例 10-1】 运用自由口通信实现"指示灯异地点亮控制"，远程站 QB0 用于接收本地站 IB0 的数据，本地站 QB0 用来接收远程站 IB0 的数据。

(1) 硬件组态。

① 新建项目。新建一个项目，命名为"指示灯异地点亮控制"，并在博途软件中添加 PLC_1 和 PLC_2，并为两个 PLC 模块各添加 1 个 CM1241 RS485 通信模块，如图 10-6 和图 10-7 所示。

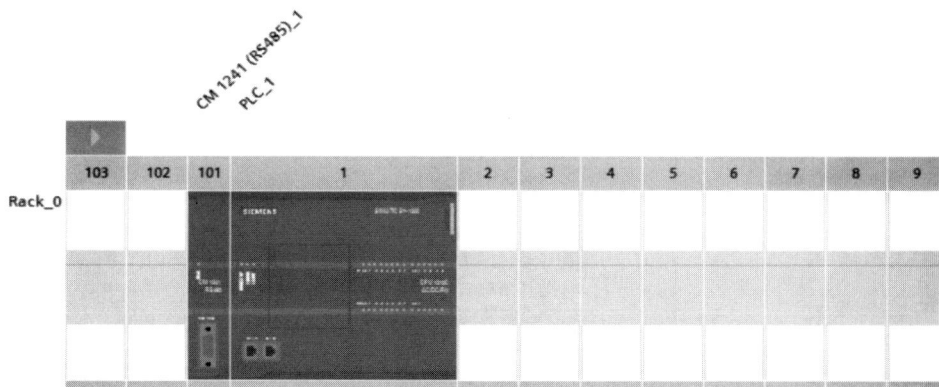

(a)

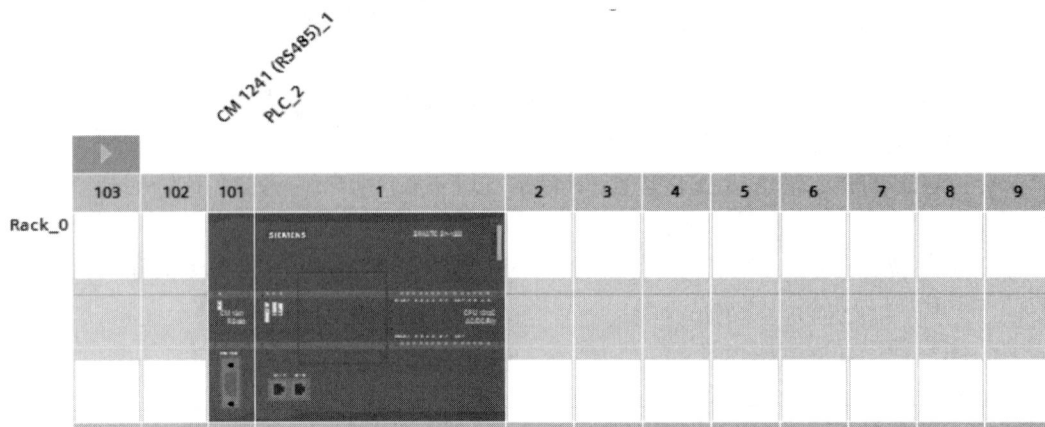

(b)

图 10-6 组态 PLC 和通信模块

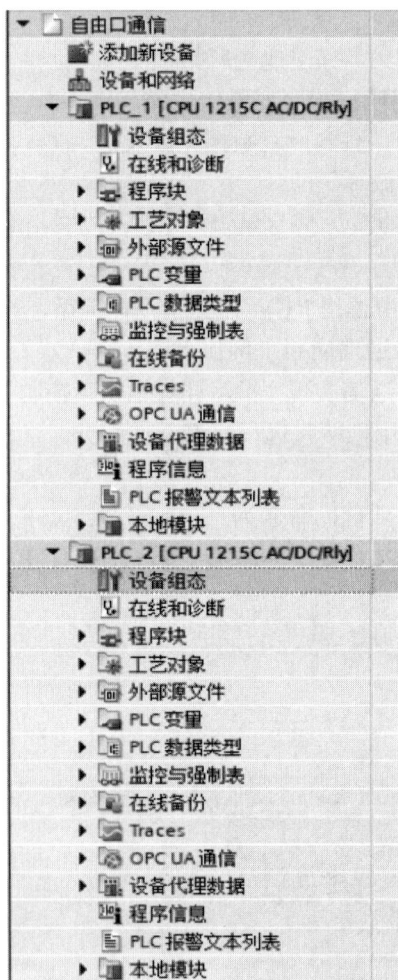

图 10-7 组态两个 CPU 1215C

② 启用系统和时钟存储器字节。分别选中 PLC_1 和 PLC_2 中的 CPU 1215C，再选中

其属性中的"系统和时钟存储器",在右边的窗口中勾选"启用系统存储器字节",如图 10-8
所示。

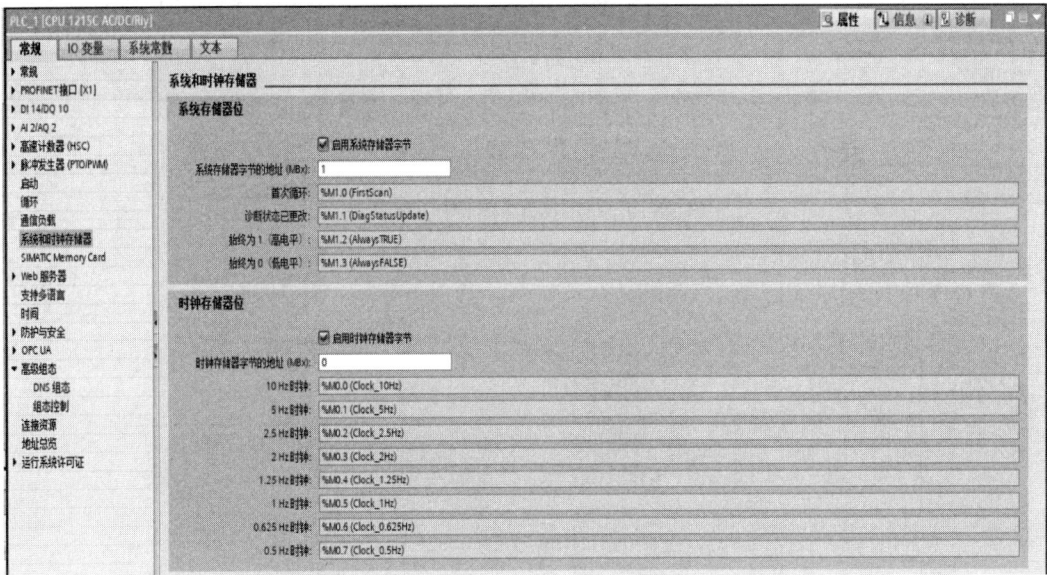

图 10-8 启用系统和时钟存储字节

③ 添加数据块。分别在 PLC_1 和 PLC_2 中添加新块,选中数据块,全部命名为 DB1,
单击数据块 DB1,在弹出的对话框中单击"属性"选项,去掉右边窗口"优化的块访问"
之前的"√",并单击"确定"按钮,以确保采用绝对地址寻址方式访问数据块中的数据,
如图 10-9 所示。

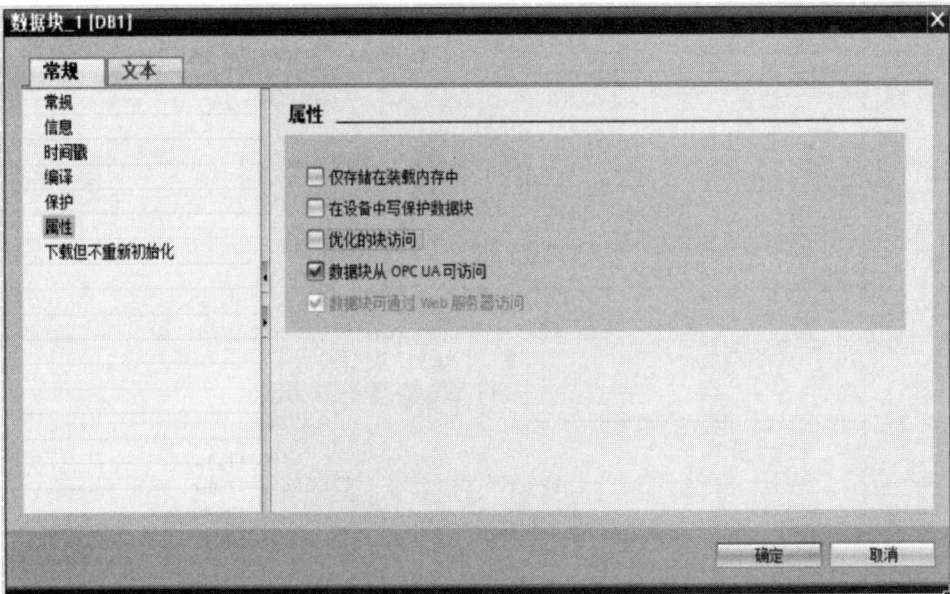

图 10-9 设置数据块 DB1 为绝对地址寻址

④ 创建数组。打开 PLC_1 中的数据块 DB1,新建"BEN_SEND"和"BEN_RCV"的

变量，数据类型选择"Byte"，同样，在远程数据块也按照同样的方法创建类似的变量，如图 10-10 所示。

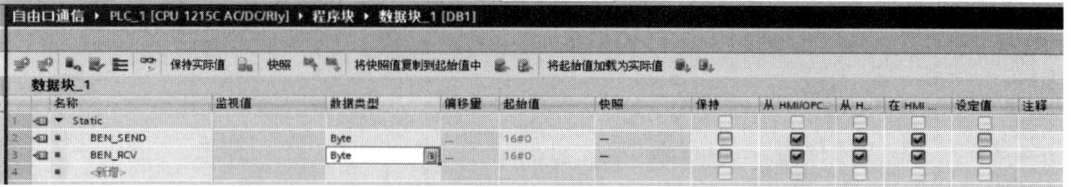

图 10-10　在数据库 DB1 中创建变量

(2) 编写梯形图程序。

PLC_1 中的程序如图 10-11 所示。

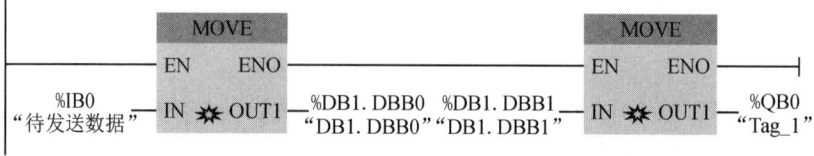

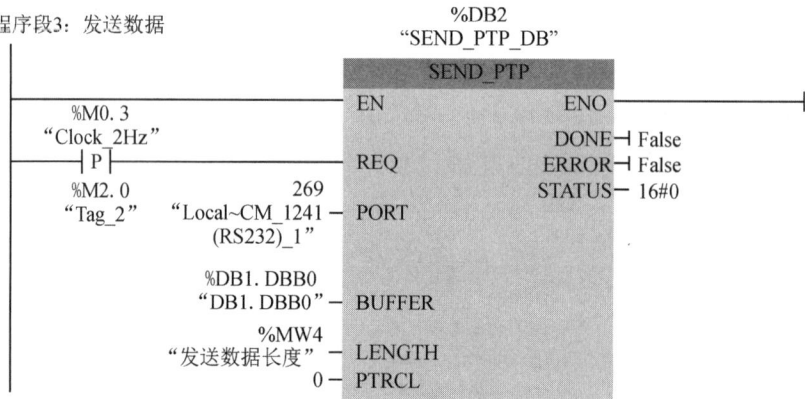

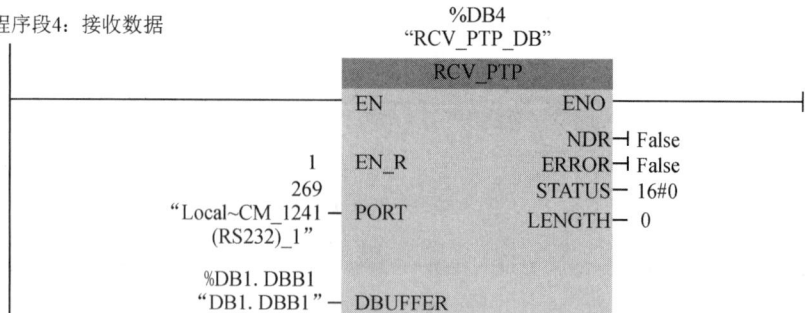

图 10-11　PLC_1 中的程序

PLC_2 中的程序与 PLC_1 中的程序类似，只需要根据设置修改 BUFFER 端口的地址即可。

编写完程序后，分别将程序下载到 PLC_1 和 PLC_2 中，PLC 运行时，远程站和本地站可进行数据通信。

2. S7-1200 PLC 与 S7-200 SMART PLC 之间自由口通信

本部分重点介绍 S7-1200 PLC 和 S7-200 SMART PLC 之间自由口通信的组建步骤和程序编写方法。

S7-1200 PLC 与 S7-200 SMART PLC 之间自由口通信应用举例如下。

【例 10-2】　现有 2 台设备，其中设备 1 控制器为 CPU 1215C，设备 2 控制器为 CPU SR40，2 台设备通过自由口通信方式进行数据通信，实现将设备 2 上采集的模拟量信号传送到设备 1 上。

(1) 硬件连接。

在 S7-200 SMART PLC 的 1 号扩展槽上添加 1 个模拟量混合模块 EM AM06，在 S7-1200 PLC 的 101 号扩展槽上添加 1 个 CM1214(RS485)通信模块，两台 PLC 之间通过双绞线进行连接。

(2) 组态 EM AM06 模拟量混合模块。

打开 S7-200 SMART PLC 编程软件的系统块，首先添加 CPU 及模拟量混合模块，再选中 EM0 扩展槽上的 EM AM06 模拟量混合模块，选择通道 0，测量信号类型为电压，测量范围为 + / −10 V，其他采用默认设置，如图 10-12 所示。

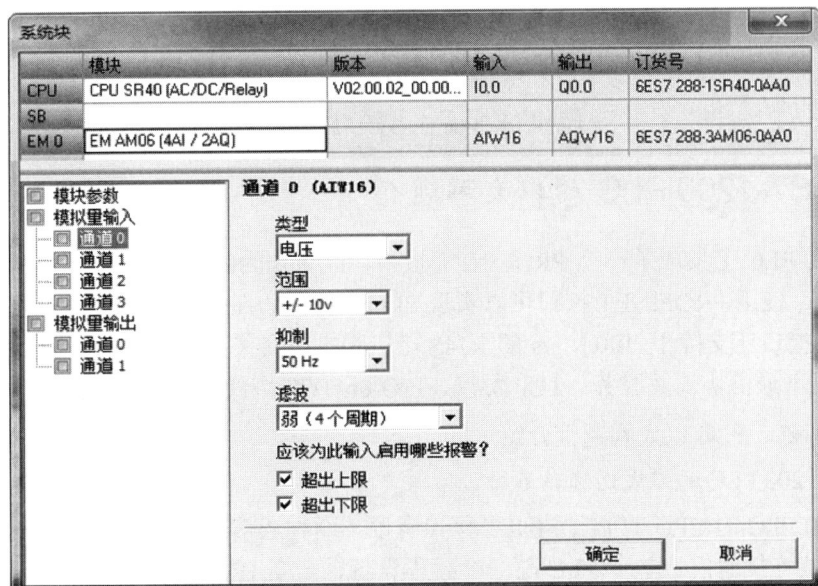

图 10-12　组态 S7-200 SMART PLC 模拟量输入通道

(3) 编写 PLC 程序。

本案例的程序包含 S7-200 SMART PLC 和 S7-1200 PLC 两部分程序，具体程序如图 10-13 和图 10-14 所示。

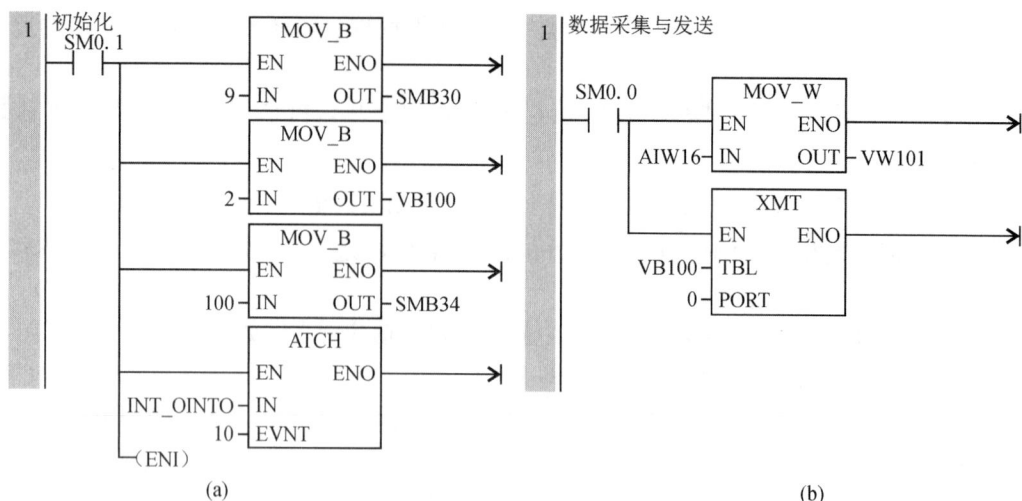

图 10-13 设备 2 上的主程序和中断程序

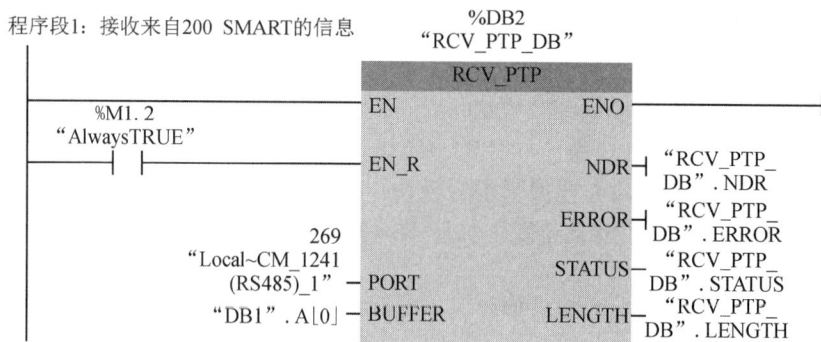

图 10-14 设备 1 上数据接收程序

10.3.3 S7-1200 PLC 的以太网通信

S7-1200 PLC 上集成了一个 PROFINET 接口，既可作为编程下载接口，也可作为以太网通信接口。使用 PROFINET 接口可以实现 PLC 与编程设备、HMI 和其他 CPU 之间的通信，并且该接口还支持 10/100 Mb/s 的 RJ45 接口和电缆交叉自适应接口。S7-1200 PLC 的 CPU 支持以下通信协议及服务：TCP 协议、ISO-on-TCP 协议以及 S7 通信协议。

1. S7-1200 PLC 以太网通信介绍

1）S7-1200 PLC 的以太网通信连接

S7-1200 PLC 的 CPU 的 PROFINET 接口有以下两种通信连接方式：

（1）直接连接通信。单个 PLC 与一个编程设备、一个 HMI 或一个 PLC 通信时采用直接连接通信方式，两个设备之间采用直接连接的通信方式不需要使用交换机，用网线直接连接即可。

（2）网络连接通信。当多个设备进行通信时，则需要采用以太网交换机进行网络连接通信。可以使用 S7-1200 PLC 专用交换机 CSM1277，含有两个 CPU 或 HMI 设备的网络就需要采用以太网交换机进行网络连接通信。CSM1277 交换机 4 个接口可以连接其他 CPU

或 HMI 设备，并且 CSM1277 交换机是即插即用的，使用前不用进行任何设置。

2）S7-1200 PLC 的以太网通信方式

(1) S7-1200 PLC 与 S7-1200 PLC 之间的以太网通信方法。两台 PLC 之间的通信方式基于 TCP 协议和 ISO-on-TCP 协议。使用的指令由双方 CPU 调用 T_block 指令来实现。

(2) S7-1200 PLC 与 S7-200 SMART PLC 之间的以太网通信方法。S7-200 SMART PLC 不仅具有 S7-200 PLC 的特点，其 CPU 还集成了以太网接口和 RS-485 接口，以便与 S7-1200/1500 PLC 进行通信。S7-200 SMART PLC 可以作为单向 S7 通信的客户机或服务器。

(3) S7-1200 PLC 与 S7-300/400 PLC 之间的以太网通信方法。它们之间的通信方式基于 TCP 协议、ISO-on-TCP 协议和 S7 通信协议。其中 TCP 协议和 ISO-on-TCP 协议进行通信所使用的指令是相同的，在 S7-1200 PLC 中采用 T_block 指令进行通信，而在 S7-300/400 PLC 中若使用以太网模块，则采用 AG_SEND、AG_RECV 指令实现通信。对于 S7 通信，S7-1200 PLC 的 PROFINET 通信接口只支持 S7 通信的服务器端，所以在编程方面，S7-1200 PLC 不需要编程，只需要在 S7-300/400 PLC 一侧建立单边连接，并使用 PUT、GET 指令进行通信。

2. S7-1200 PLC 以太网通信指令

S7-1200 PLC 以太网通信中所有需要编程的通信指令都使用指令块 T_block 来实现，所有 T_block 通信指令必须在组织块 OB1 中调用。调用 T_block 指令的同时需要配置两个 CPU 之间的连接参数，再定义数据发送或接收参数。博途软件主要提供了两套通信指令：不带连接管理的通信指令和带连接管理的通信指令，如表 10-1 和表 10-2 所示。

表 10-1　不带连接管理的通信指令

指　　令	功　　能
TCON	建立以太网连接
TDISCON	断开以太网连接
TSEND	发送数据
TRCV	接收数据

表 10-2　带连接管理的通信指令

指　　令	功　　能
TSEND_C	建立以太网连接并发送数据
TRCV_C	建立以太网连接并接收数据

其中 TSEND_C 指令的功能能够实现 TCON、TDISCON 和 TSEND 三个指令综合的功能，而 TRCV_C 指令的功能是 TCON、TDISCON 和 TRCV 三个指令综合的功能。

3. S7-1200 PLC 之间的以太网通信

S7-1200 PLC 之间的以太网通信可以通过 TCP 或者 ISO-on-TCP 协议来实现，并且在双方 CPU 中调用 T_block 指令来实现。通信方式为双边通信，因此发送和接收指令必须成对出现。

S7-1200 PLC 与 S7-1200 PLC 之间以太网通信应用举例如下。

【例 10-3】　现有两台设备，连接两台 PLC，将设备 1 的 IB0 中的数据发送到设备 2 的接收数据区 QB0 中，设备 1 的 QB0 能够接收设备 2 发送的 IB0 中的数据。

(1) 硬件接线图。

根据控制要求画出两台 PLC 的接线图，如图 10-15 所示。设备 2 上的输入端及设备 1 上的输出端未详细画出，两台设备通过带有水晶头的网线相连。

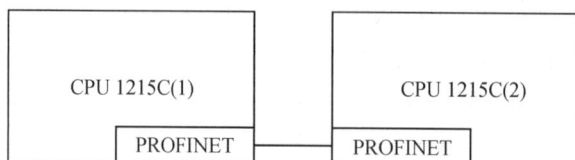

图 10-15　两台 PLC 之间以太网通信接线图

(2) 组态网络。

首先在博途软件中创建一个新项目，添加两个 1200 PLC，形成 PLC_1 和 PLC_2 两个文件夹，并分别启用两个 CPU 中的系统和时钟存储器字节 MB1 和 MB0。单击项目视图中的"设备组态"，双击属性栏的"PROFINET[X1]"选项，在此分别设置两台 PLC 的 IP 地址，分别为 192.168.0.1 和 192.168.0.2，如图 10-16 所示。再双击项目树的"设备和网络"选项，进行两台 PLC 设备的以太网连接，选中 PLC_1 的 PROFINET 接口的绿色小方框拖动到另一台 PLC_2 的 PROFINET 接口上，如图 10-17 所示。

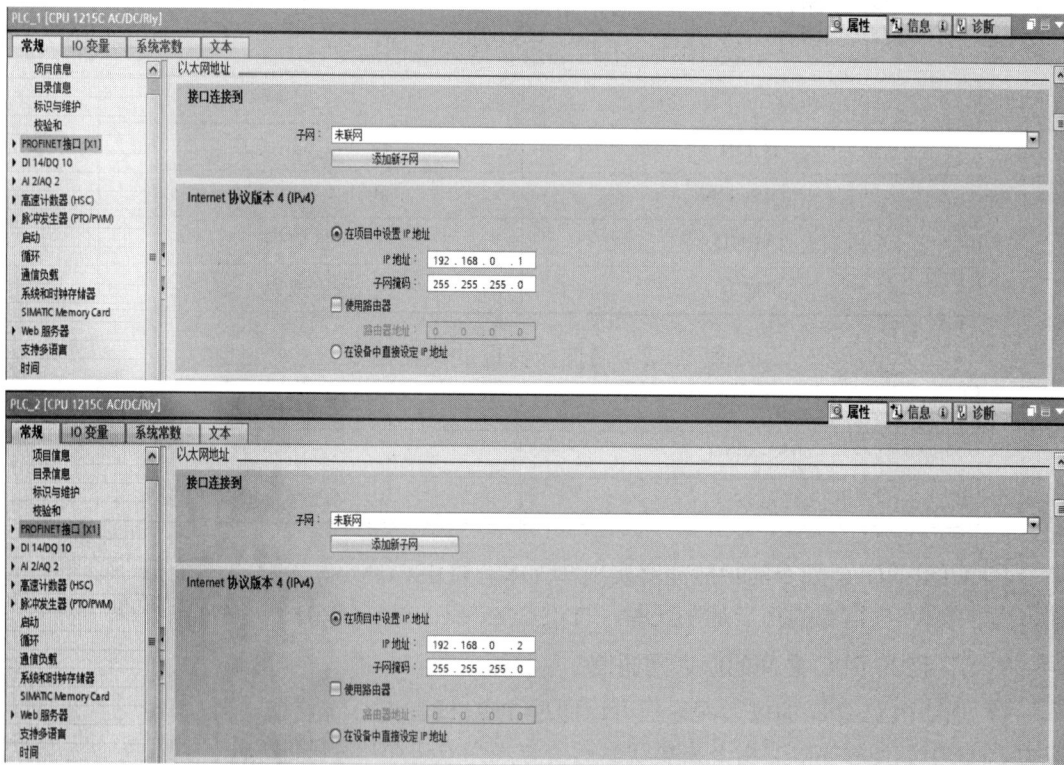

图 10-16　两台 PLC 的 IP 设置

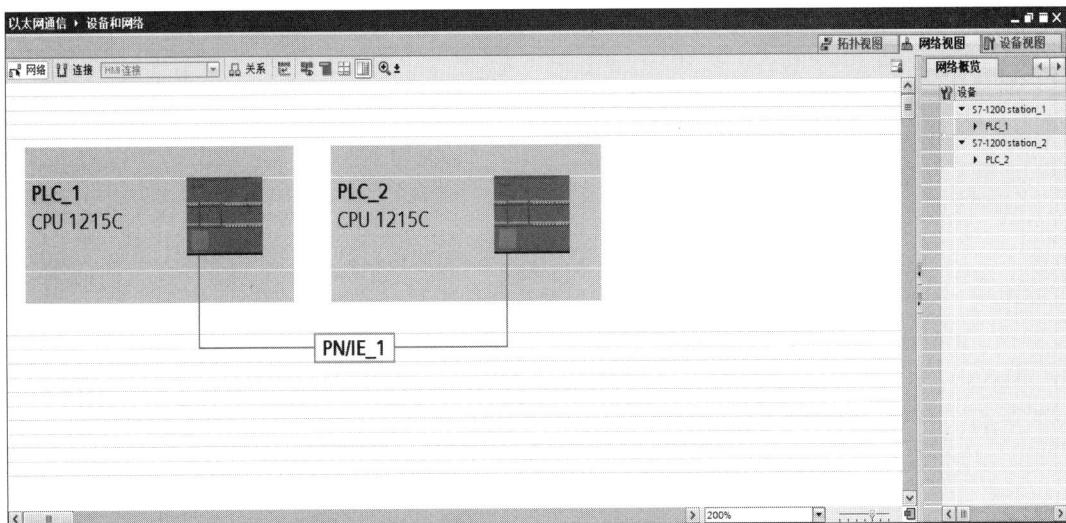

图 10-17　两台 PLC 之间以太网通信接线图

(3) 编写 PLC_1 程序。

① 在 OB1 中调用 TSEND_C 和 TRCV_C 通信指令。

在主程序 OB1 的编辑窗口右侧 "通信" 指令文件夹中打开 "开放式用户通信" 文件夹，选中 TSEND_C 和 TRCV_C 指令并放置在程序中，TSEND_C 指令使本地机向远程机发送数据，TRCV_C 指令使本地机接收远程机发送来的数据。TSEND_C 和 TRCV_C 指令参数如表 10-3 和表 10-4 所示。

表 10-3　TSEND_C 指令及参数

参　数	描　述	数据类型
EN	使能	BOOL
REQ	当上升沿时，向远程机发送数据	BOOL
CONT	1 表示连接，0 表示断开连接	BOOL
LEN	发送数据的最大长度，用字节表示	UDINT
CONNECT	连接数据 DB	ANY
DATA	指向发送区的指针，包含要发送数据的地址和长度	ANY
ADDR	可选参数，指向接收方地址的指针	ANY
COM_RST	可选参数，重置连接：0 表示无关；1 表示重置现有连接	BOOL
DONE	0 表示任务没有开始或正在运行；1 表示任务没有错误地执行	BOOL
BUSY	0 表示任务已经完成；1 表示任务没有完成或一个新任务没有触发	BOOL
ERROR	0 表示没有错误；1 表示处理过程中有错误	BOOL
STATUS	状态信息	WORD

表 10-4 TRCV_C 指令及参数

参　数	描　　　述	数据类型
EN	使能	BOOL
EN_R	为 1 时为接收数据做准备	BOOL
CONT	1 表示连接，0 表示断开连接	BOOL
LEN	要接收数据的最大长度，用字节表示。如果在 DATA 参数中使用具有优化访问权限的接收区，LEN 参数值必须为 0	UDINT
ADHOC	可选参数，TCP 选项使用 Ad-hoc 模式	BOOL
CONNECT	连接数据 DB	ANY
DATA	指向接收区的指针	ANY
ADDR	可选参数，指向连接类型为 UDP 的发送地址的指针	ANY
COM_RST	可选参数，重置连接：0 表示无关；1 表示重置现有连接	BOOL
DONE	0 表示任务没有开始或正在运行；1 表示任务没有错误地执行	BOOL
BUSY	0 表示任务已经完成；1 表示任务没有完成或一个新任务没有触发	BOOL
ERROR	0 表示没有错误；1 表示处理过程中有错误	BOOL
STATUS	状态信息	WORD
RCVD_LEN	实际接收的数据量(以字节为单位)	UDINT

② 定义 PLC1_1 的 TSEND_C 连接参数。

在 OB1 中选中 TSEND_C 指令，用鼠标右键单击该指令，在弹出的对话框中单击"属性"，打开属性对话框，如图 10-18 所示，选择对话框中的"组态"选项卡，单击"连接参数"选项，在右边窗口中的"端点"栏的"伙伴"中选择 PLC_2，选中后，接口、子网及地址等也会随之自动更新。在"连接数据"栏中输入连接数据块"PLC_1_Send_DB"(所有连接数据都会存于该 DB 块中)，或单击"连接数据"栏后面的倒三角形，"新建"新的数据块。再单击 PLC_1 的"连接数据"下方的"主动建立连接"复选框(即本地 PLC_1 在通信时为主动连接方)，此时，"连接类型"和"连接 ID"两栏变亮，在"连接类型"中选中"TCP"，在"地址详细信息"栏可以看到通信双方的端口号为 2000。"连接 ID"默认为 1。最后在 PLC_2 的"连接数据"栏输入连接的数据块"PLC_2_Receive_DB"。

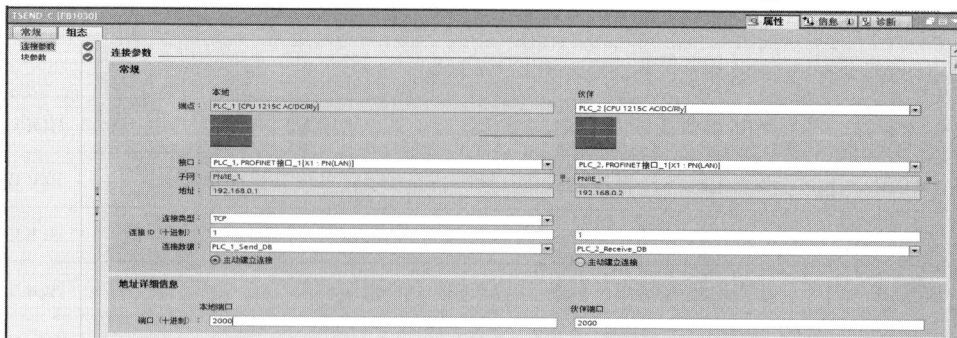

图 10-18 定义 TSEND_C 指令连接参数

③ 定义 PLC1_1 的 TSEND_C 块参数。

要设置 TSEND_C 块参数，选择"连接参数"下方的"块参数"选项，如图 10-19 所示。在"输入"参数中的"启动请求(REQ)"使用"Clock_2Hz"，上升沿激发发送任务，在"连接状态(CONT)"中输入 1，表示建立连接并一直保持连接。"输入/输出"中"相关的连接指针(CONNECT)"是前面建立的连接数据块"PLC_1_Send_DB"，而"发送区域(DATA)"表示使用指针寻址或符号寻址。在起始地址中输入 I0.0，在长度栏中输入 1，后面方框中选择"BYTE"。将"发送长度(LEN)"设置为 1，表示最大发送数据为 1B。在"输出"参数中，"请求完成(DONE)""请求处理(BUSY)""错误(ERROR)""错误信息(STATUS)"可以不设置或者使用数据块中的变量。设置完块参数后，程序编辑区的指令块也会随之更新，如图 10-20 所示。

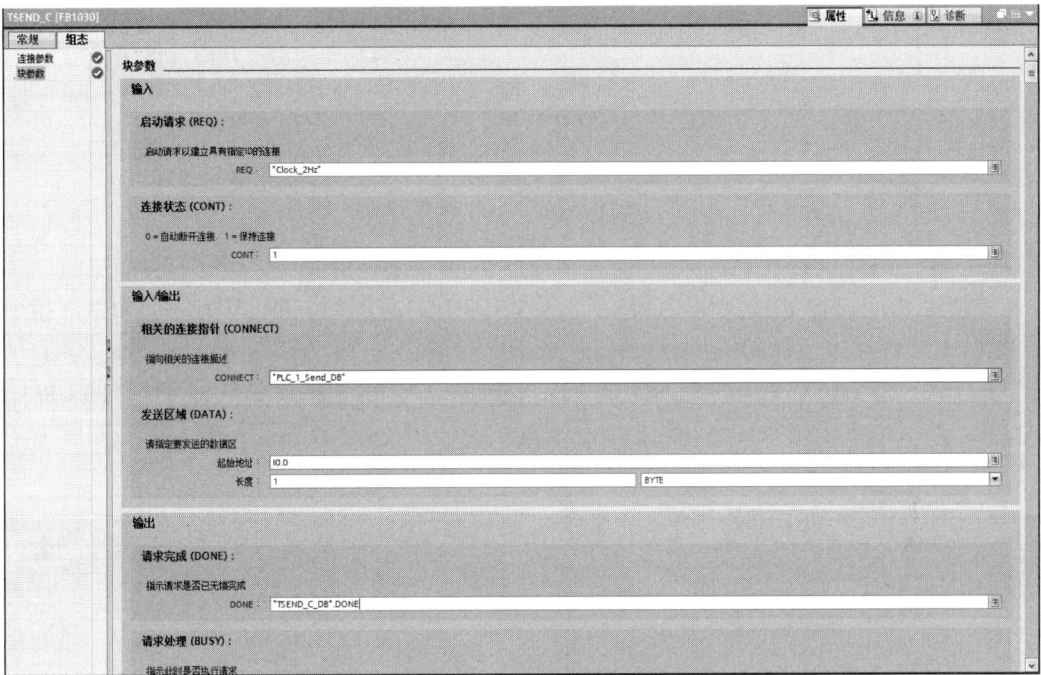

图 10-19　定义 TSEND_C 指令块参数

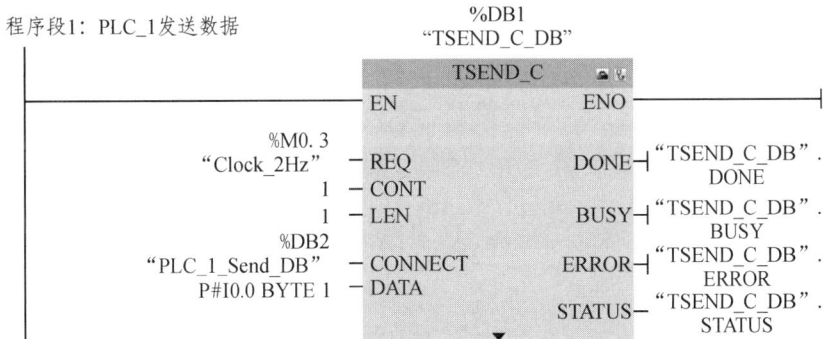

图 10-20　设置 TSEND_C 指令块参数

④ 设置 PLC1_1 的接收指令 TRCV。

为了使 PLC_1 能够接收到来自 PLC_2 的数据，需要在 PLC_1 的 OB1 中调用 TRCV 指令。(注意：双向通信时，本地站调用 TSEND_C 指令发送数据和用 TRCV 指令接收数据；在远程站调用 TRCV_C 指令接收数据和用 TSEND 指令发送数据。)接收数据与发送数据使用同一连接，使用不带连接管理的 TRCV 指令。图 10-21 所示为 TRCV 程序指令和参数。

程序段2：PLC_1接收数据

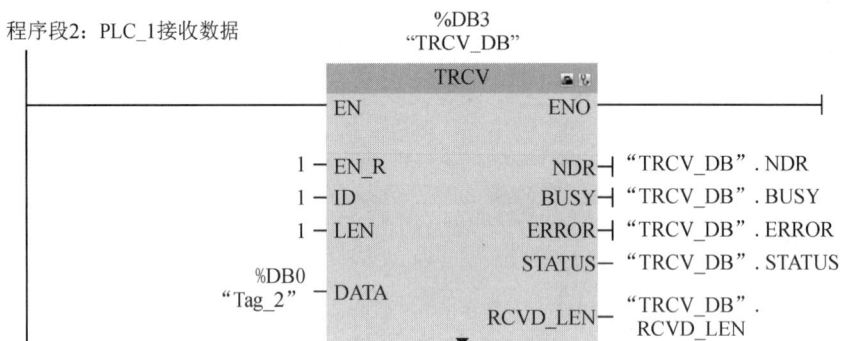

图 10-21 设置 TRCV 指令参数

(4) 编写 PLC_2 程序。

要使得 PLC_2 能够接收和发送数据，需要在 PLC_2 中调用 TRCV_C 和 TSEND 指令。在 PLC_2 文件夹中打开 OB1 编辑窗口，在右侧"通信"文件夹中，打开"开放式用户通信"文件夹，将 TRCV_C 和 TSEND 指令拖入程序段中，指令参数要与通信伙伴的 CPU 对应设置，定义的连接参数如图 10-22 所示，TRCV_C 和 TSEND 指令块参数组态如图 10-23 和图 10-24 所示。

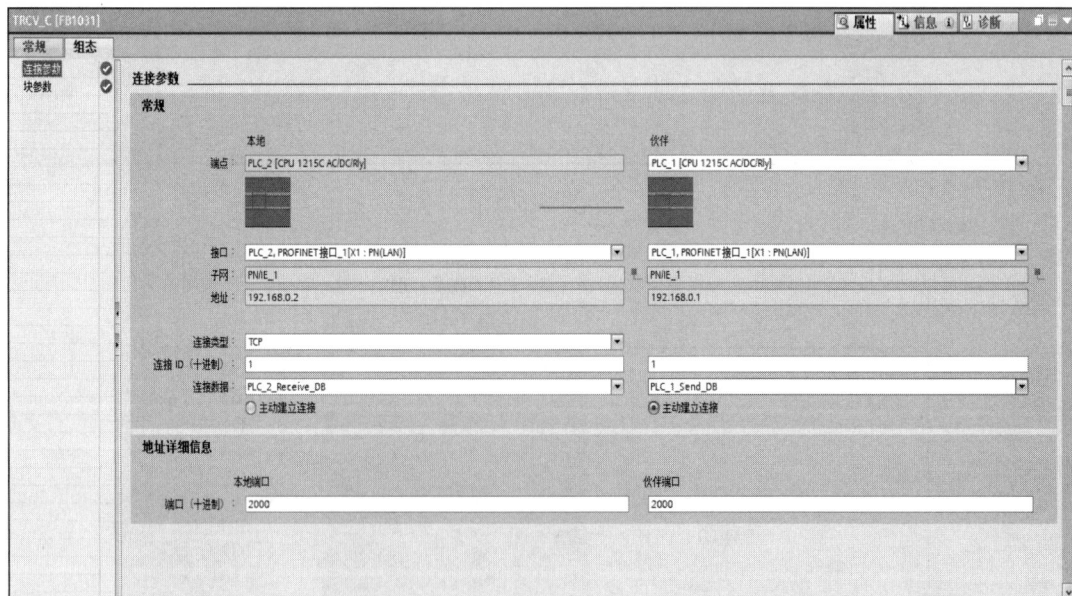

图 10-22 组态 TRCV_C 指令的连接参数

程序段1：PLC_2接收数据

%DB2
"TRCV_C_DB"

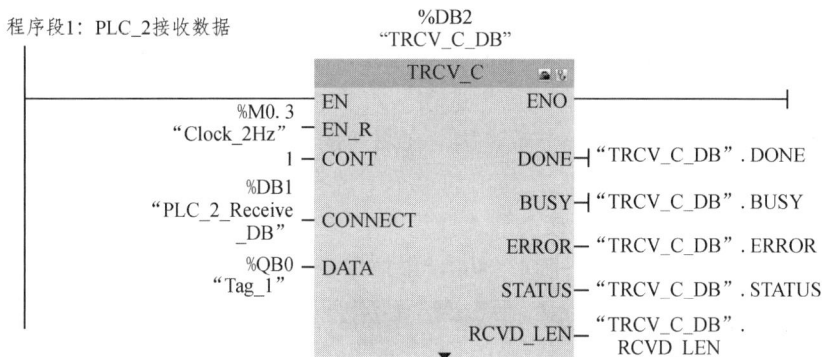

图 10-23　TRCV_C 指令块参数组态

程序段2：PLC_2发送数据

%DB3
"TSEND_DB"

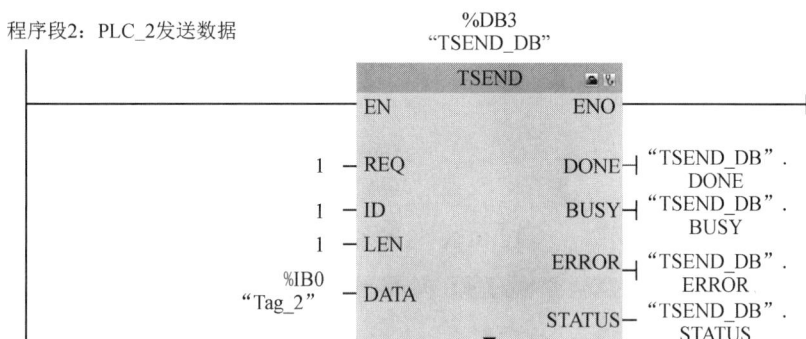

图 10-24　TSEND 指令块参数组态

4. S7-1200 PLC 与 S7-200 SMART PLC 之间的以太网通信

本部分重点介绍 S7-1200 PLC 和 S7-200 SMART PLC 之间的以太网通信的组建步骤和程序编写方法。

S7-1200 PLC 与 S7-200 SMART 之间以太网通信应用举例如下。

【例 10-4】　现有两台设备，分别是 S7-1200 PLC 与 S7-200 SMART PLC，要求将 S7-1200 PLC 通信数据区 DB1 中的 100 个字节发送到 S7-200 SMART PLC 的 VB0~VB99 的数据区，并且 S7-1200 PLC 能够读取 S7-200 SMART 中数据区 VB100~VB199 的数据，并将读取的数据存储到 S7-1200 PLC 的数据区 DB2 中。

(1) 硬件连接。

根据控制要求对 S7-1200 PLC 与 S7-200 SMART PLC 进行硬件接线，接线图如图 10-25 所示，两台 PLC 之间通过带有水晶头的网线相连接。

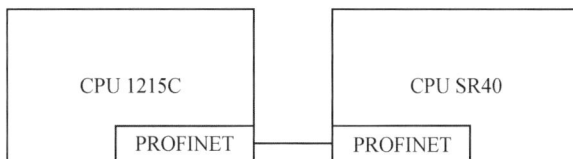

图 10-25　S7-1200 PLC 与 S7-200 SMART 以太网通信硬件接线图

(2) 创建 S7 连接。

① 打开博途软件，创建一个新项目，名称为"1200 PLC_200SMART_S7 通信"。在新

建项目中添加两个 PLC，一个型号为 CPU 1215C，命名为 PLC_1，另一个为 CPU SR40，命名为 PLC_2，同时启用两个 CPU 的时钟存储器，采用默认地址 MB0。

②　在项目树中选择"设备和网络"选项，如图 10-26 所示，打开网络视图后单击工作区左上角的"连接"按钮创建一个新连接，在右边的连接列表中选择"S7 连接"。再用鼠标右键单击网络视图中的 CPU，在弹出的菜单中选择"添加新连接"，随后弹出"添加新连接"对话框，在对话框中将连接类型选择为"S7 连接"，如图 10-27 所示，在对话框左侧选择"未指定"，本地 ID(十六进制)为 100，最后单击"添加"按钮。

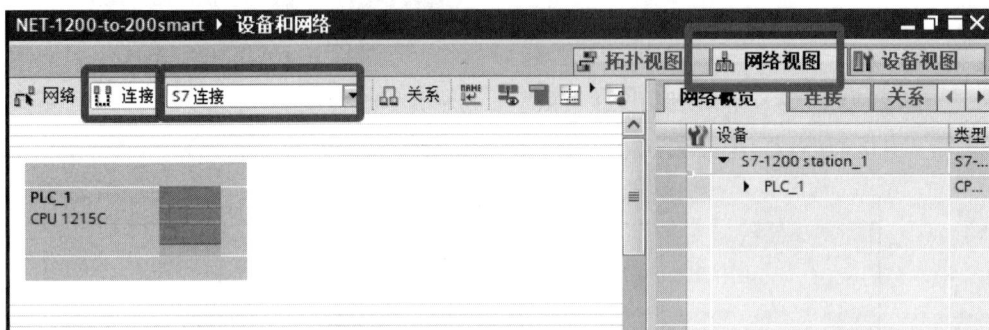

图 10-26　创建 S7 连接

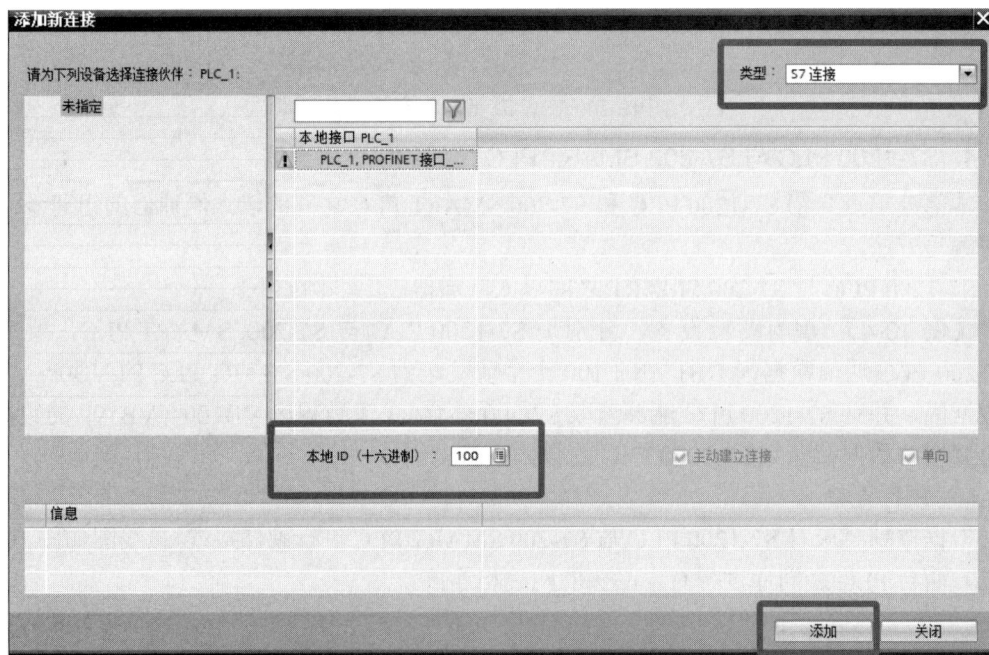

图 10-27　添加 S7 连接

③　添加完新连接后，用鼠标右键单击 CPU 右下方的绿色小方块，在弹出的菜单中点击"添加子网"，生成一条 PN/IE_1 子网。再选择图 10-28 右上角的"连接"选项卡中"本地连接名称"中的"S7_连接_1"，然后在 S7 连接的"属性"选项卡中选择"常规"，设置伙伴方的 IP 地址，即 192.168.0.2，如图 10-28 所示。单击图 10-28 左侧"常规"属性下的"地址详细信息"，可以看到通信伙伴 S7-200 SMART 的机架/插槽和 TSAP 地址，如图 10-29 所示。

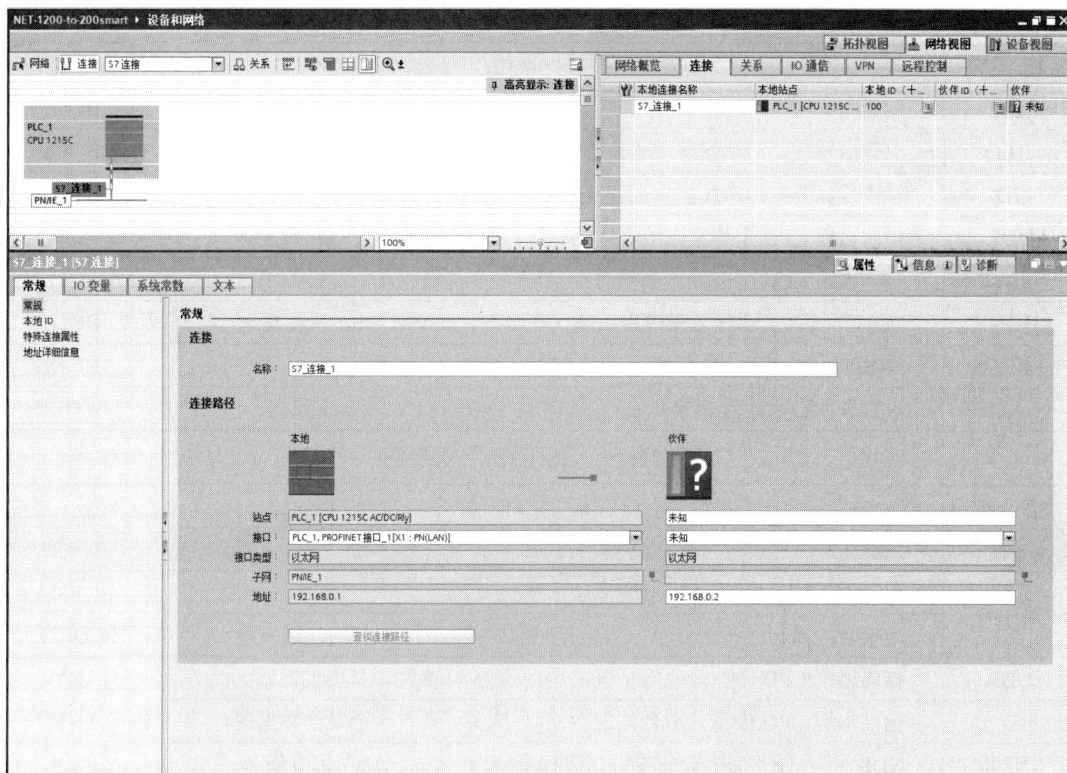

图 10-28　设置伙伴的 IP 地址

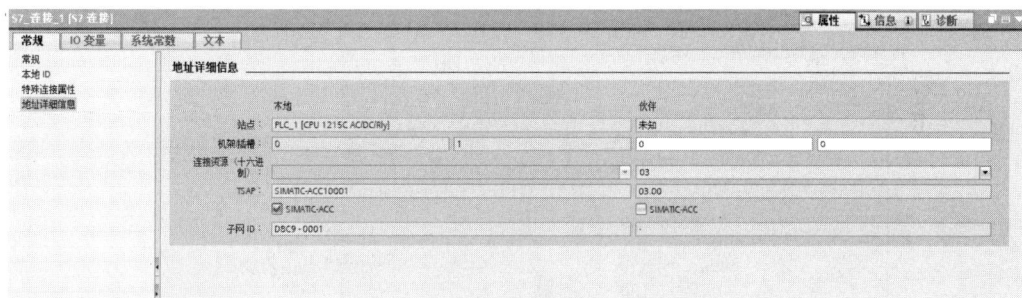

图 10-29　通信伙伴的 TSAP 地址

(3) 编写 S7-1200 PLC 程序。

① 添加发送/接收数据块。首先在 PLC_1 站点创建名称为发送数据块的全局数据块 DB1，数据块定义为 100 个字节的数组。在 PLC_2 站点添加名称为接收数据块的全局数据块 DB2，在数据块中定义 100 个由字节组成的数组，同时在数据块 DB1 和 DB2 的属性设置中取消"优化的块访问"选项。

② 编写接收/发送程序。打开 PLC_1 文件夹的主程序 OB1 的编辑窗口，在右侧指令调用文件夹中打开"S7 通信"文件夹，拖动 PUT/GET 指令至 OB1 程序编辑窗口中，同时生成 PUT_DB 和 GET_DB 的背景数据块。PUT 指令和 GET 指令的参数意义如表 10-5 和表 10-6 所示。根据控制要求，编写通信程序，如图 10-30 所示。

表 10-5　PUT 指令及参数

参　数	描　述	数据类型
EN	使能	BOOL
REQ	上升沿触发，启动读/写操作	BOOL
ID	连接号，要与连接配置中创建连接时的连接号(十六进制)一致	WORD
ADDR_1	指向远程 CPU 中待读取数据区的地址(最多可设置 4 个接收数据区)	ANY
SD_1	指向本地 CPU 中待发送数据的存储区(最多可设置 4 个发送数据区)	ANY
DONE	DONE = 0，表示任务尚未启动或正在运行；DONE = 1，表示发送任务完成	BOOL
ERROR	ERROR = 0，表示没有错误；ERROR = 1，表示出现错误	BOOL
STATUS	提供有关错误性质的详细信息，STATUS = 0000H，表示无错误	WORD

表 10-6　GET 指令及参数

参　数	描　述	数据类型
EN	使能	BOOL
REQ	上升沿触发，启动读/写操作	BOOL
ID	连接号，要与连接配置中创建连接时的连接号(十六进制)一致	WORD
ADDR_1	指向远程 CPU 中待读取数据区的地址(最多可设置 4 个接收数据区)	ANY
RD_1	指向本地 CPU 中待读取数据的存储区(最多可设置 4 个发送数据区)	ANY
NDR	NDR = 0，任务尚未启动或仍在运行；NDR = 1，已成功完成任务	BOOL
ERROR	ERROR = 0，表示没有错误；ERROR = 1，表示出现错误	BOOL
STATUS	提供有关错误性质的详细信息，STATUS = 0000H，表示无错误	WORD

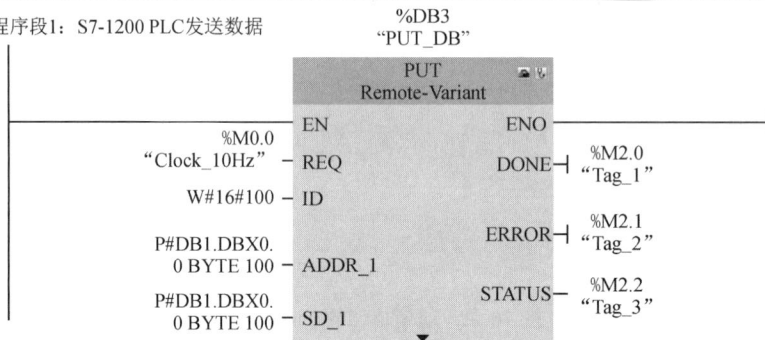

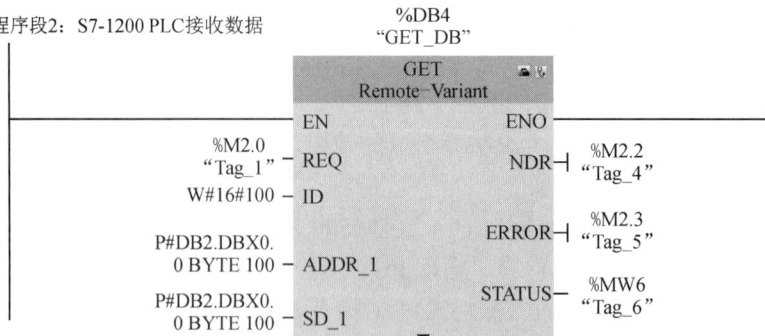

图 10-30　S7-1200 PLC 和 S7-200 SMART PLC 的通信程序

5. S7-1200 PLC 与 S7-300 /400 PLC 之间的以太网通信

S7-1200 PLC 与 S7-300/400 PLC 之间的以太网通信方式有 TCP、ISO-on-TCP 和 S7 通信。TCP 协议和 ISO-on-TCP 协议通信所使用的指令是相同的，都是在 S7-1200 PLC 中使用 T-Block 指令进行程序编写。若使用以太网模块，则在 S7-300/400 PLC 中使用 AG_SEND 和 AG_RECV 指令进行编程。若使用 PROFINET 接口，则调用 OPEN IE 指令进行通信程序编写。而对于 S7 通信，S7-1200 PLC 的 PROFINET 接口只支持 S7 通信的服务器端，所以在组态编程和建立连接方面，S7-1200 PLC 不需要做任何工作，只需要在 S7-300/400 PLC 侧建立单边连接，并使用单边编程的方式采用 PUT、GET 指令进行程序编写。

本部分重点介绍 S7-1200 PLC 和 S7-300/400 PLC 之间的 ISO-on-TCP 通信。

S7-1200 PLC 与 S7-300/400 PLC 之间的 ISO-on-TCP 通信应用举例如下。

【例 10-5】现有两台设备，分别是 S7-1200 PLC 与 S7-300/400 PLC，要求将 S7-1200 PLC 的 IB0 中的数据发送到 S7-300/400 PLC 的接收数据区 QB0 中，同时 S7-1200 PLC 的 QB0 也能够接收到 S7-300/400 PLC 发送的 IB0 中的数据。

(1) 硬件接线。

根据控制要求画出两台设备之间的硬件接线图，如图 10-31 所示，两台设备通过带有水晶头的网线相连接。

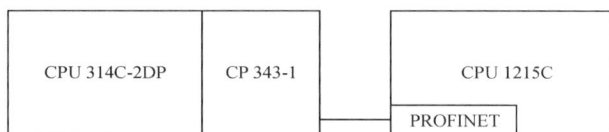

图 10-31　硬件接线图

(2) S7-1200 PLC 侧的组态和编程。

① 创建一个新项目，并添加一个 S7-1200 PLC 站点。打开博途编程软件，创建一个名称为 NET_1200-to-300 的项目，添加一个 PLC，型号为 CPU1215C，采用默认的 IP 地址 (192.168.0.1)，同时启用 CPU 中的时钟存储器字节 MB0。

② 在 OB1 中调用 TSEND_C 和 TRCV_C 指令，将自动生成其背景数据块 TSEND_C_DB 和 TRCV_C_DB，配置其指令的连接参数和块参数，连接参数如图 10-32 所示。在图 10-32 中，选择通信伙伴为"未指定"，在"连接数据"栏中新建一个连接数据块 PLC_1_Send_DB，"连接类型"为"ISO-on-TCP"，选择 PLC_1 为主动连接方，设置通信双方的 TSAP 地址为 1200 和 300。

图 10-32　组态 S7-1200 PLC 与 S7-300 PLC 的连接参数

③ 打开 CPU 1215C 的"属性"对话框,选中"PROFINET 接口[X1]"选项,在其右侧的窗口单击"添加新子网"按钮,生成"PN/IE_1"子网。

④ S7-1200 PLC 编程。S7-1200 PLC 侧的通信程序如图 10-33 所示。

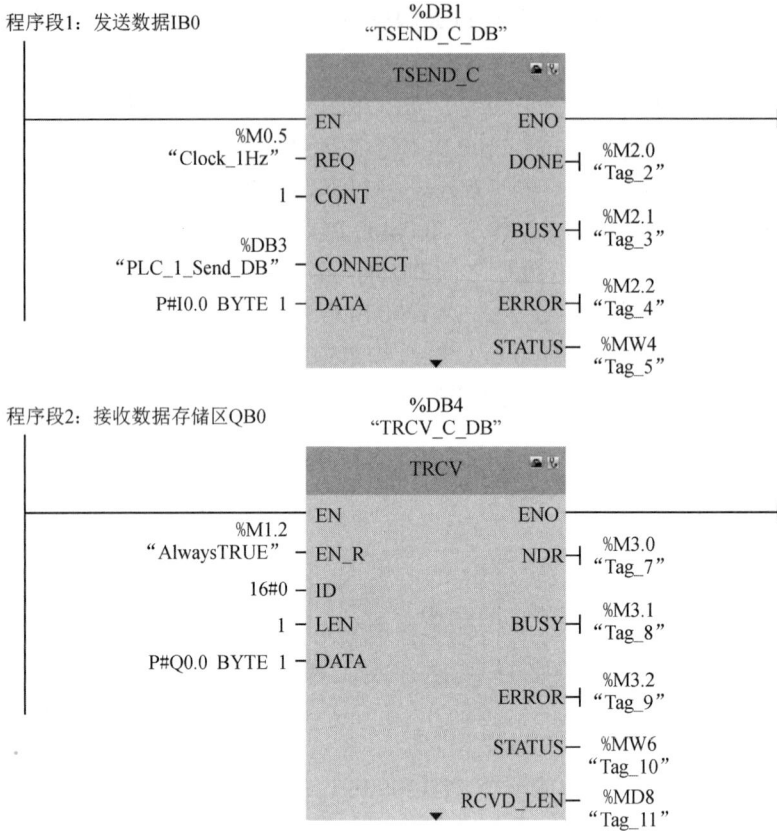

程序段1:发送数据IB0

%DB1
"TSEND_C_DB"

```
                    TSEND_C
              EN              ENO
  %M0.5
"Clock_1Hz"   REQ             DONE ─┤  %M2.0
                                       "Tag_2"
          1 ─ CONT
                                       %M2.1
                             BUSY ─┤  "Tag_3"
  %DB3
"PLC_1_Send_DB" ─ CONNECT
                                       %M2.2
P#I0.0 BYTE 1 ─ DATA          ERROR ─┤  "Tag_4"

                            STATUS ─   %MW4
                                       "Tag_5"
```

程序段2:接收数据存储区QB0

%DB4
"TRCV_C_DB"

```
                    TRCV
              EN              ENO
  %M1.2
"AlwaysTRUE"  EN_R            NDR ─┤  %M3.0
                                       "Tag_7"
      16#0 ─ ID
                                       %M3.1
          1 ─ LEN           BUSY ─┤  "Tag_8"

P#Q0.0 BYTE 1 ─ DATA
                                       %M3.2
                            ERROR ─┤  "Tag_9"

                           STATUS ─   %MW6
                                       "Tag_10"

                          RCVD_LEN ─  %MD8
                                       "Tag_11"
```

图 10-33　S7-1200 PLC 侧通信程序

(3) S7-300 PLC 的组态和编程。

① 在项目 NET-1200-to-300 中双击项目树中的"添加新设备",新添一个 CPU 314C-2DP 的 PLC_2 设备,同时在 CPU 上的 4 号槽上添加一块 PROFINET/以太网模块 CP 343-1,并激活 MB0 为时钟存储器字节,如图 10-34 所示。

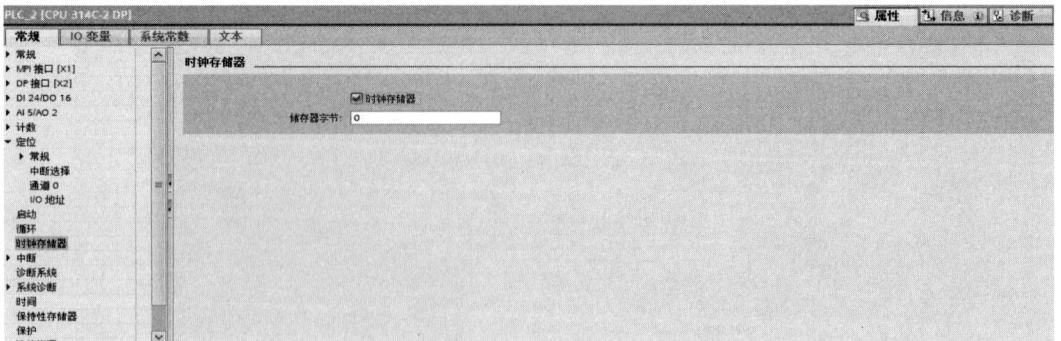

图 10-34　S7-300 PLC 的时钟存储器

② 打开以太网模块的"属性"对话框，如图 10-35 所示，选中"PROFINET 接口[X1]"项，在其右侧的窗口的"接口连接到"栏单击"子网"后面的图标，在弹出列表中选 PN/IE_1，即将 CP 343-1 模块连接到子网 PN/IE_1 上(若 S7-1200 PLC 硬件组态时未生成子网，可在此处单击"添加新子网"按钮，生成"PN/IE_1"子网)，并将其地址设为 192.168.0.2。

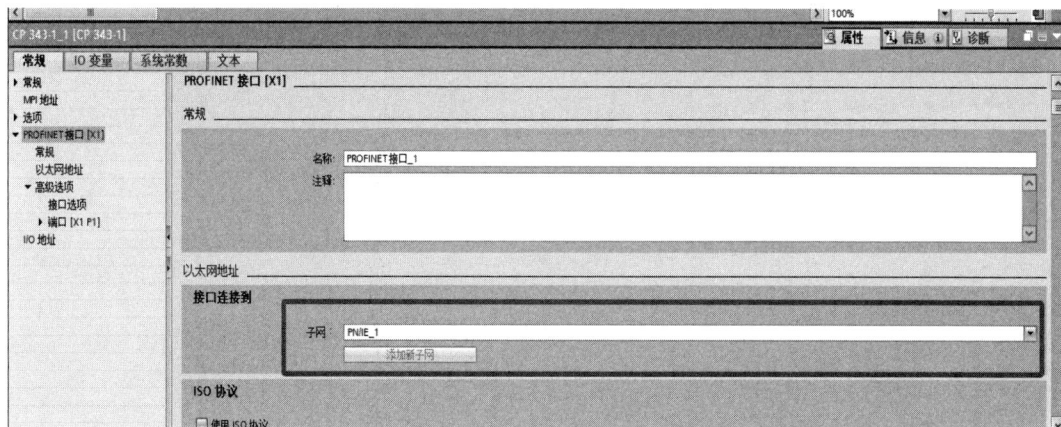

图 10-35　配置以太网 CP343-1 模块

③ 打开网络视图，单击窗口左上角的"创建新连接"按钮，然后在其右侧的列表中选择"ISO-on-TCP 连接"通信方式，如图 10-36 所示。选中 PLC_2 的 CPU 后用鼠标右键单击，在弹出的对话框中单击"添加新连接"，弹出图 10-37 所示的"添加新连接"对话框，选中窗口右上角的"ISO-on-TCP 连接"，选中左边的"未指定"，单击"添加"按钮，可以在下面的信息窗口中看到连接信息。同时，在网络视图中会显示"ISOonTCP_连接_1"连接，再分别选中网络视图中的"连接"和"ISOonTCP_连接_1"，打开"属性"页面，在"常规"选项卡中添加通信伙伴的 IP 地址"192.168.0.1"。然后在其"本地 ID"中可以看到"ID"是"1"和"LADDR"(CP 的起始地址)是"W#16#0100"，如图 10-38 所示。单击图 10-38 左侧的"地址详细信息"选项，弹出图 10-39 所示的对话框，输入通信双方的 TSAP。

④ 在 OB1 程序组织块中打开"通信"指令文件夹下的"通信处理器"文件夹，找到"Simatie NET CP"，将通信指令"AG_SEND"和"AG_RECV"拖放至程序段上，具体 S7-300 侧的通信程序如图 10-40 所示。

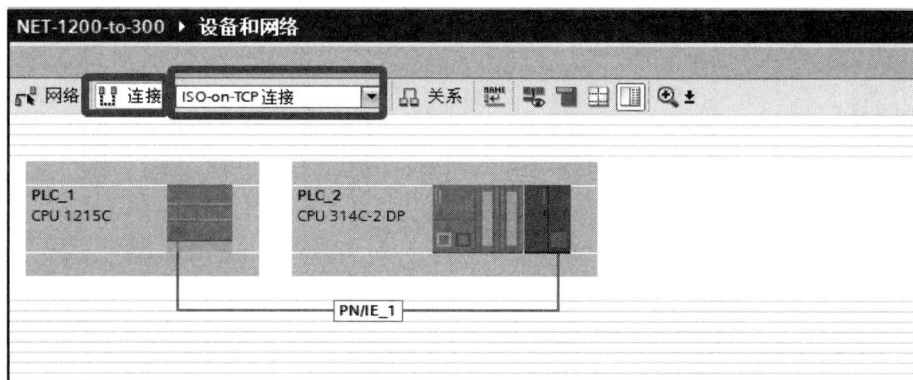

图 10-36　组态 S7-1200 PLC 和 S7-300 PLC 的 1SO-on-TCP 通信方式

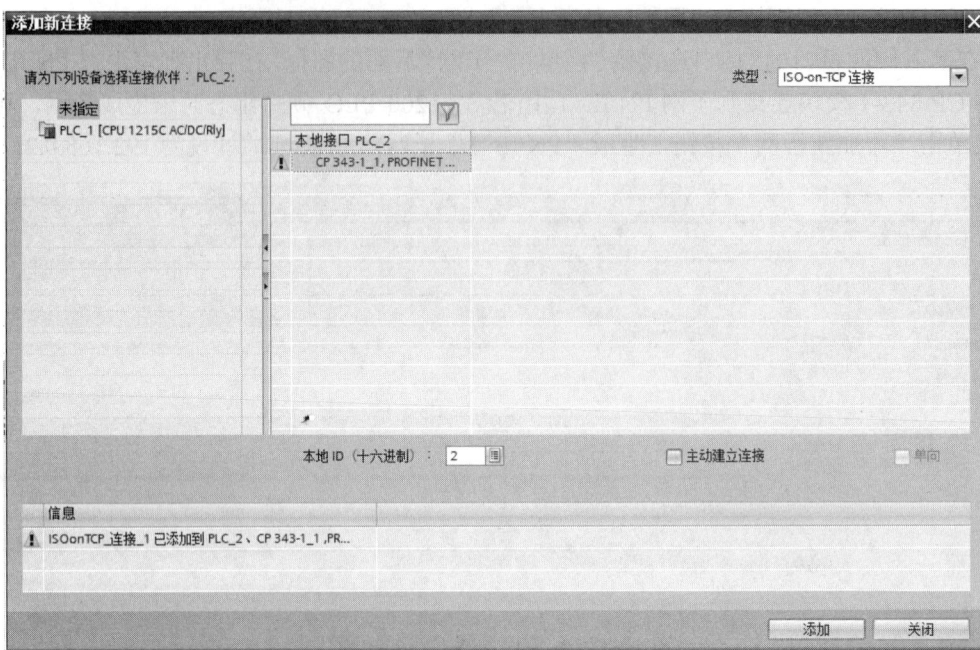

图 10-37　添加 ISO-on-TCP 通信方式连接

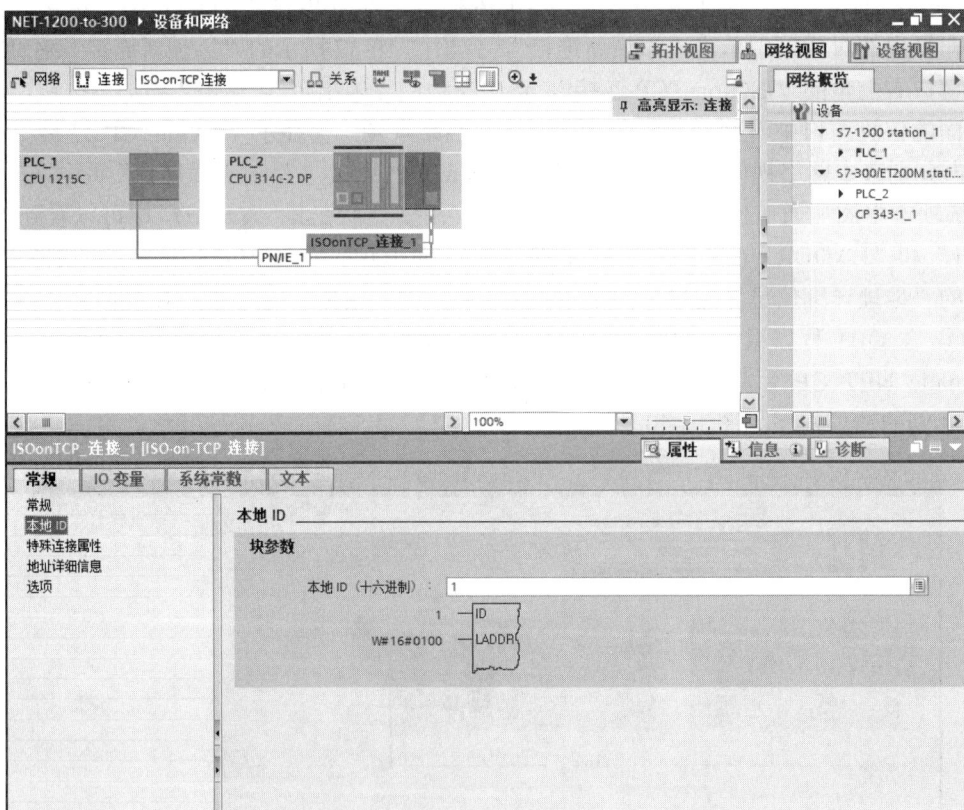

图 10-38　ISO-on-TCP 通信方式下 ID 和 LADDR 显示

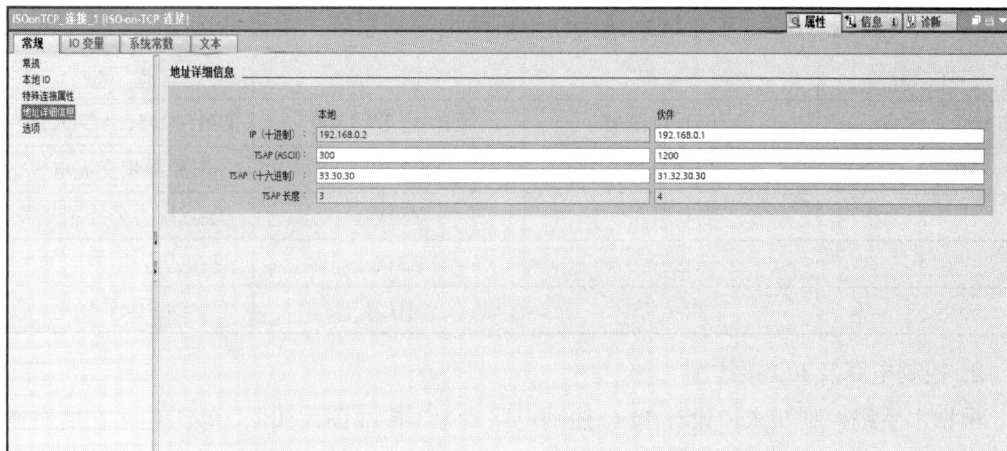

图 10-39 组态 ISO-on-TCP 通信方双方的 TSAP

程序段1：发送数据IB0

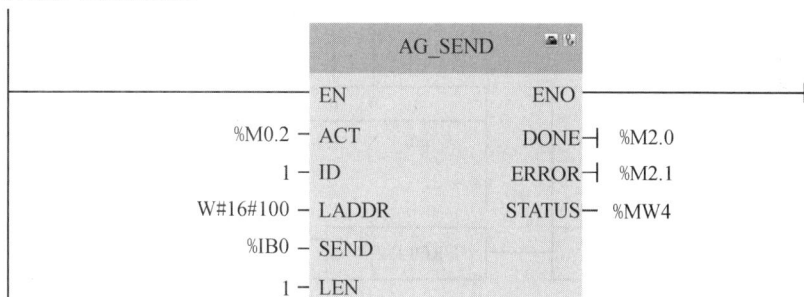

程序段2：接收数据QB0

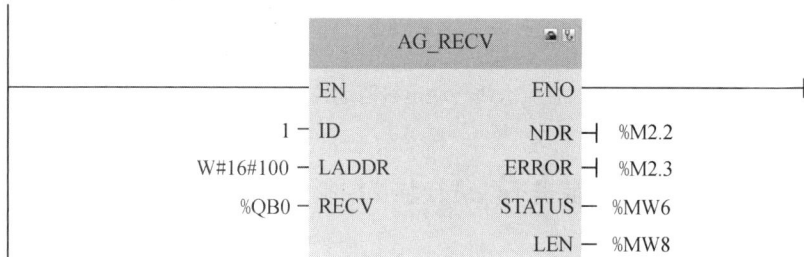

图 10-40 添加 ISO-on-TCP 通信方式连接

10.4 项 目 实 施

10.4.1 硬件设计

1. 硬件设备选型

根据农企流水线传动电机两地控制系统的设计需求，选择主要硬件元件和设备，如表 10-7 所示。

表 10-7　农企流水线传动电机两地控制系统主要硬件选型

序　号	名　称	型　号	描　述
1	可编程控制器	西门子 S7-1200	CPU 1215C AC/DC/Rly
2	传动电机	SX-105	三相异步交流电机
3	启动开关	ZSJY-1	触点压力型控制开关
4	停止开关	ZSJY-2	触点压力型控制开关
5	指示灯	HL-1	DC+24V 供电

2. 控制电路及 I/O 接线图

根据本系统控制要求，设计 PLC 控制电路及 I/O 接线图，如图 10-41 所示，所有硬件按照表 10-7 中的元件类型选择并确定。

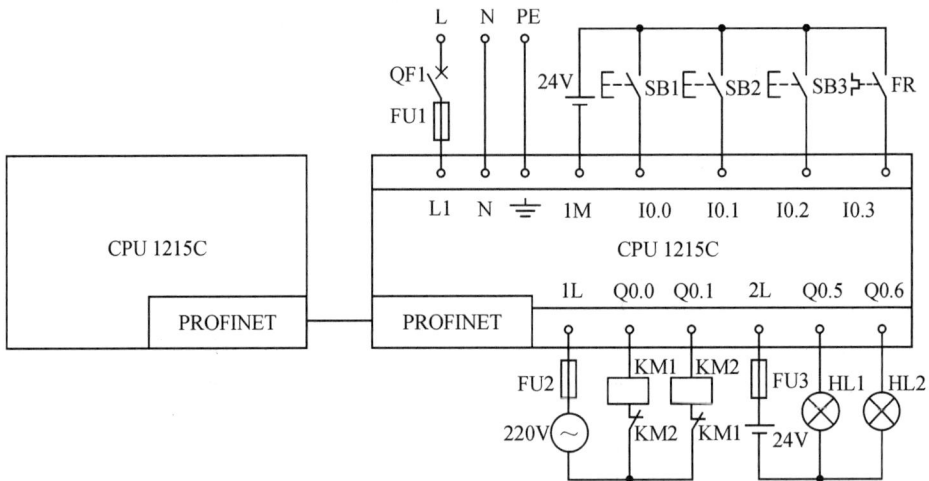

图 10-41　农企流水线传动电机两地控制系统 PLC 控制电路

3. 控制电路硬件连接

在断开 PLC 外部电源的前提下，进行装置控制电路连接，主要包含 PLC 输入端和输出端两部分电路连接。

(1) PLC 输入端外部电路连接：先将 S7-1200 PLC 自带的 DC 24 V 电源正极性端子与一车间电机正向启动按钮 SB1、一车间电机反向启动按钮 SB2、一车间电机停止按钮 SB3 及过载保护 FR 的进线端连接起来，之后将 SB1、SB2、SB3 和 FR 的出线端分别与 S7-1200 PLC 的输入端 I0.0、I0.1、I0.2 和 I0.3 相连。二车间传动电机控制 PLC 的输入端外部电路连接可参考一车间的连接方式。

(2) PLC 输出端外部电路连接：将熔断器 FU2 的一端连接至 S7-1200 PLC 输出点内部电路公共端 1L，并将 FU3 的另一端连接至 AC 220 V 电源的一端，再将 AC 220 V 电源的另一端连接至相应的接触器输出触点(如图 10-41 所示)，最后将一车间电机正向启动接触器 KM1 和电机反向启动接触器 KM2 分别与 Q0.0 和 Q0.1 相连。此外，将 2L 端通过 DC +24 V 电源与正向启动指示灯 HL1 和反向启动指示灯 HL2 的一端连接，并将 HL1 和 HL2 的另一端分别连接至 PLC 的 Q0.5 和 Q0.6 端口。

10.4.2 软件设计

1. 输入/输出地址分配

由于一车间和二车间两站的硬件接线原理相同,因此在此只给出一车间的地址分配表,如表 10-8 所示,两个车间的 PLC 通过集成的 PN 接口连接。

表 10-8 农企流水线传动电机两地控制系统输入/输出地址分配表

输　　入		输　　出	
输入地址	元器件标号及功能	输出地址	元器件标号及功能
I0.0	一车间电机正向启动按钮 SB1	Q0.0	正向启动接触器 KM1
I0.1	一车间电机反向启动按钮 SB2	Q0.1	反向启动接触器 KM2
I0.2	一车间电机停止按钮 SB3	Q0.5	电机正向启动指示灯 HL1
I0.3	一车间电机过载保护 FR	Q0.6	电机反向启动指示灯 HL2

2. 梯形图程序设计

农企流水线传动电机两地控制系统一车间电动机 PLC_1 的梯形图程序如图 10-42 所示,主要应用了 TSEND_C 指令、TRCV 指令、触点指令和线圈指令进行编程,程序设计思想如下。

1) 一车间 PLC_1 的 OB1 编程

一车间电动机 PLC_1 的 OB1 程序中,M0.3 是 2 Hz 脉冲,每秒钟发送两次数据,M1.2 保持高电平位。程序段 1 实现的功能为将一车间电动机运行状态实时传送给二车间电动机的 PLC_2;程序段 2 实现的功能为接收来自二车间 PLC_2 的电动机的运行状态。

2) 二车间 PLC_2 的 OB1 编程

二车间电动机 PLC_2 的通信程序和参数设置与一车间电动机 PLC_1 相似,但应该注意,此时本地应是 PLC_2,通信的伙伴应是 PLC_1。具体的编程方法也与一车间电动机 PLC_1 相同。

程序段1:将一车间电动机运行状态发送给二车间电动机的PLC_2

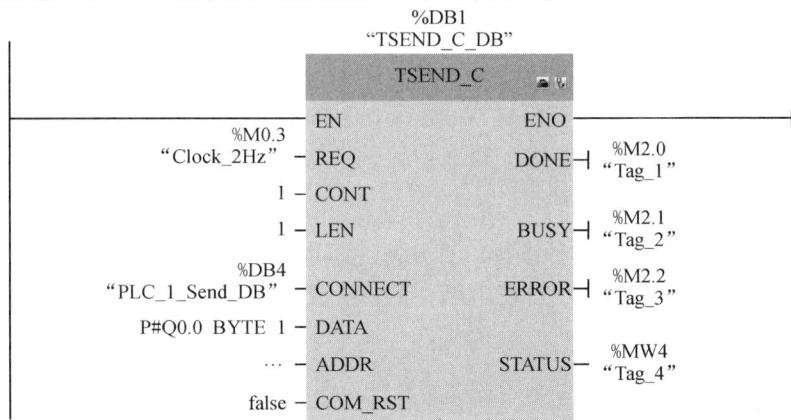

(a)

程序段2：接收来自二车间PLC_2的电动机的运行状态

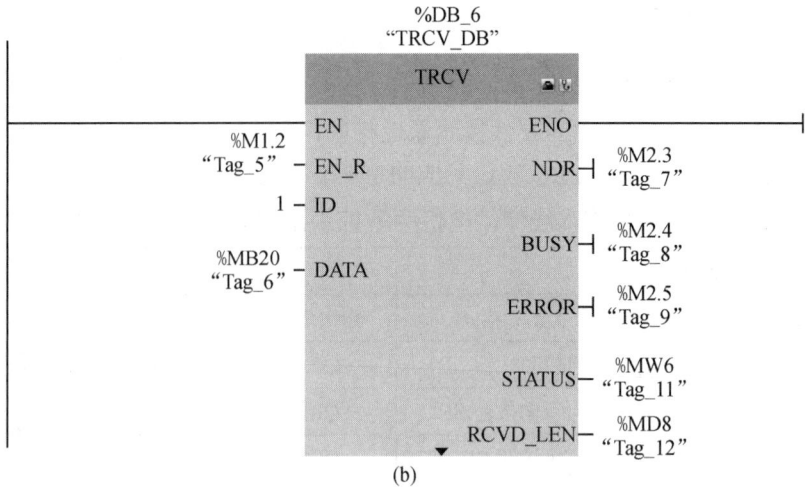

(b)

程序段3：一车间电动机正向启动并运行

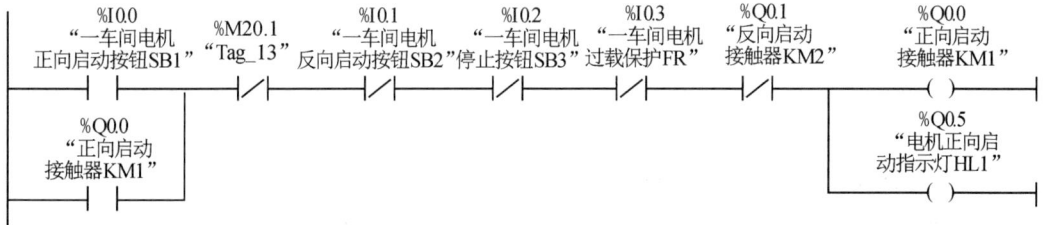

程序段4：一车间电动机反向启动并运行

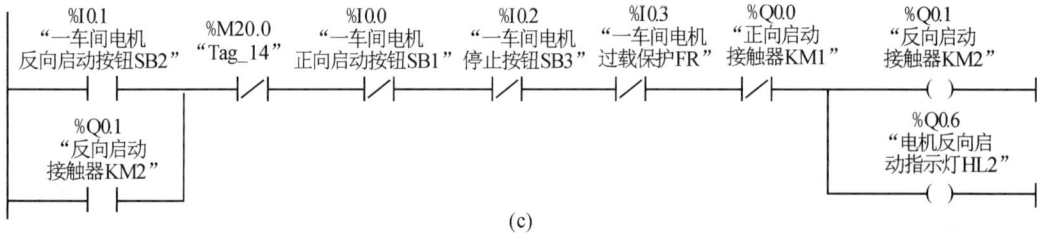

(c)

图 10-42　农企流水线传动电机两地控制系统一车间 PLC_1 梯形图程序

10.4.3　程序调试

设计完本装置的梯形图程序后，可在博途编程软件中编写项目程序，并进行程序调试。

1. 创建工程项目

双击桌面上的博途编程软件图标，打开博途编程软件，在 Protal 视图中点击"创建新项目"，输入项目名称，选择项目在电脑中的保存路径，最后单击"创建"按钮完成项目创建。

2. 硬件组态

在项目树中双击"添加新设备"图标，添加一车间电动机 PLC_1 和二车间电动机 PLC_2

两台新设备，并启用系统和时钟存储器字节 MB1 和 MB0。

在 PLC_1 的"设备组态"中，单击 CPU 属性"PROFINET 接口[X1]"选项，将一车间电动机 PLC_1 的 IP 地址设置为 192.168.0.1，并单击"接口连接到"下的"子网"后的"添加新子网"按钮，生成子网"PN/IE_1"，如图 10-43 所示。

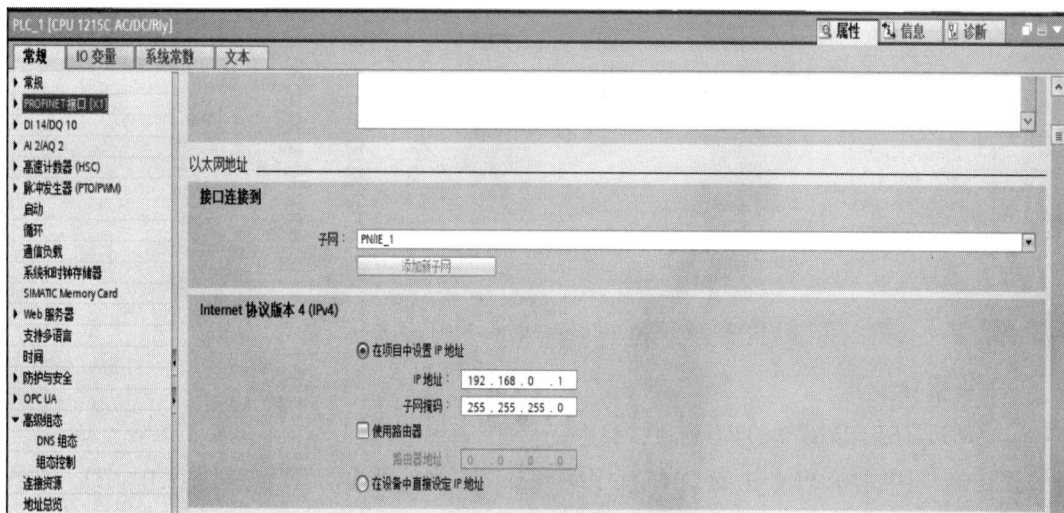

图 10-43　创建子网和设置 PLC_1 的 IP 地址

采用同样的方式将二车间电动机 PLC_2 的 IP 地址设置为 192.168.0.2，如图 10-44 所示，单击"接口连接到"下的"子网"后的"添加新子网"按钮，选择"PN/IE_1"子网名称，将 PLC_1 和 PLC_2 连接起来，之后编译和保存网络组态。

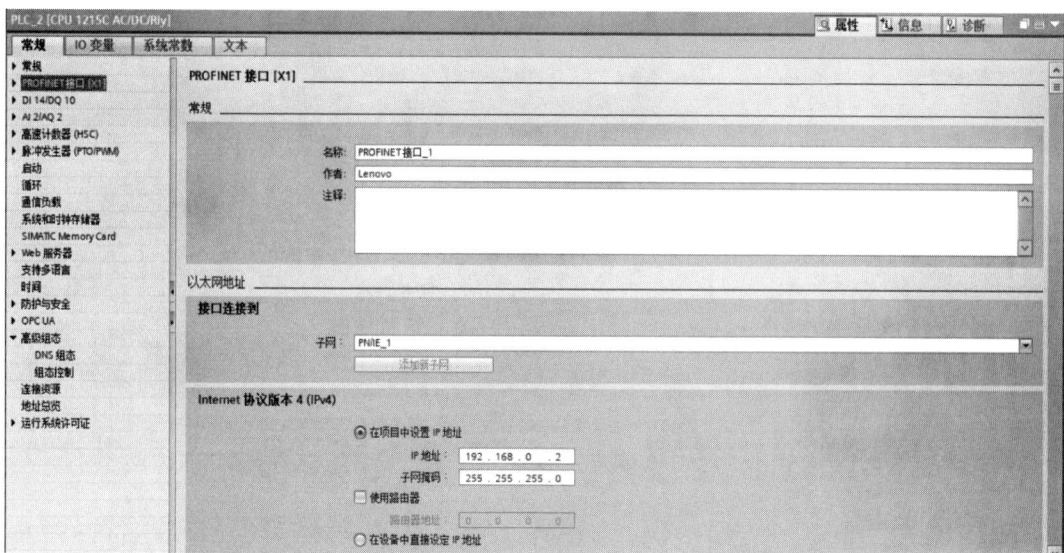

图 10-44　连接子网和设置 PLC_2 的 IP 地址

3. 编辑变量表

打开一车间电动机 PLC_1 和二车间电动机 PLC_2 的"PLC 变量"文件夹，双击"添加新变量表", 可生成如图 10-45 所示的变量表。

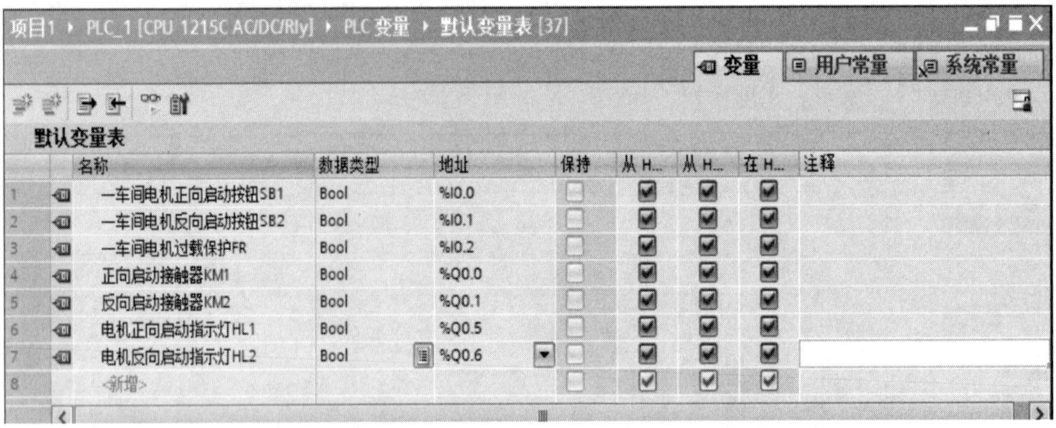

		名称	数据类型	地址	保持	从 H...	从 H...	在 H...	注释
1		一车间电机正向启动按钮SB1	Bool	%I0.0		✓	✓	✓	
2		一车间电机反向启动按钮SB2	Bool	%I0.1		✓	✓	✓	
3		一车间电机过载保护FR	Bool	%I0.2		✓	✓	✓	
4		正向启动接触器KM1	Bool	%Q0.0		✓	✓	✓	
5		反向启动接触器KM2	Bool	%Q0.1		✓	✓	✓	
6		电机正向启动指示灯HL1	Bool	%Q0.5		✓	✓	✓	
7		电机反向启动指示灯HL2	Bool	%Q0.6		✓	✓	✓	
8		<新增>				✓	✓	✓	

图 10-45　农企流水线传动电机两地控制系统变量表

4. 设置参量

1) 调用 TSEND_C 和 TRCV 通信指令

在一车间电动机 PLC_1 的 OB1 程序编辑窗口右侧的"通信"指令文件夹中, 打开"开放式用户通信"文件夹, 拖动 TSEND_C 和 TRCV 指令到程序段中, 自动生成相应的背景数据块, 在此使用 ISO-on-TCP。

2) 设置 TSEND_C 指令的参数

一车间电动机 PLC_1 的 TSEND_C 指令的连接参数设置如图 10-46 所示, 块参数设置如图 10-47 所示。

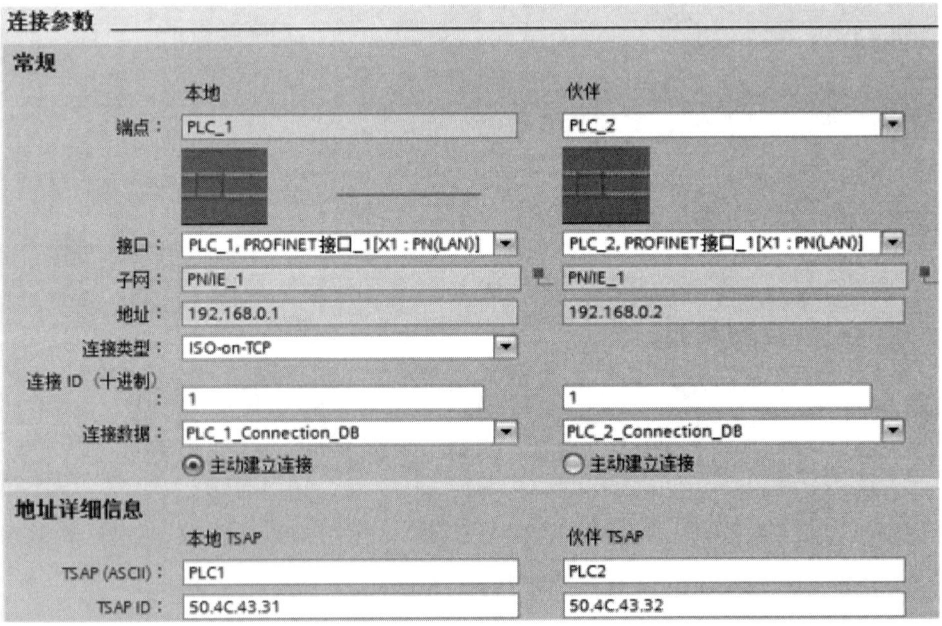

图 10-46　设置 TSEND_C 指令的连接参数

块参数

输入

启动请求 (REQ)：

启动请求以建立具有指定ID的连接

REQ：　"Clock_2Hz"

连接状态 (CONT)：

0 = 自动断开连接，1 = 保持连接

CONT：　1

输入/输出

相关的连接指针 (CONNECT)

指向相关的连接描述

CONNECT：　"PLC_1_Connection_DB"

发送区域 (DATA)：

请指定要发送的数据区

起始地址：　P#Q0.0

长度：　1　　　　　　　　　　Byte

发送长度 (LEN)：

请求发送的最大字节数

LEN：　1

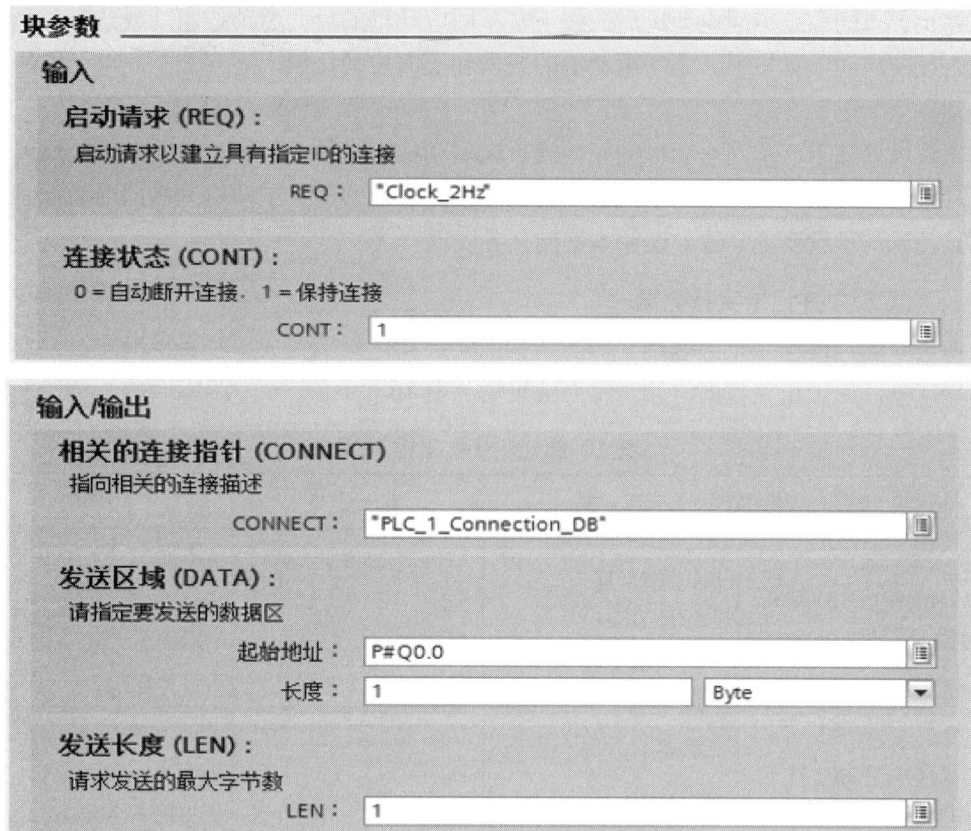

图 10-47　设置 TSEND_C 指令的块参数

10.4.5　模拟实操

参照之前项目的模拟实操经验，在实训平台上对本项目进行模拟实操演示，并记录时序结果。具体的模拟实操步骤如下。

1. 连接各模块间导线

(1) PLC 模块接线。将 S7-1200 PLC 的外部电源端子连接好。

(2) 输入模块接线。将一车间和二车间的 PLC 输入端分别与相应的开关、过载保护器连接。

(3) 输出模块接线。将一车间和二车间的 PLC 输出端分别与相应电动机接触器连接。

2. 开启电源进行实操

完成各模块间导线连接并检查无误后，点击博途软件工具栏上的"下载到设备"按钮，将编译好的程序下载到 PLC 中，之后开启电源开关进行实操。

根据农企流水线传动电机两地控制系统的功能设计，实际调试时，先按下一车间电动机的正向启动按钮，观察一车间电动机能否正向启动，再按下二车间电动机的反向和正向启动按钮，观察二车间电动机能否正常启动。

停止一车间和二车间电动机后，按下一车间电动机的反向启动按钮，观察一车间电动机能否反向启动，再按下二车间电动机的正向和反向启动按钮，观察二车间电动机能否正常启动。

也可以先按下二车间电动机的正向或反向启动按钮，再按下一车间电动机的反向或正向启动按钮，观察一车间电动机能否启动，以及是否能够与二车间电动机同向运行。若以上调试现象与预设要求一致，说明本案例任务实现。

3. 观察现象并记录实操数据

在遵守实训操作安全的基础上，严格按照实训操作规范完成本项目模拟实操，细心观察实操现象，记录相关数据，并将实操结果填到表 10-9 中。

表 10-9　实操数据记录表

状　态	现　象	电压值/V	电流值/A
正向启动按钮 SB1 断开 反向启动按钮 SB2 断开	指示灯 HL1： 指示灯 HL2： 一车间电动机：	$U_{Q0.0}=$ $U_{Q0.1}=$ $U_{Q0.5}=$ $U_{Q0.6}=$	$I_{Q0.0}=$ $I_{Q0.1}=$ $I_{Q0.5}=$ $I_{Q0.6}=$
正向启动按钮 SB1 按下 反向启动按钮 SB2 断开	指示灯 HL1： 指示灯 HL2： 一车间电动机：	$U_{Q0.0}=$ $U_{Q0.1}=$ $U_{Q0.5}=$ $U_{Q0.6}=$	$I_{Q0.0}=$ $I_{Q0.1}=$ $I_{Q0.5}=$ $I_{Q0.6}=$
正向启动按钮 SB1 断开 反向启动按钮 SB2 按下	指示灯 HL1： 指示灯 HL2： 一车间电动机：	$U_{Q0.0}=$ $U_{Q0.1}=$ $U_{Q0.5}=$ $U_{Q0.6}=$	$I_{Q0.0}=$ $I_{Q0.1}=$ $I_{Q0.5}=$ $I_{Q0.6}=$
停止按钮 SB3 按下	指示灯 HL1： 指示灯 HL2： 一车间电动机：	$U_{Q0.0}=$ $U_{Q0.1}=$ $U_{Q0.5}=$ $U_{Q0.6}=$	$I_{Q0.0}=$ $I_{Q0.1}=$ $I_{Q0.5}=$ $I_{Q0.6}=$

10.5　项　目　拓　展

10.5.1　任务拓展

使用以太网通信实现设备 1 上的按钮 SB1 控制设备 2 上 QB0 输出端的 8 盏灯，使它们以流水灯的形式依次点亮，即每按下 SB1 一次，设备 2 上的指示灯向左流动点亮 1 盏。拓展项目输入/输出地址分配表如表 10-10 所示。

表 10-10　拓展项目输入/输出地址分配表

输　入		输　出	
输入地址	元器件标号及功能	输出地址	元器件标号及功能
I0.0	启动按钮 SB1	Q0.0	指示灯 HL1
		Q0.1	指示灯 HL2
		Q0.2	指示灯 HL3
		Q0.3	指示灯 HL4
		Q0.4	指示灯 HL5
		Q0.5	指示灯 HL6
		Q0.6	指示灯 HL7
		Q0.7	指示灯 HL8

10.5.2　思政拓展

科技赋能特色农业"新"引擎｜农企聚集新疆共同探讨农业智能化自动化

2017 年 8 月份，1500 余家涉农企业携带智能农业装备、航空植保、节水灌溉、新型肥料、可降解地膜、无人机等先进技术与装备亮相乌鲁木齐，在国内农业大区——新疆共同探讨农业智能化、自动化新时代。

展会集中展示了高科技农业智能装备、物联网、现代信息化农业领域以及农业生产资料，包含节水灌溉，温室大棚，农用飞机，植保药械，农业信息化，农业照明，新型肥料、农药、种子等大量高新、前沿技术产品。

目前，新疆正不断加大科技兴农力度，大力推广新设备、新技术，引入无人机植保技术，致力于完善专业的统防统治病虫害防护体系，改变传统农业植保施药方式，为农牧民增收致富提供保障。

自主生产我国首台果蔬采摘机器人的苏州博田自动化技术有限公司亦携带设备亮相展会。该公司销售人员表示，新疆大面积种植特色林果业，该公司生产的设备可以非常有效地替换劳动力，智能化的机械设备可在新疆的苹果、香梨、葡萄等田地里自由作业。

在新疆，北斗导航系统使用在大型拖拉机上，农机可同时实现铺膜、播种、铺管三合一的棉田作业，且旱、水田都可正常作业，完成了人工不可能完成的工作，真正实现了高效益生产。

【思政拓展小任务】

同学们，在认真研读完本项目的思政拓展文章后，你对我国农业智能化和自动化的发展有什么认识？请结合这篇文章，以及本项目的理论和技能学习内容，完成以下思政拓展任务：

(1) 以校内图书馆、网络资源库等作为载体，自主查询有关我国农业智能化和自动化发展的相关资料，汇总整理成图片、文字、视频素材库，在班上分组进行汇报。

(2) 班上同学自主组合成若干小组，走访校园周边的村镇及农业企业，与农民或农企技术人员进行访谈交流，深入调研我国农业智能化和自动化发展的应用现状，撰写一篇不少于 1500 字的分析报告。

(3) 结合本项目的学习，谈一谈你对 PLC 技术赋能农业智能化和自动化发展的理解。

思考与练习

1. 通信方式有哪几种？何为并行通信和串行通信？
2. 西门子 S7-1200 PLC 常见的通信方式有哪些？
3. 西门子 S7-1200 PLC 自由口通信指令有哪些？
4. 如何建立两台 PLC 的以太网连接？
5. 如何修改 S7-1200 PLC CPU 的 IP 地址？
6. 使用自由口通信实现两个站点的两台电动机同步控制，若有一台电动机无法启动，或运行中停止运行，则运行中的电动机延时 10 s 后停止运行。

参 考 文 献

[1]　廖常初. S7-1200 PLC 编程及应用[M]. 2 版. 北京：机械工业出版社，2010.

[2]　廖常初. S7-1200 PLC 编程及应用[M]. 3 版. 北京：机械工业出版社，2017.

[3]　吴繁红. 西门子 S7-1200 PLC 应用技术项目教程[M]. 2 版. 北京：电子工业出版社，2021.

[4]　侍寿永. S7-200 PLC 技术及应用[M]. 北京：机械工业出版社，2020.

[5]　刘华波，刘丹，赵岩岭，等. 西门子 S7-1200 PLC 编程与应用[M]. 北京：机械工业出版社，2018.

[6]　郁琰. PLC 应用技术与项目实践(西门子 S7-300)[M]. 北京：电子工业出版社，2016.

[7]　SIEMENS. SIMATIC S7-1200 可编程控制器系统手册. 2009.

[8]　SIEMENS. SIMATIC S7-1200 可编程控制器系统手册. 2012.

[9]　SIEMENS. STAPA02：SIMATIC S7-1200 西门子学生认证培训专用教材. 2014.

[10]　SIEMENS. 系列视频：西门子 S7-1200 跟我学/跟我做[EB/OL]. [2024-7-15]. http://www.ad. Siemens com.cn/service/elearning/series/22.html.